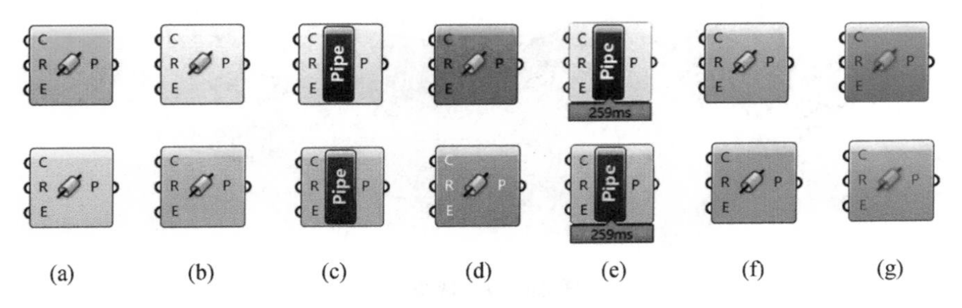

图 2－5　运算器外观

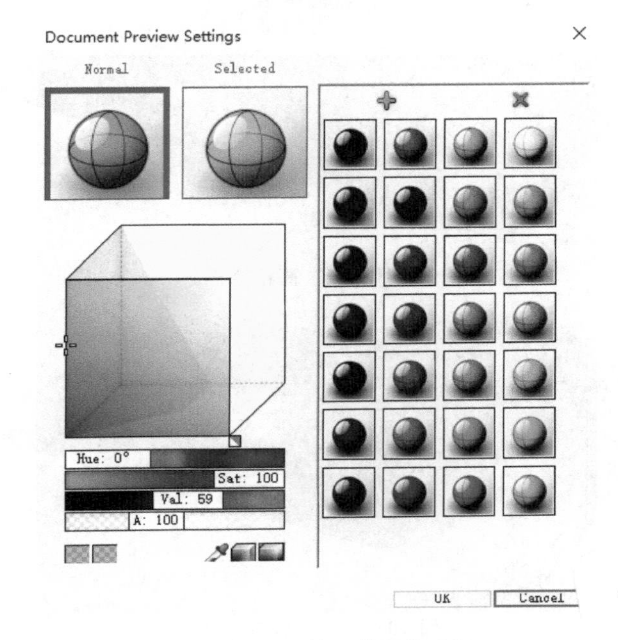

图 3－1　几何体文件预览设置

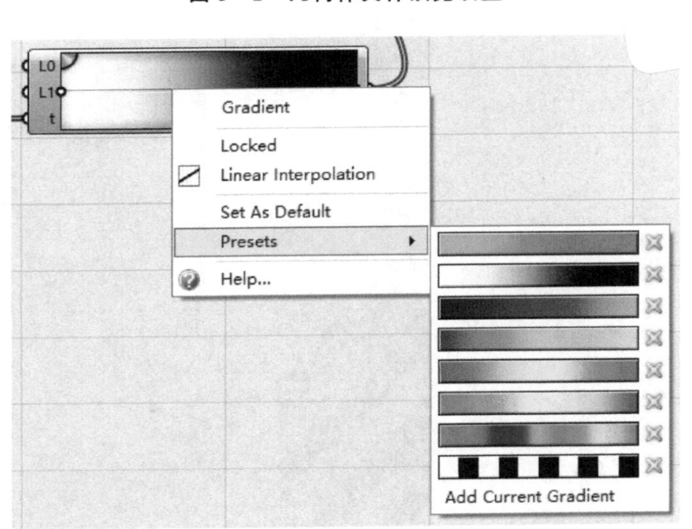

图 9－9　Gradient 运算器

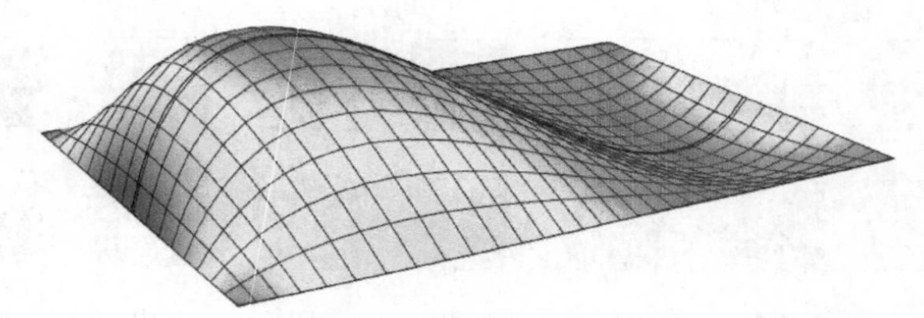

图 10－9　坡度分析

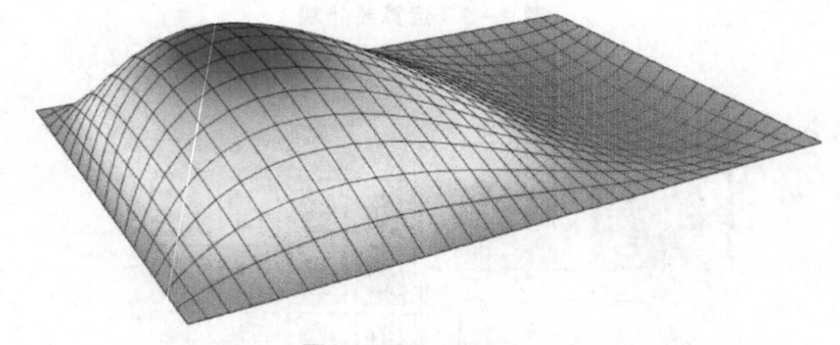

图 10－11　高程分析

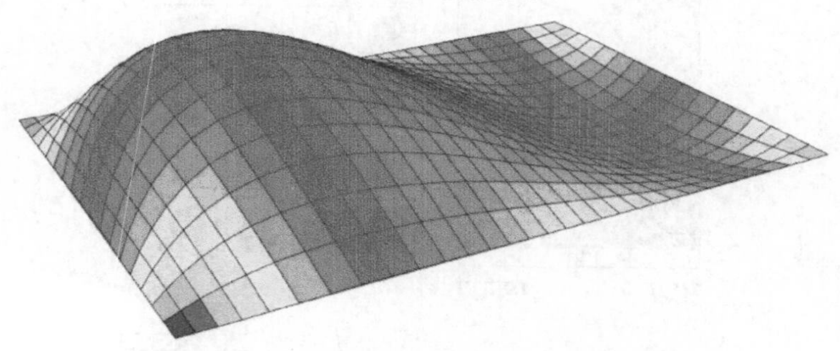

图 10－13　平整度分析

图 11－8　引入随机性的图像映射立面

普通高等教育创新型人才培养规划教材

Grasshopper 参数化建模

刘茜　龚静　林祖锐　编著
中国矿业大学

北京航空航天大学出版社

内容简介

本书运用 Grasshopper 软件进行参数化建模。在基础篇中，首先对 Grasshopper 的安装、界面、特征和运算器等基本知识进行介绍，接着对基本几何体和 NURBS 几何体的相关概念及具体操作进行介绍，以帮助初学者建立信心。在实践篇中，结合 24 个案例对数据结构、向量、区间、变换、随机、网格、图像及遗传算法等建模原理和相关运算器的用法进行了讲解，系统地介绍 Grasshopper 建模的精华。书中通过图文并茂的详细案例讲解，帮助读者快速上手，循序渐进地掌握软件的使用技巧，并逐步建立参数化设计的思维逻辑。

本书既可用于建筑学专业本科生和研究生的专业学习，也可供有关科研及设计工作者参考。

图书在版编目(CIP)数据

Grasshopper 参数化建模 / 刘茜，龚静，林祖锐编著
. -- 北京 ：北京航空航天大学出版社，2024.6
ISBN 978-7-5124-4406-5

Ⅰ. ①G… Ⅱ. ①刘… ②龚… ③林… Ⅲ. ①建筑设计－计算机辅助设计－应用软件 Ⅳ. ①TU201.4

中国国家版本馆 CIP 数据核字(2024)第 094752 号

Grasshopper 参数化建模
刘茜　龚静　林祖锐　编著
中国矿业大学
策划编辑　李慧　　责任编辑　周世婷
*
北京航空航天大学出版社出版发行
北京市海淀区学院路 37 号(邮编 100191)　http://www.buaapress.com.cn
发行部电话：(010)82317024　传真：(010)82328026
读者信箱：goodtextbook@126.com　邮购电话：(010)82316936
北京富资园科技发展有限公司印装　各地书店经销
*
开本：787×1 092　1/16　印张：10.5　字数：269 千字
2024 年 7 月第 1 版　2024 年 7 月第 1 次印刷
ISBN 978-7-5124-4406-5　定价：39.00 元

若本书有倒页、脱页、缺页等印装质量问题，请与本社发行部联系调换。联系电话：(010)82317024

前　言

参数化建模是近年来逐渐占据主导地位的一种计算机辅助设计方法，是参数化设计的重要过程。Grasshopper是时下流行的建模软件Rhino自带的可视化编程语言插件，也是目前参数化建筑设计的主流软件。本书是以Grasshopper为软件载体，结合课题组近年来的教学与科研实践编撰而成，是面向建筑设计参数化建模的专业课教材。

本书的内容安排具有以下特征：

1. 循序渐进。本书各章节的建模原理和操作案例皆由浅入深，便于初学者上手使用，在原理与案例的交替学习过程中逐步深入参数化建模的学习，掌握规律，习得技能。

2. 注重实操。为避免枯燥乏味，本书没有对面板中的各个运算器逐一介绍，而是介绍软件基本情况之后，在案例中融入建模原理，以参数化建模的核心问题——算法为出发点，详细讲解建模思路和操作方法，帮助读者迅速掌握参数化建模技巧。

3. 结合专业。除了一些常见几何形体，本书选择了大量建筑设计相关的实操案例，包括建筑构件、立面和特殊类型建筑，以及前沿领域的当代名作，便于建筑学及相关专业学生进行有针对性的参数化建模学习。

4. 适应面广。本书图文并茂，以简明清晰的文字结合表格说明和详细图示，适合读者在初步理解原理之后自行上机，深入操作，举一反三。同时，书中也提供了同一问题的不同思路和运算器活学活用的小技巧，以及部分常用插件的使用方法，帮助读者更好地建立参数化设计的思维逻辑。

本书共包括24个相关案例，242张图，23个表，是建筑学专业学生学习参数化建模的教材，也可以作为初、中级读者的自学教材。本书适用于已掌握Rhino但Grasshopper零基础的读者，已有初级基础的读者可以跳过前3章的内容。

全书共分13章，第1～4章由中国矿业大学林祖锐编写，第5～7章由武汉轻工大学龚静编写，其余章节由中国矿业大学刘茜编写。感谢中国矿业大学建筑系林涛老师提供的技术支持；感谢中国矿业大学建筑系同仁提供的支持和帮助；感谢北京航空航天大学出版社李慧编辑付出的辛勤劳动。

书中的一些案例来源、建模方法和技巧，参考和借鉴了国内外同行和专家的作品和经验，由于条件所限无法一一注明，在此一并致歉并表示衷心感谢。

本书受中国矿业大学“十四五”规划教材立项资助。

限于笔者的水平和能力，书中不足之处在所难免，欢迎广大读者批评指正、不吝赐教。

本教材编写组

2024年6月

前言

目　录

基础篇

实践篇

基础篇

第1章　概　述

1.1　Rhino(犀牛)的安装

Rhino(犀牛)是一款基于NURBS(Non-uniform Rational B-Spline,非均匀有理样条曲线)几何物体的3D建模软件,由美国罗伯特·麦克尼尔公司(Robert McNeel & Associates)开发。它不仅建模功能强大,同时自带可视化编程语言插件Grasshopper(简称GH),从而成为参数化建筑设计的主流软件。

Rhino软件可到Rhino网站https://www.rhino3d.com/download/下载,有Windows系统和Mac系统两种版本,用户可根据需要选择。其试用版可提供90天的试用期,到期后须购买授权,否则将无法再储存文件和载入非Rhino内建的外挂插件,但其他功能不受影响。

本书采用的是Windows系统的Rhino 7版本。其安装界面如图1-1所示,单击“现在安装”按钮后的齿轮图标,可设置安装文件夹和语言等内容。安装完成之后会在Windows桌面上生成启动Rhino 7的快捷方式,双击即可进入Rhino 7程序。

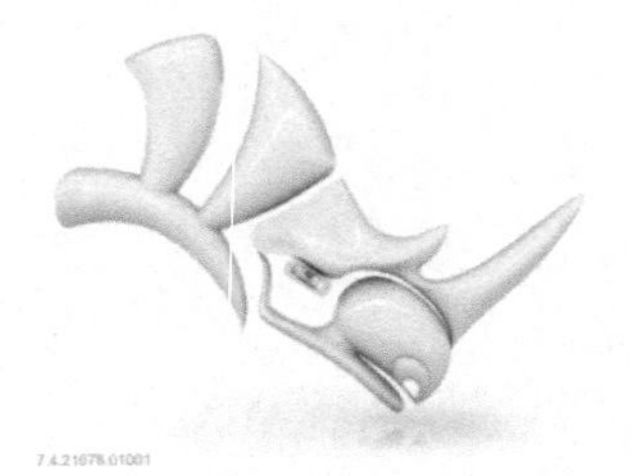

图1-1　Rhino软件安装界面

1.2　Rhino简介

1.2.1　Rhino用户界面概述

打开Rhino 7的用户界面,可以看到如图1-2所示的窗口,主要包括建模区、命令行和命令历史窗口、主工具栏、工具列标签及对应按钮和右侧边栏等几个大的部分。现分别介绍如下。

建模区:Rhino的建模区默认为4个视图窗口,双击某个视图标题可将其放大,再次双击

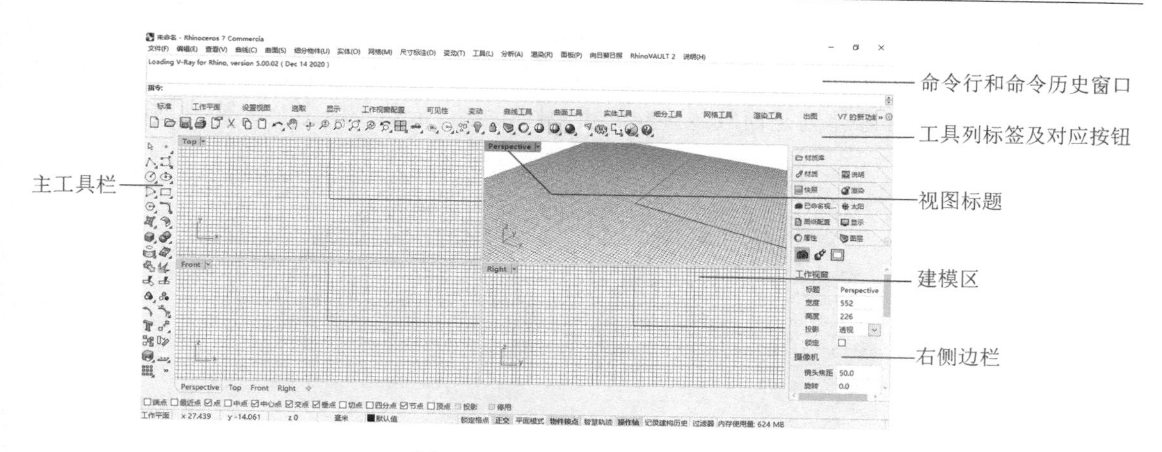

图 1-2　Rhino 7 窗口及其组成

可将其还原。在建模过程中，用户可以对视图进行旋转、平移等操作。按住鼠标右键拖动鼠标可进行旋转视图操作，使用键盘的方向键可以进行以当前视点为中心的视图旋转。平移视图可用“Shift＋鼠标右键”或“Ctrl＋Alt＋鼠标右键”（平移幅度较大）。缩放视图可直接滑动鼠标滚轮，或用键盘上的 Page Down 和 Page Up 键。

命令行和命令历史窗口：Rhino 中的命令行是用户手动输入操作命令的位置，所有功能都可以通过在命令行中输入相应命令来执行，命令历史窗口则记录了用户之前使用过的各个命令。

主工具栏：Rhino 的主工具栏位于整个窗口的最左边，提供了几乎全部建模按钮。在工具栏按钮的右下方如果显示黑色的小三角符号，则表示可以打开同系列的一个工具集，单击这个小三角符号可以打开此工具集。某些按钮在单击和右击时具有不同的功能，当鼠标悬停于此类按钮上时会出现相应的提示。

工具列标签及对应按钮：Rhino 常用的工具列标签有标准、工作平面、设置视图等。每个工具列都有相应的按钮，例如标准工具列中集成了一系列经常使用的命令和设置，如新建文档、打开文档、保存文件、复制、粘贴、打印等通用的公共按钮以及 Rhino 特有的系列常用按钮，用户可以直接单击图标执行命令。单击右侧的齿轮图标可对工具列标签和按钮进行显示或隐藏等操作。

右侧边栏：Rhino 界面的右侧边栏包含图层、属性以及其他设置的面板。

1.2.2　Polygon 与 NURBS

Polygon 多边形模型格式和 NURBS 非均匀有理样条曲线模型格式是三维模型描述的两种方式。目前主流的大型 3D 建模软件均支持这两种方式。在 Rhino 中，主要建模方式是基于 NURBS 的，但 Mesh（网格）是基于 Polygon 建模的。

Polygon 就是二维多边形，在 3D 软件中通常使用三角和四角的 Polygon（多边形）面。Polygon 建模技术的实质就是通过许多三角和四角的 Polygon 面去组合形成复杂的造型和模拟曲面造型。每个 Polygon 面越细小，曲面模拟效果也就越真实细腻。

NURBS 曲线是在 B 样条曲线和贝塞尔曲线的基础上发展起来的，可以精确地描述一条空间曲线，并通过曲线来精确描述 3D 曲面和 3D 实体。

如图 1－3 所示，通过对 NURBS 球体和 Mesh 球体的比较，可以看出 NURBS 建模与 Polygon 建模的区别：NURBS 球体是用数学表达式构建和描述的，即便把它放得很大，它依然是连续光滑的；而 Mesh 球体则是面数越多越光滑，放大之后，依然是由多个面构成的，并不能做到无限的连续光滑。

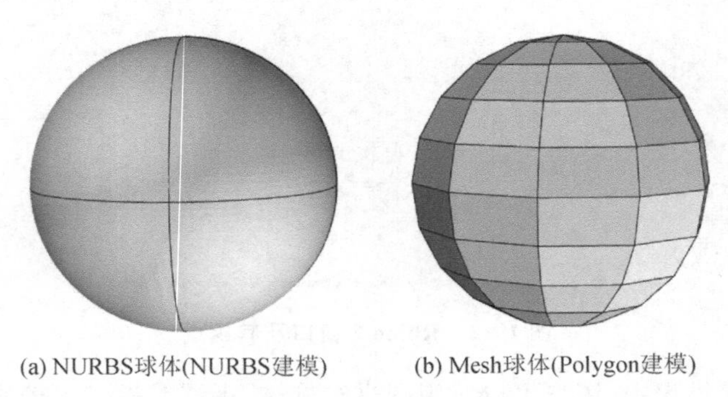

(a) NURBS球体(NURBS建模)　　(b) Mesh球体(Polygon建模)

图 1－3　NURBS 球体和 Mesh 球体的比较

1.3　Grasshopper 界面

在 Rhino 打开界面的命令行中输入 Grasshopper，或在界面标准工具列标签下单击 Grasshopper 按钮，即可启动 Rhino 自带的可视化编程语言插件 Grasshopper。Rhino 7 软件中的 Grasshopper 插件，界面均以英文显示。启动 Grasshopper 后，其操作界面会以浮动窗口出现。按 Windows 键＋←键或 Windows 键＋→键可以将浮动窗口固定于屏幕的左侧或右侧。用户通常可以将 Rhino 和 Grasshopper 窗口并列于屏幕两侧，以免互相遮挡，如图 1－4 所示。

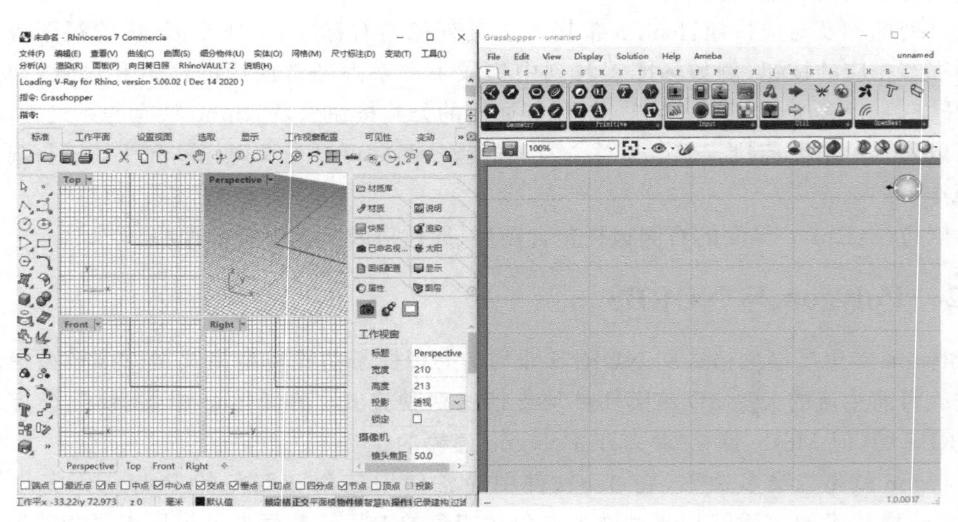

图 1－4　Rhino 和 Grasshopper 窗口

打开后的 Grasshopper 界面如图 1－5 所示，主要包括标题栏、菜单栏、运算器面板、工作区工具栏、工作区、文件浏览控制器和版本号等部分。下面分别介绍。

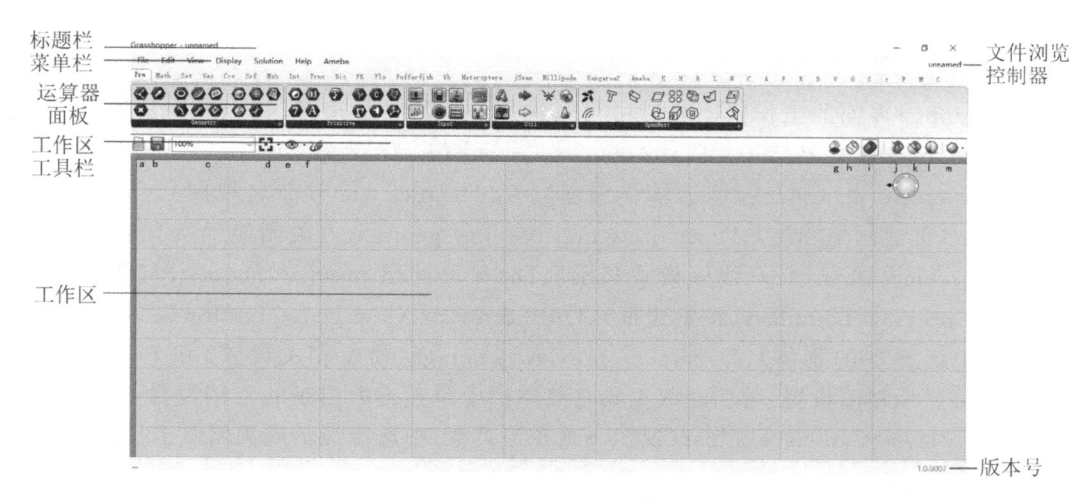

图1-5 Grasshopper界面

1.3.1 标题栏

Grasshopper窗口的标题栏和普通软件的标题栏在外观上相似，标题栏的左端显示软件名称Grasshopper以及当前操作的文件名，标题栏的右端从左到右依次是“最小化”、“最大化”以及“关闭”按钮。单击“最小化”按钮，窗口收起成缩小的标题栏并停留到屏幕的左下方；单击“最大化”按钮，窗口放大到整个屏幕；单击“关闭”按钮，窗口消失，但它并不是真正停止运行了，当输入Grasshopper的命令时，该窗口及其装载的文件会再次唤起。

1.3.2 菜单栏

Grasshopper界面的菜单栏采用了Windows经典的菜单栏模式，其内容与软件功能息息相关，具体包括File(文件)、Edit(编辑)、View(视图)、Display(显示)、Solution(解决方案)和Help(帮助)等一系列功能按钮。

在本书中，介绍某个下拉菜单时以“主菜单”→“下拉菜单”的形式来说明该下拉菜单的位置，如View→Canvas Toolbar等。

1.3.3 运算器面板

在Grasshopper界面的运算器面板中，所有的运算器分为若干个大的类别，再按具体的功能分属到大类别下的子类别中。例如，与曲线相关的运算器都归属于Curve(曲线)大类别，而在Curve大类别下，求曲线端点的End Points(端点)运算器归属于Analysis(分析)子类别，而用于求曲线等分点的Divide Curve(等分曲线)运算器则归属于Division(分割)子类别。目前的Rhino7版本中，默认的大类别有Params(参数)、Math(数学)、Set(集合)、Vector(向量)、Curve(曲线)、Surface(曲面)、Mesh(网格)、Intersect(相交)、Transform(变形)和Display(显示)。在安装插件后，也有可能出现新的大类别。

在本书中，初次出现某个运算器时以“大类”→“子类”→“运算器”的形式来补充说明该运算器的位置，如End Points运算器(Curve→Analysis→End Points)，Divide Curve运算器(Curve→Division→Divide Curve)等。

1.3.4　工作区工具栏

Grasshopper 界面的工作区工具栏中可以进行设置的工具很多，其中最为常用的工具包括：Open a gh or ghx file（打开文档）、Save the current file（保存文档）、Zoom factor（缩放显示比例）、View entire document（显示整个画面）、Add named view（命名视图）、Create a new sketch object（创建画笔标注）、Don't draw any preview geometry（关闭显示所有物体）、Draw wireframe preview geometry（线框模式显示）、Draw shaded preview geometry（着色模式显示）、Draw a preview boundary（预览边框）、Only draw preview geometry for selected objects（仅显示选中运算器的物体）、Document preview settings（显示相关设置）和 Preview Mesh Quality（网格显示精度设置）等。这些工具是菜单栏中单独提取出来的常用设置，用户也可以在菜单栏的 View→Canvas Toolbar（视图→画布工具栏）中选择显示或关闭该工具栏。

1.3.5　其他界面区域

除了上述几个重要区域之外，Grasshopper 的界面还包括工作区、文件浏览控制器和版本号。其中：工作区是对 Grasshopper 中各个要素进行操作的区域，文件浏览控制器是用户可以通过它在已经载入的文件间进行快速切换的区域，版本号是显示软件版本的区域，比如当前显示的 Grasshopper 版本号为 1.0.0007。

1.4　Grasshopper 参数化建模的特点

1.4.1　模型的关联性

Grasshopper 建立的模型是一种关联模型，也就是说输入参数的改变会影响最终的模型输出结果。如图 1－6(a)所示，用 Grasshopper 建模生成一个圆柱体，改变它的高度数值，生成的圆柱体也会随之发生改变。再如图 1－6(b)所示，用 Grasshopper 建模由 3 根曲线生成放样曲面，当曲线发生变化时，由此生成的曲面也会产生相应的变化。如果不用 Grasshopper，而是直接采用 Rhino 进行建模，同样可以由 3 根曲线生成放样曲面，但生成曲面后，即使调整曲线也不会影响最终曲面的形态。

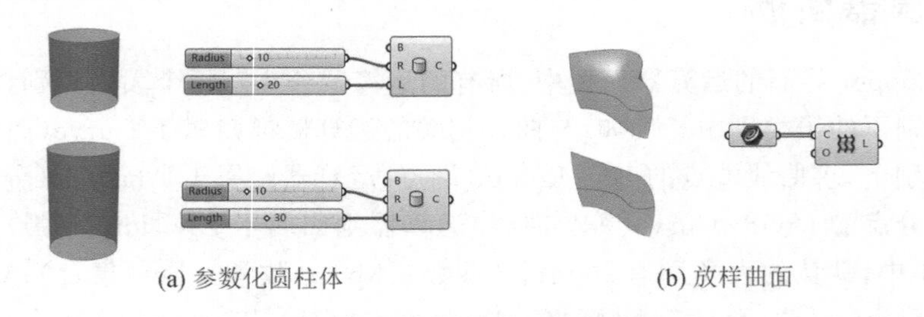

(a) 参数化圆柱体　　(b) 放样曲面

图 1－6　Grasshopper 模型的关联性案例

将以上两种建模方式进行比较，不难发现：使用 Grasshopper 插件建模，由于在输入参数和输出结果之间产生了即时联动，使得参数化模型的修改更为灵活便捷，且过程清晰可视，提高了建模质量和工作效率；而单独使用 Rhino 进行手工建模，则因缺少这种输入参数与输出结果之间的关联性，导致后期修改不便。这正是使用 Grasshopper 插件进行参数化建模的独特优势所在。

1.4.2　模型的复杂性

如 1.4.1 节所述，Grasshopper 建模所具有的模型关联性特征带来了模型修改的便捷性。除此之外，Grasshopper 在处理复杂模型方面也有着巨大的优越性。如图 1－7(a)所示的正方形阵列，正方形的大小、方向、排列都包含着复杂的变化，同时这些变化又是遵循某种规律而生成的。如此复杂的图形，如果采用手工建模几乎无法完成，即使能做出来也必定相当费时费力；而采用 Grasshopper 建模，只需要使用十几个运算器就可以轻松实现，其建模过程如图 1－7(b)所示，不仅速度很快，而且后期的修改也非常方便。

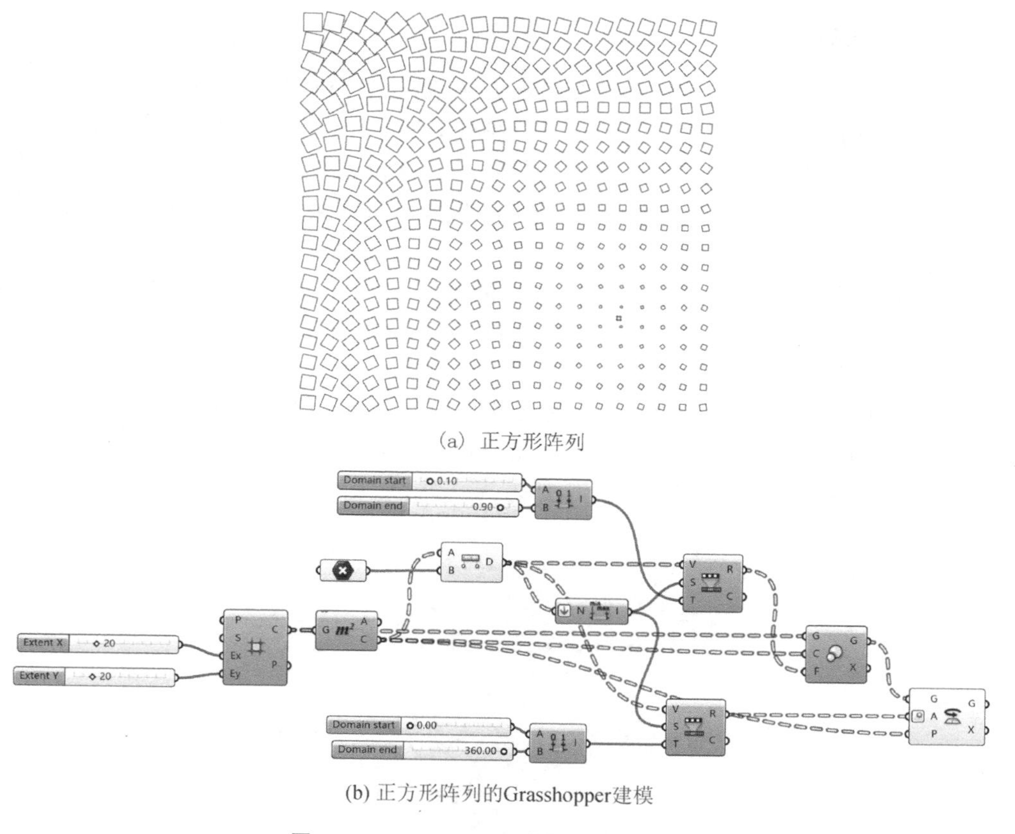

(a) 正方形阵列

(b) 正方形阵列的Grasshopper建模

图 1－7　Grasshopper 模型的复杂性案例

习　题

1. 如何在 Rhino 中启动 Grasshopper？
2. Grasshopper 参数化建模的特点是什么？
3. Polygon 模型格式与 NURBS 模型格式的区别是什么？

第 2 章　运算器

2.1　运算器基础操作

在对 Grasshopper 的工作环境有了一个初步的印象之后，下面来进一步了解 Grasshopper 最大的特色——运算器，以及围绕运算器的一些主要操作。

2.1.1　运算器的调用

在 Grasshopper 中调用运算器通常有两种方法：从运算器面板中使用鼠标将其拖动到工作区内；先在运算器面板中单击相应的运算器按钮，然后到工作区单击，完成运算器的调用。如果不清楚所需要的运算器按钮在运算器面板中的具体位置，还可以双击工作区的空白处以激活运算器搜索栏，在其中输入关键词，可以获得其名称与该关键词有关的运算器，单击需要的那一个，放置到工作区中。

当然，如果需要重复调用运算器，可以通过 Windows 通用的复制组合键 Ctrl＋C、剪切组合键 Ctrl＋X 和粘贴组合键 Ctrl＋V 对运算器进行操作，也可以在单击并拖动运算器的同时，按住 Alt 键，松开后即可复制该运算器。

使用 Grasshopper 生成的文件以.gh 为文件名后缀，称为 GH 文件。打开一个 GH 文件，如果想知道某运算器的位置，可以按住 Ctrl＋Alt 组合键，然后单击该运算器，则会弹出如图 2－1 所示的箭头，指明该运算器所在的位置。

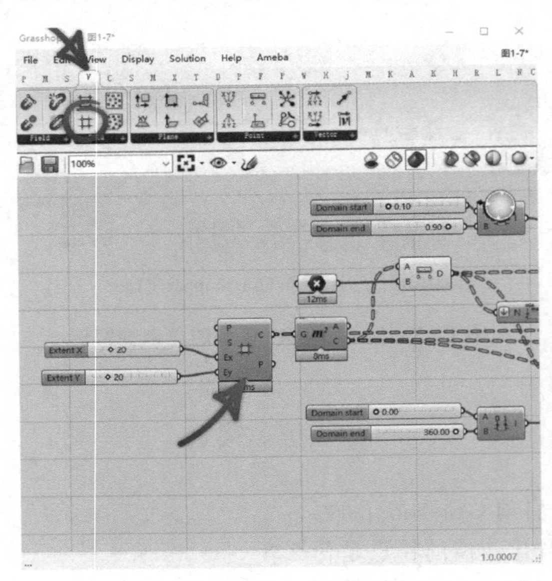

图 2－1　运算器位置查询

2.1.2 运算器的构成、外观及相关设置

1. 运算器的构成

所谓运算器，就是一个包含一段代码的工具包，左端为输入端，经由代码处理后生成所需要的数据，即输出端。在 Grasshopper 中，一个典型的运算器由输入参数、运算器图标和输出参数 3 部分构成，如图 2-2 所示。

(1) 输入参数

在 Grasshopper 的运算器中，输入的参数可以有若干个。通常来说，输入参数的字母都具有一定的意义，多数情况下是该参数相关英语单词的首字母。例如，图 2-2 中的 Construct Point(构建点)运算器(Vector→Point→Construct Point)有 3 个输入参数，其中输入参数 X 为输入的 X 坐标值，输入参数 Y 为输入的 Y 坐标值，输入参数 Z 为输入的 Z 坐标值。另外，也可以通过在参数上右击的方式，在快捷菜单的第一项中任意修改参数的名称，图 2-3 即为右击输入参数 X 时弹出的快捷菜单。

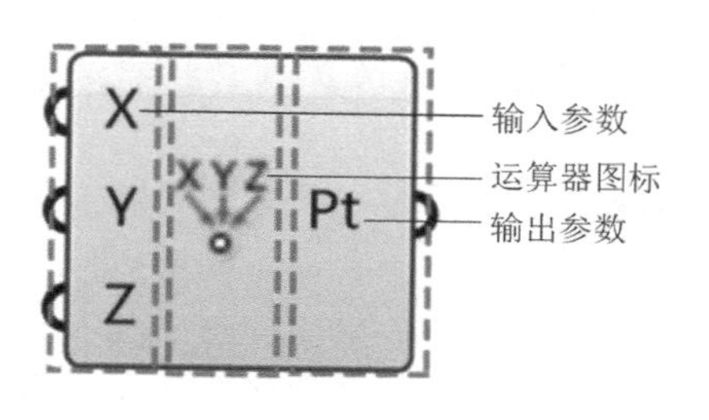

图 2-2　运算器的构成部分示意

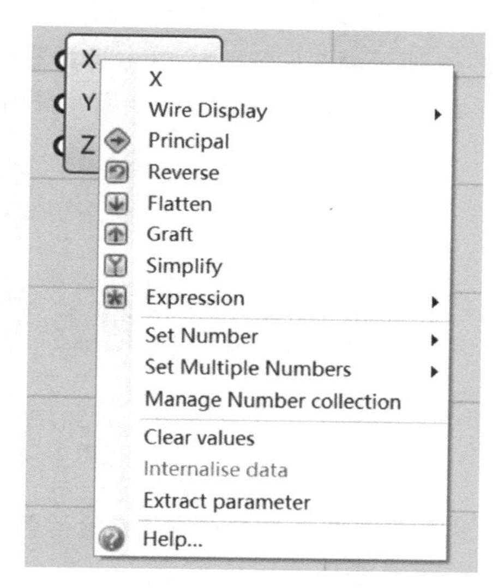

图 2-3　输入参数快捷菜单

同时，有些运算器的输入参数是可以增加或删除的。比如 Addition(加法)运算器(Maths→Operators→Addition)，软件默认的是 A、B 两个输入参数。但当用鼠标滚轮将其放大后，在输入端会出现"+""－"符号，单击"+"号可增加输入参数，单击"－"号可删除对应的输入参数。

(2) 运算器图标

运算器图标可以形象地表示出该运算器的作用，如果该图标以文本形式显示，则可先右击，后在快捷菜单第一项中的输入框修改该运算器的名称简写。运算器图标的界面如图 2-2 所示 3 个部分的中间部分。

(3) 输出参数

输出参数的命名与输入参数遵循着相同的原则，也可以对其中一些运算器的输出参数进行增加或删除。比如 List Item(列表项目)运算器(Sets→List→List Item)默认的是 1 个输出

参数。滚动鼠标滚轮将其放大后，在输入端会出现“+”“−”号，单击“+”号可增加输出参数，单击“−”号可删除对应的输出参数。

对于Grasshopper运算器的3个构成部分，如果将鼠标指针停留在任一部分，都会显示出该部分的一些具体信息，包括名称和描述、输入/输出参数的数据类型及当前数据，如图2-4所示。

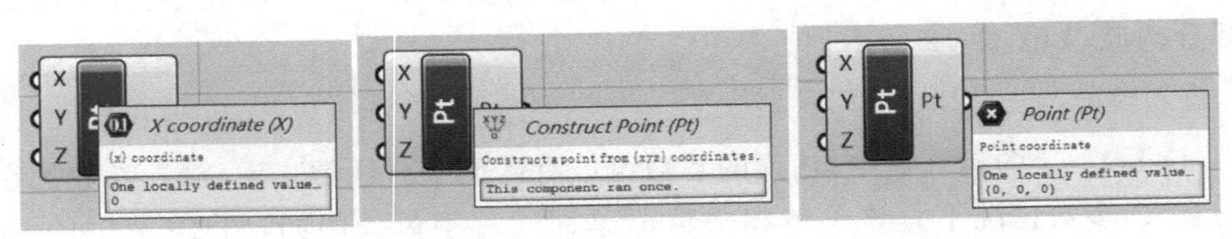

图2-4　鼠标悬停查询信息

2. 典型的Grasshopper运算器的相关设置

接下来，以Pipe（管道）运算器（Surface→Freeform→Pipe）为例，来讲解一个典型的Grasshopper运算器的各方面属性、操作及设置。

图2-5所示的7种情况是Pipe运算器在工作区可能呈现的7种外观，图中上面一排是7种状态下运算器未被选中的外观，下面一排则是被选中时的外观。

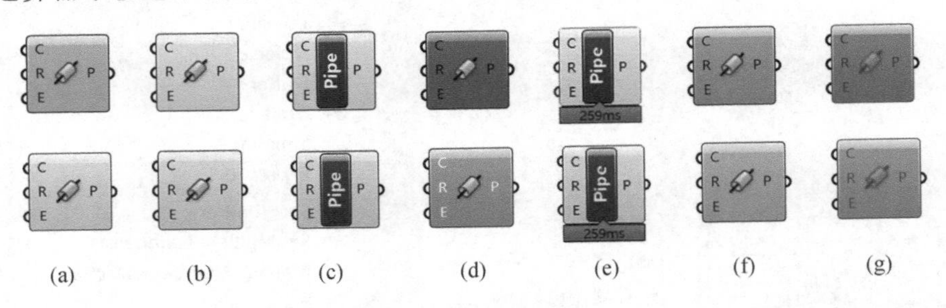

图2-5　运算器外观

（1）未输入参数或缺少部分参数的运算器

未输入参数或缺少部分参数的Pipe运算器如图2-5(a)所示，这种状态的运算器在默认情况下显示为橘红色，滑动鼠标滚轮放大运算器，在其右上方出现橘红色标记，用以提示空缺的参数项。

（2）正常运行的运算器

正常运行的Pipe运算器如图2-5(b)所示，这种状态的运算器在默认情况下显示为浅灰色。

（3）中部显示名称缩写的运算器

中部显示名称缩写的Pipe运算器如图2-5(c)所示，通过单击Display菜单中的Draw Icons（绘制图标）选项可切换运算器的图标显示和文本显示。本书采用的是图标显示的方式。如果用户拿到现成的GH文件但是对图标显示不熟悉，可以到https://www.food4rhino.com/en/app/bifocals下载bifocal插件。运行bifocal插件，便可以在运算器上方显示运算器的名称。

（4）参数输入有误的运算器

参数输入有误的Pipe运算器如图2-5(d)所示，这种状态的运算器在默认情况下显示为红色，操作鼠标滚轮放大运算器，在其右上方出现红色标记，用以向用户提示有误的参数项。

（5）标记显示运行时间的运算器

标记显示运行时间的Pipe运算器如图2-5(e)所示，单击Display→Canvas Widgets(小部件)→Profiler(分析器)选项可以切换是否显示运行时间。标记栏可以显示为运算器运行的毫秒数，双击标记栏可切换为该运算器运行时间占整个当前文件运行时间的百分比。这样，我们就能找到整个Grasshopper文件中耗时较大的运算器，并有针对性地进行优化。另外，某些比较简单的运算器的运算速度很快，即便打开了显示运行时间选项，也不会出现运行时间标记栏。

（6）隐藏输出结果的运算器

隐藏输出结果的Pipe运算器如图2-5(f)所示，这种状态的运算器在默认情况下显示为灰色。通过在运算器位置按鼠标滚轮，可以弹出轮盘形菜单(图2-6)，选择Disable Preview(禁用预览)图标按钮，可以使运算器隐藏输出结果，而选择Enable Preview(启用预览)则可以使运算器显示输出结果。另外，也可以通过Ctrl+Q快捷键来切换是否显示输出结果。

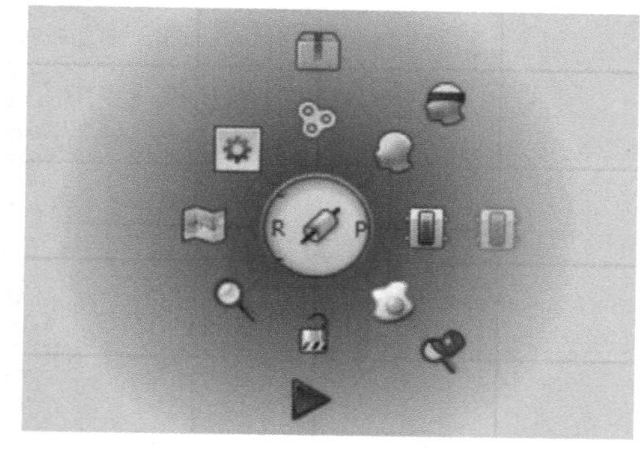

图2-6　轮盘菜单

（7）禁止运行的运算器

禁止运行的Pipe运算器如图2-5(g)所示，这种状态的运算器在默认情况下显示为深灰色。在运算器位置按鼠标滚轮可以弹出轮盘形菜单，单击Disable(禁用)图标，可以禁止运行运算器，而单击Enable(启用)图标可以重新运行运算器。另外，也可以通过Ctrl+E组合键来切换是否运行运算器。

2.1.3　两个重要的运算器

在Grasshopper的建模过程中，经常要用到两个非常重要的运算器，分别是Params(参数)大类Input(输入)子类中的Number Slider(数字滑杆)运算器和Panel(面板)运算器。

在Grasshopper中调用Number Slider运算器，默认显示名称为Slider。右击Number Slider运算器按钮会弹出快捷菜单，可以进行数值类型修改等相关操作。如图2-7所示，在快捷菜单中单击Slider type可以修改数据类型，其中有浮点数、整数、偶数和奇数4种数据类型可供选择。在图2-7的运算器快捷菜单中单击Edit...，则会弹出如图2-8所示的对话框，在该对话框中可以依次编辑Number Slider的名称、表达式、显示模式、数值类型、精确到小数点后的位数、区间最小值、区间最大值、区间长度和当前取值等多项内容。

除了右击Slider按钮弹出快捷菜单外，用户也可以在工作区空白处双击，在弹出的菜单栏中输入特定格式的数字来创建Number Slider运算器。这种特定的格式是D1..D2..D3或者D1<D2<D3，这里的D1、D2、D3分别为3个数，数与数之间用两个点或小于号连接，按回车键后可以在工作区创建出一个Number Slider运算器，最小值为D1和D3中的较小值，最大值

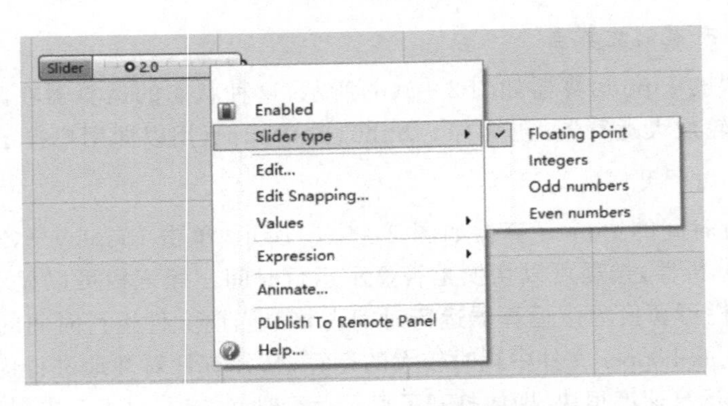

图 2-7　Number Slider 运算器数值的修改

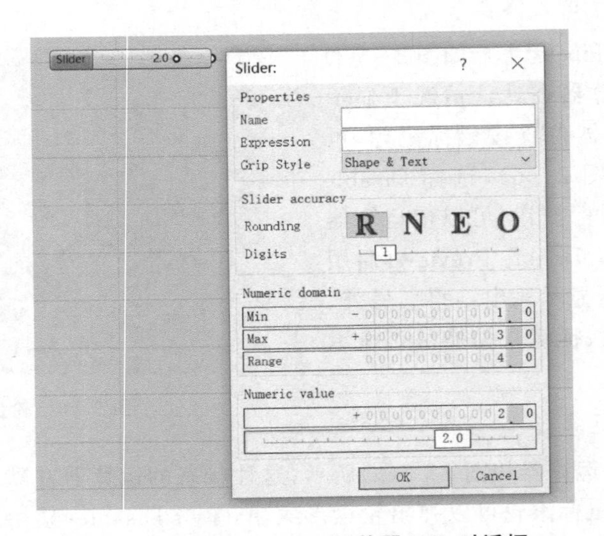

图 2-8　Number Slider 运算器 Edit 对话框

为 D1 和 D3 中的较大值，当前取值为 3 个数中的中间值，精度为 3 个数中的最大精度。比如输入 0..3..10.00 或者 0<3<10.00，按回车键后，便可以在工作区创建出一个 Number Slider 运算器，最小值为 0，最大值为 10，精度为小数点后 2 位，当前取值为 3.00。如果只输入 D1..D2 或者 D1<D2，比如 0..3 或者 0<3，则表示最小值为 0，最大值为 3，精度为整数，当前取值为最小值，即 0。

除 Number Slider 运算器之外，Grasshopper 中的 Panel 运算器也很常用。Panel 运算器能够输入数值和以特定格式的数值构成的几何对象（如点、向量等）、字符串、布尔值等，也能够查看输出的数据。用户可以在工作区空白处双击，在弹出的菜单栏中输入//或"，接着输入数据，按回车键后便可以在工作区创建含有输入数据的 Panel 运算器。

调用 Panel 运算器生成的数据可以有多种定义和含义，可以通过不同的参数运算器转换成不同的数据类型。如图 2-9 所示，调用 Panel 运算器输入"1,2,3"，连接到 Colour（色彩）运算器，输出后再连接到 panel 运算器识别为 RGB 值；连接到 Vector（向量）运算器，识别为向量坐标；连接到 Point（点）运算器，识别为点坐标；连接到 Plane（平面）运算器，识别为 XY 平面的原点坐标；连接到 String（字符串）运算器，识别为字符串；连接到 Integer（整数）运算器，识别为向量长度四舍五入后的整数；连接到 Number(浮点数)运算器，识别为向量长度；连接到 Time(时间)运算器，识别为年月日，等等。

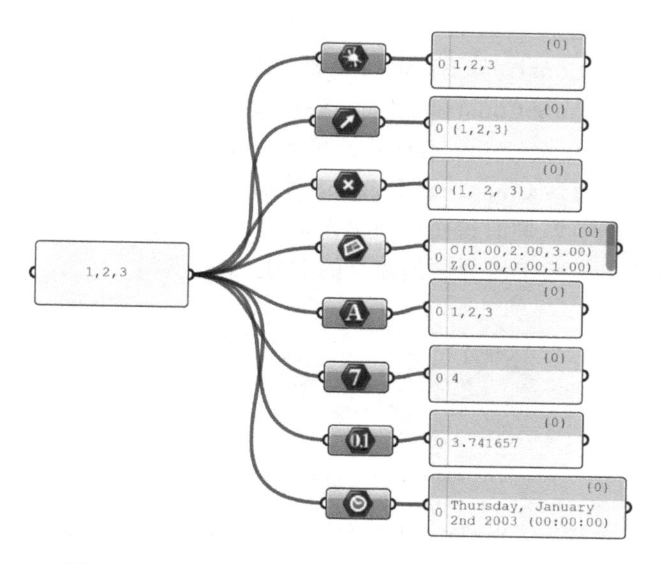

图 2-9　调用 Panel 运算器转换生成不同数据类型

当输入多行数据时，需要在单行数据输入完毕后右击 Panel 运算器按钮并单击 Multiline Data(多行数据)按钮，否则就会如图 2-10(a)所示的那样，即使数据 1、2、3 在形式上是多行输入的，却仍然会被运算器识别为单个数据。这对字符串来说是没问题的，但对整型数据来说是不正确的，会导致出现变红报错。而单击 Multiline Data 按钮之后，如图 2-10(b)所示，Panel 运算器则会认为这里多行的输入内容 123 分别是 1、2、3 三个数据，它们既可以是 3 个正确的字符串，也可以是 3 个正确的整数，因此不会出现报错。

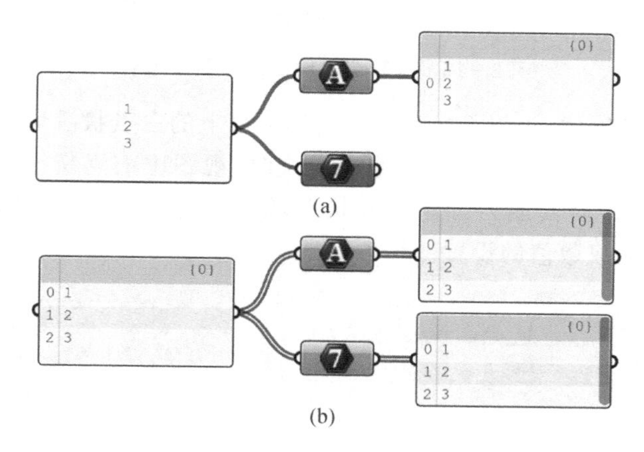

图 2-10　Panel 运算器输入多行数据的操作

除了输入数据，Panel 运算器还常常用于查看数据。这时面板中除了显示数据内容，还会显示数据结构的信息，比如数据所在的路径以及数据在该路径下的序号。

一般情况下，在 Grasshopper 中，变量用 Number Slider 运算器进行赋值，常量用 Panel 运算器进行赋值。

2.1.4 运算器和运算器的关联

在使用 Grasshopper 建模的过程中，需要将不同的运算器关联起来操作，下面举一个 Number Slider 运算器和 Construct Point 运算器关联的例子，如图 2-11 所示。Construct Point 运算器(Vector→Point→Construct Point)用于构建点。首先在工作区创建一个 Number Slider 运算器和一个 Construct Point 运算器。单击 Slider 右侧的输出端并拖动鼠标，此时会出现一条虚线，将光标移动到 Construct Point 运算器的输入端 X 上释放鼠标，将会在 Slider 端和 X 端之间形成一条连线，同时该图标所显示的名称也变更为 X coordinate(X 坐标)，此时 Number Slider 运算器里的数字成为该创建点的 X 坐标值。

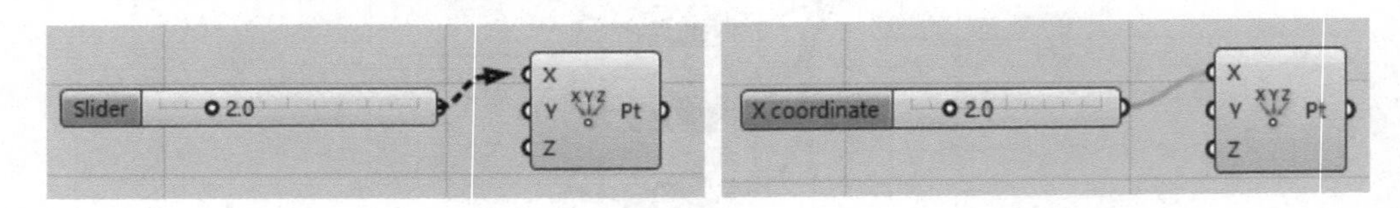

图 2-11 运算器的关联

右击输入端 X，通过 Wire Display(线的显示)选项可以选择连线的显示模式。其中，Default 是默认显示模式，Faint 是暗淡显示模式，Hidden 是隐藏显示模式，分别对应图 2-12 中的左、中、右三种情况。不过，当选中运算器时，其连线显示模式会暂时回到默认模式。如果要取消连线，则可以按住 Ctrl 键的同时再将该连线连一遍。也可以通过右击输入端或输出端，在弹出的 Disconnect(断开)命令中进行相应的选择。

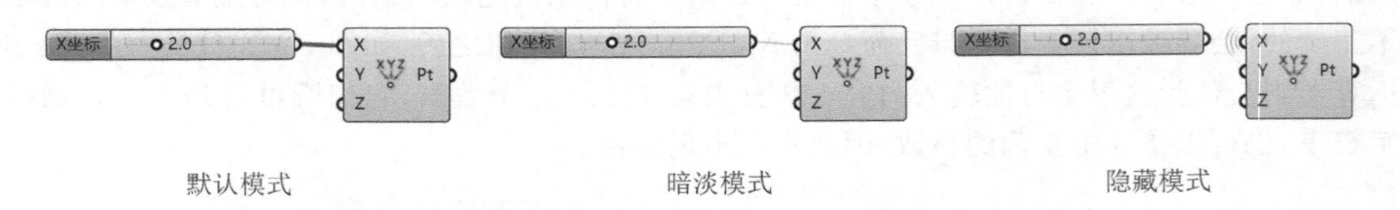

图 2-12 运算器之间连线的显示模式

在 X coordinate 运算器上，将光标移动到右侧标尺上的白点状滑块上，此时光标将变为双向箭头，左右拖动箭头即可调整参数。在拖动滑块时，视图中的点将沿 X 轴同时移动。用户也可以在滑块区域双击，使其成为键盘输入状态，输入数值后单击右侧的绿色对勾按钮(如图 2-13 所示)，即可完成数值的设置。

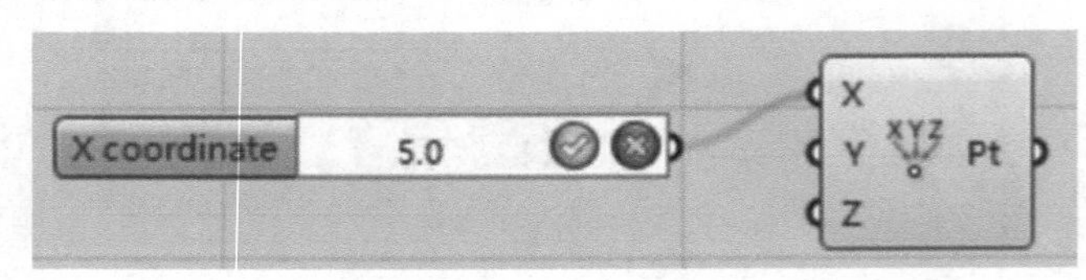

图 2-13 Number Slider 运算器的数值设置

接下来，复制两个 Number Slider 运算器，分别连接 Construct Point 运算器的输入端 Y 和输入端 Z，使相应的数字成为该创建点的坐标值 Y 和坐标值 Z，这样就创建了一个参数化的点，连接的三个 Number Slider 运算器分别控制着该点的 X、Y、Z 坐标值。此时在工作区再创建一个 Panel 运算器，将 Construct Point 运算器的输出端与 Panel 的输入端相连，这样就可以通过 Panel 运算器来查看输出结果了。在这几个运算器相互关联之后，调整 Number Slider 运算器的数值时，Panel 运算器中显示的坐标也会发生相应改变。

2.2　运算器群体操作

2.2.1　多个运算器的排列操作

在 Grasshopper 建模的过程中，调用的运算器较多时，为使观看更加清晰方便，需要对它们进行一些排列上的整理。同时选中多个运算器，这时会有一个矩形虚线框出现（如图 2－14 所示），虚线框的每一边上都有一组 4 个按钮的对齐操作模块。操作上下两边的对齐模块可将运算器对齐到左端、中间或右端，还可使运算器在垂直方向上均匀分布；操作左右两边的对齐模块可将运算器对齐到上端、中间或下端，还可使运算器在水平方向上均匀分布。

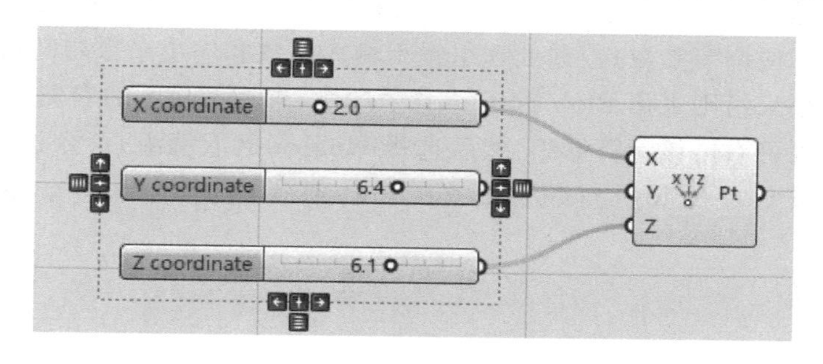

图 2－14　对齐操作模块

2.2.2　多个运算器的成组操作

在 Grasshopper 建模的过程中，选中多个运算器之后，按鼠标滚轮弹出轮盘菜单，单击 Group（成组）按钮，或按 Ctrl＋G 快捷键，可以将所选中的多个运算器合成一个运算器组，如图 2－15 所示。在默认情况下，成组后的运算器会被紫色的矩形背景框包起来。这个矩形框会随着组内运算器位置的移动而做出相应的改变。右击背景框会弹出菜单，可以在第一项为运算器组命名，该名称随后会显示在背景上方。单击 Select all（选择全部）命令可以选择组内的所有运算器，之后可以通过选择 Box outline（盒形轮廓）、Blob outline（团形轮廓）和 Rectangle outline（矩形轮廓）项将运算器组的背景轮廓切换成不同的形状，各形状如图 2－16 所示。另外通过选择 Color（色彩）项可以对运算器组背景框的颜色和透明度进行调整。

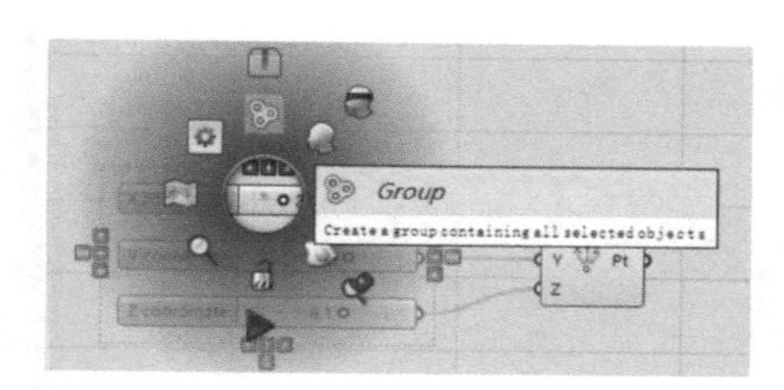

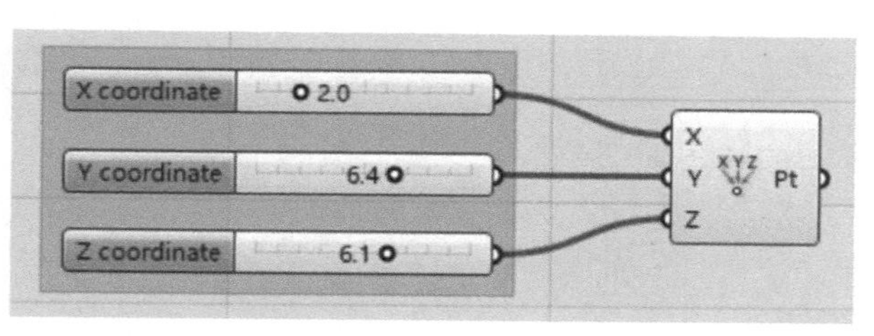

图 2－15　运算器成组

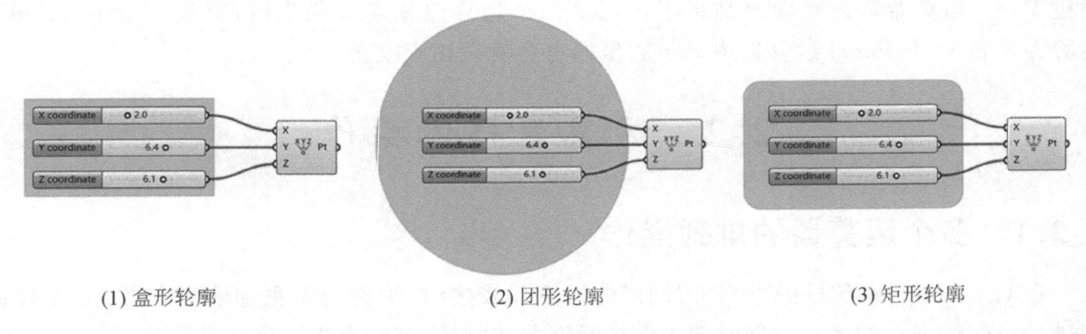

(1) 盒形轮廓　　(2) 团形轮廓　　(3) 矩形轮廓

图 2-16　运算器组的背景轮廓

在 Grasshopper 建模过程中，尤其是当算法较为复杂时，常常需要对多个运算器进行成组操作，同时将成组运算器的功能作用注释清楚，以便自己或他人了解算法逻辑。通常算法由输入参数组、数据处理组和输出结果组三类构成。在本书中，为便于阅读，输入参数组统一置于工作区的左边，以方便调节参数；数据处理组置于输入参数和输出结果之间，以 Box outline 为背景轮廓；而输出结果组则采用 Blob outline 背景轮廓，置于工作区的右侧。

若要取消组，则可右击该运算器组，然后选择 Ungroup(取消组)命令进行操作；也可以先选择运算器组，再按 Ctrl＋Shit＋G 组合键或在 Edit 菜单下选择 Ungroup 命令来进行操作。

习　题

1. 如何在 Grasshopper 中调用运算器？
2. 如何增加或减少运算器的输入参数？
3. 如何隐藏运算器的输出结果？
4. 如何将两个运算器进行关联？

第3章　基本几何体建模

3.1　几何体的显示

Grasshopper中的几何体，默认状态下显示为颜色透明的红色，当几何体运算器处于选择状态下时，显示为颜色透明的淡绿色。用户也可以在工作区工具栏单击Document Preview Settings（文件预览设置）按钮进行设置。如图3-1所示，可以通过调整H、S、V、A 4个数值对普通状态和选择状态下几何体的显示颜色进行色调、饱和度、明度和透明度的调整。不过此处的颜色设置只对当前文件起作用，如果重新打开一个GH文件，会还原为默认值。

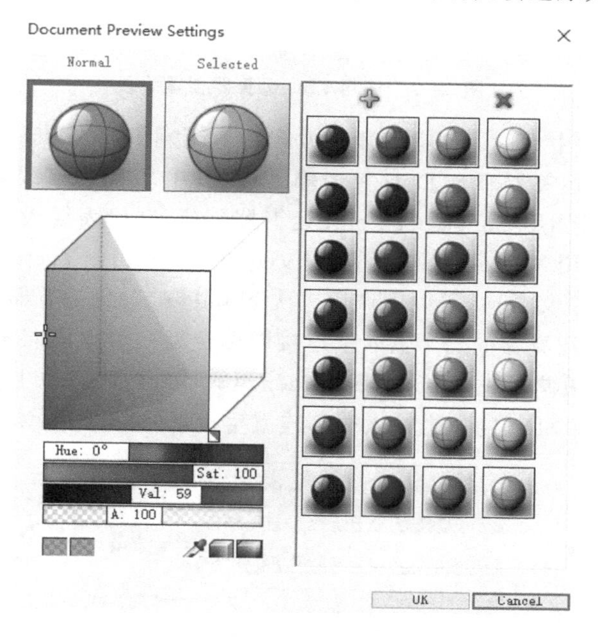

图3-1　几何体文件预览设置

如果用户希望在其他文件中继续使用调整后的几何体显示颜色，可以通过File→Preferences…（“文件”→“偏好”）弹出Grasshopper Settings（软件设置）菜单，单击Viewport（视窗）后右击Default Template Materials（默认模板材质）中的颜色球，调整H、S、V、A数值来改变颜色，这样在其他文件中的物体也将以修改过的颜色进行显示。

3.2　基本曲线的创建

Grasshopper中的基本曲线主要包括Line（线段）、Circle（圆）、Arc（圆弧）、Rectangle（矩形）、Polygon（正多边形）等。与曲线有关的运算器都位于Curve（曲线）大类下的Primitive（基本线）子类下。

3.2.1 线段的创建

一般通过调用 line 运算器（Curve→Primitive→Line）来创建线段。要创建线段，通常需要两个点。在第 2 章的 2.1.4 节已经讲解过点的创建。可以复制第一个点的三个 Number Slider 运算器和 Construct Point 运算器，调整 X、Y、Z 坐标，从而创建出第二个点。然后调用 Line 运算器，将两个点的输出端 Pt 与 Line 运算器的两个输入端 A、B 连接起来，就能在两点间生成一条线段，如图 3-2 所示。

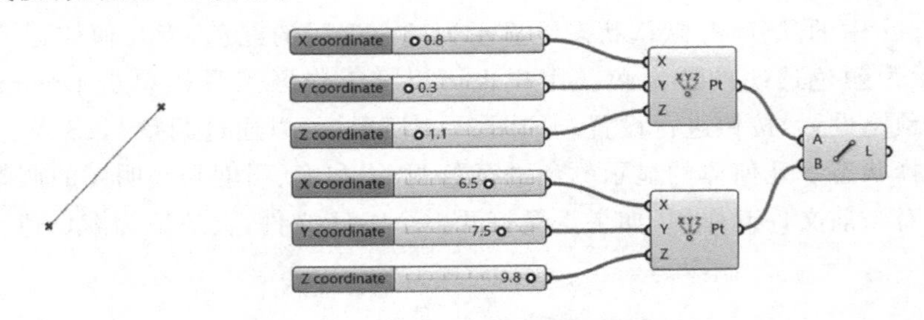

图 3-2 调用 Line 运算器创建线段

此外，Grasshopper 中常用的创建线段的方式还有调用 Line SDL 运算器（Curve→Primitive→Line SDL），这个运算器有 S、D、L 三个输入端，其中 S 代表该线段的起始点，数据类型为 Point（点），可以通过调用 Construct Point 运算器创建；D 代表线段方向，数据类型为 Vector（向量），可以通过调用 Vector XYZ 运算器（Vector→Vector→Vector XYZ）创建，该运算器以 X、Y、Z 三个坐标来定义方向，可以先调用三次 Number Slide 运算器并赋予三个坐标值，将其分别与 Vector XYZ 运算器的三个输入端连接即可定义一个方向向量；L 代表长度，数据类型为 Number 数值，只须调用一个 Number Slider 运算器即可。将以上代表起始点、向量和长度的运算器分别与 Line SDL 的三个输入端相连就生成了线段，如图 3-3 所示。

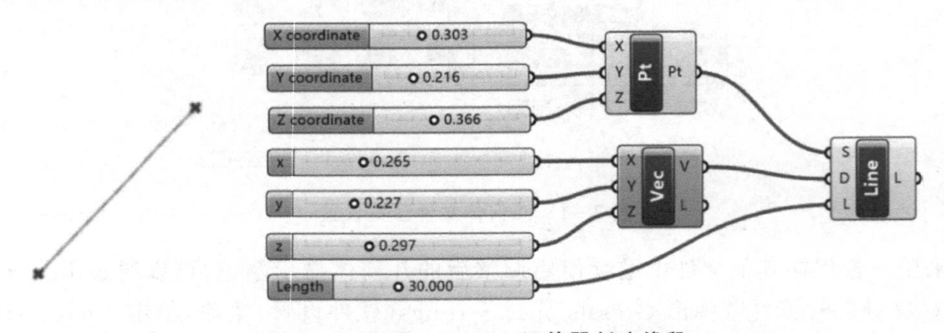

图 3-3 调用 Line SDL 运算器创建线段

3.2.2 圆的创建

圆的创建可以通过调用 Circle 运算器（Curve→Primitive→Circle）来完成。圆的基面默认为 XY 平面，半径默认为 1。首先调用 Construct Point 运算器创建一个点，将点的输出端 Pt 与 Circle 运算器的输入端 P 相连，再调用 Number Slider 运算器，与 Circle 运算器的输入端 R 相连，这样就创建了一个参数化的圆，如图 3-4 所示。当鼠标光标停留在输入端 P 时，显示需要的数据类型为Plane，但这里输入的却是点，为什么运算器没有报错呢？这是因为Grasshopper可以把点转换为以该点为原点的XY平面。如果数据类型不能转换，则会出现数据类型不匹配的情况，导致运算器报错变红。

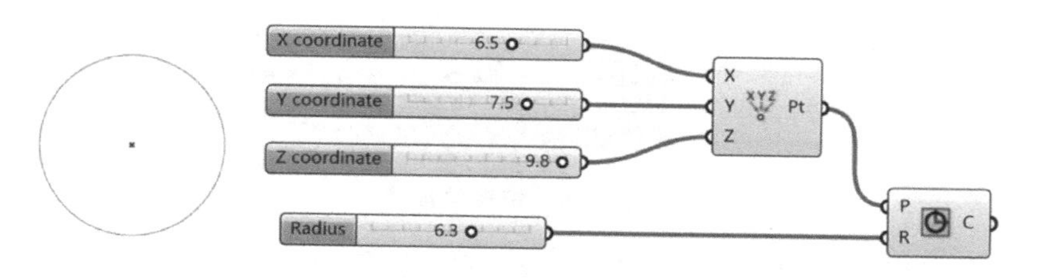

图3-4 圆的创建

除了调用Circle运算器并通过定义圆心和半径的方式来创建圆之外，另一种常用的创建圆的方式是调用Circle 3Pt运算器(Curve→Primitive→Circle 3Pt)。调用Construct Point运算器分别创建三个点，再将其分别与Circle 3Pt运算器的三个输入端相连。这时运算器的输入端A、B、C分别为三个点，输出结果即为通过这三个点的圆。

3.2.3 圆弧的创建

圆弧的创建可以通过调用Arc运算器(Curve→Primitive→Arc)。该运算器有P、R、A三个输入端，其中P代表圆弧的基面，如果不加设置，则系统默认为XY平面；R代表圆弧的半径，系统默认值为1；A代表圆弧的角度，角度以弧度制表示(弧度制用弧长与半径之比度量对应圆心角的角度，比如π所对应的圆心角角度为180°)。这里A的数据类型为区间，系统默认为从0到π，也就是说如果不对A输入端进行设置的话，系统会自动生成一段从0到π(也就是从0°到180°)范围的弧线。如图3-5所示，如果创建一个以XY平面为基面的圆弧，则可以直接调用两个Number Slider运算器分别连接Arc运算器的输入端R和输入端A，以设置圆弧的半径和角度。

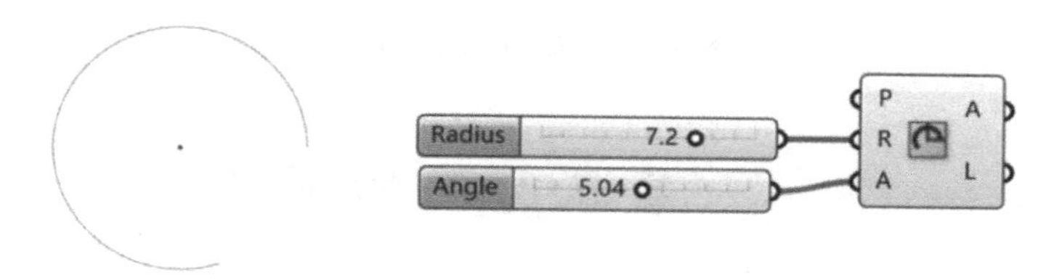

图3-5 圆弧的创建

创建圆弧的常见方式还有调用Arc 3Pt运算器(Curve→Primitive→Arc 3Pt)，其输入端A、B、C分别为圆弧的起点、中间点和终点，输出结果为通过这三个点的一段圆弧。

3.2.4 矩形的创建

矩形的创建可以通过调用Rectangle运算器(Curve→Primitive→Rectangle)来完成。其输入端P代表待建矩形的平面，系统默认为XY平面；X代表X方向的尺寸，系统默认为－1～1；Y代表Y方向的尺寸，系统默认为－2～2；R代表倒角半径，系统默认值为0，即直角状态。如图3-6所示，如果创建一个以XY平面为基面的矩形，则可以直接调用三个Number Slider运算器分别连接 Rectangle 运算器的输入端 X、Y 和 R，用来设置矩形的 X 方向尺寸、Y 方向尺寸和倒角半径。其中的 X、Y 数据类型为区间，也就是说在图 3－6 的状态下，X 为 0～6.9，Y 为 0～5.6。

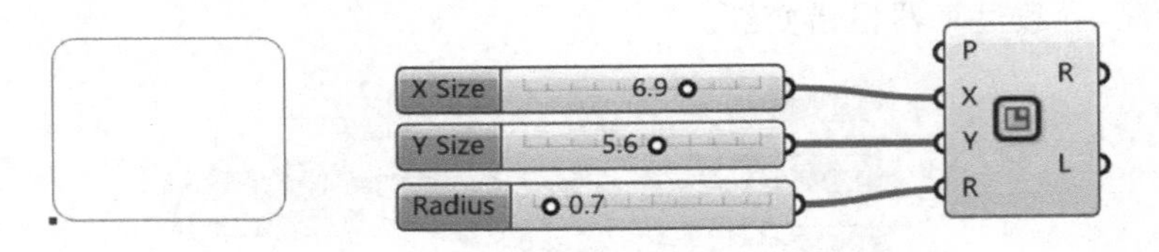

图 3－6　矩形的创建

常见的创建矩形方式还有调用 Rectangle 2Pt 运算器（Curve→Primitive→Rectangle 2Pt），该命令有 4 个输入端，其中 P 代表待建矩形的平面，系统默认为 XY 平面；A 代表矩形的一个角点，系统默认该点为{0，0，0}；B 代表另一个角点，系统默认该点为{10，5，0}；R 代表倒角半径，系统默认值为 0。

3.2.5　正多边形的创建

正多边形的创建可以通过调用 Polygon 运算器（Curve→Primitive→Polygon）来完成。该运算器有 4 个输入端，其中：P 代表待建正多边形的平面，系统默认为 XY 平面；R 代表正多边形的半径，即从中心点到顶点的距离，系统默认半径值为 3；S 代表正多边形的边数，系统默认为 6，即直接生成六边形；Rf 代表倒角半径，系统默认值为 0。图 3－7 所示为调用 Polygon 运算器生成的 XY 平面内从中心点到顶点的距离为 5.6 且倒角半径为 0.7 的正方形。

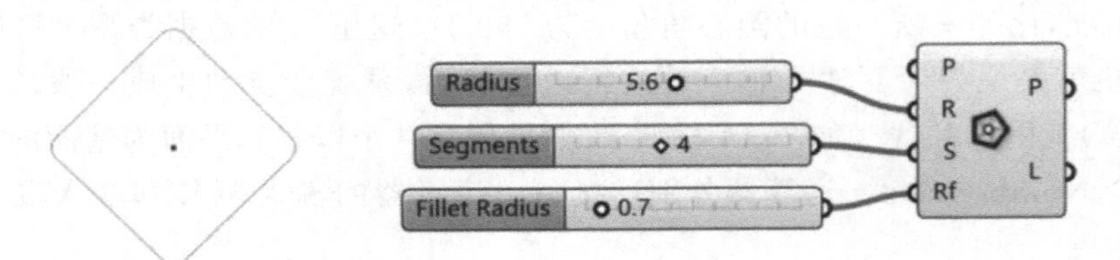

图 3－7　正多边形的创建

3.3　基本曲面的创建

Rhino 中不存在真正的实体，所谓实体都是通过表面封闭的曲面得到的。本节中涉及的基本曲面包括立方体、球体、圆柱体、圆锥体等。Grasshopper 里与曲面创建相关的运算器都位于 Surface 大类 Primitive 子类下。

3.3.1　立方体的创建

在 Grasshopper 中创建立方体，可以通过调用 Center Box 运算器（Surface→Primitive→Center Box）来完成。该运算器有 4 个输入端（如图 3－8 所示）。其中：B 代表立方体的基础平面，系统默认为 XY 平面；X、Y、Z 分别代表坐标系三个方向上的边长，系统默认值均为 1。需要注意的是，这里的 X、Y、Z 指的是 X、Y、Z 三个方向与中心点的距离，因此其边长的实际长度是 2X、2Y 和 2Z。

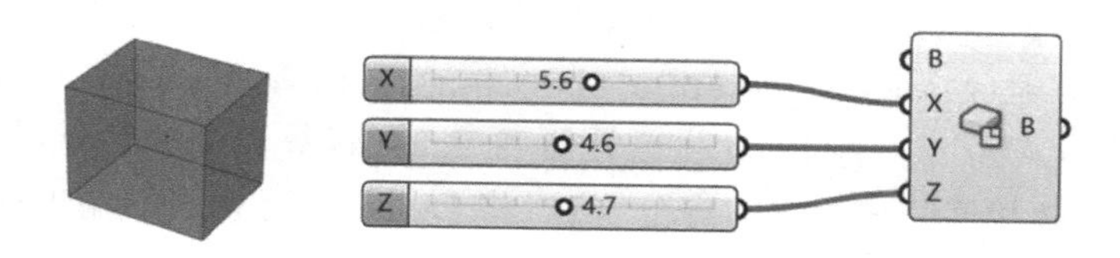

图 3－8　立方体的创建

创建立方体也可以调用 Box Rectangle 运算器(Surface→Primitive→Box Rectangle)来实现。该运算器有两个输入端,其中:R 为矩形,通过调用 Rectangle 运算器来创建,然后将其输出端 R 与 Box Rectangle 运算器的输入端 R 相连;H 为立方体的高度,可以直接调用一个 Number Slider 运算器设定需要的数值,然后与 Box Rectangle 的输入端 H 相连,将矩形拉伸至一定的高度生成立方体。H 的数据类型为区间,也就是说 H 为从 0 到 Number Slider 运算器所显示数值之间的区间。

创建立方体还可以调用 Box 2Pt 运算器(Surface→Primitive→Box 2Pt)。该运算器有三个输入端,其中 A、B 分别代表立方体的两个角点,P 代表立方体的基础平面,系统默认为 XY 平面。

3.3.2　球体的创建

球体的创建可以通过调用 Sphere 运算器(Surface→Primitive→Sphere)来完成。该运算器有两个输入端,其中:B 代表球体的基面,系统默认为 XY 平面,即圆心点在坐标原点的位置;R 代表球体的半径,系统默认值为 1。在实际操作中对于基面的确定,通常会先创建一个点作为球心的位置,然后再设定其半径值。下面我们先调用 Construct Point 运算器创建一个点,将点的输出端 Pt 与 Sphere 运算器的输入端 B 相连,将其设为球心;再调用 Number Slider 运算器,与 Sphere 运算器的输入端 R 相连,设定其半径,这样就创建了一个参数化的球体,如图 3－9 所示。

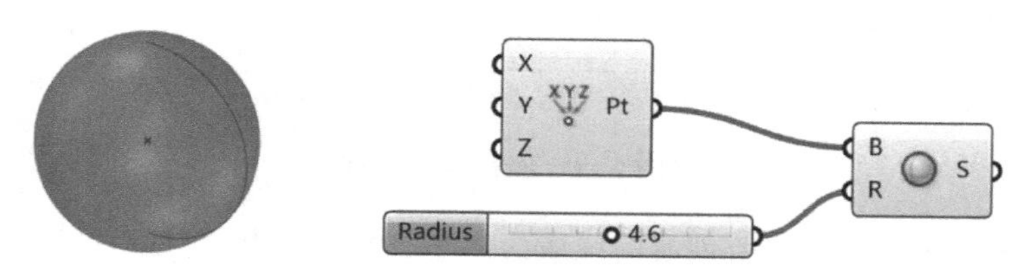

图 3－9　球体的创建

接下来,以之前在 3.2.1 小节创建的线段为直径,以该线段的中点为球心来创建一个球体。

在 Grasshopper 中调用 Curve Middle 运算器(Curve→Analysis→Curve Middle)或 Point on Curve 运算器(Curve→Analysis→Point on Curve)都可以找到线段的中点。这里调用 Curve Middle 运算器,将 Line 运算器的输出端 L 与 Curve Middle 运算器的输入端 C 连接,再将 Curve Middle 运算器的输出端 M 与 Sphere 运算器的输入端 B 相连,这样就将线段的中点设置成球体的中心点。

在设置中心点之后需要确认球体的半径。调用 Length 运算器(Curve→Analysis→

Length)并将其输入端 C 与 Line 运算器的输出端 L 相连,可求得线段的长度;将线段等分需要调用 Division 运算器(Maths→Operators→Division),同时调用一个 Panel 运算器(Params→Input→Panel)并输入数字 2。将 Length 运算器和 Panel 运算器的输出端分别与 Division 运算器的输入端 A 和 B 相连完成线段的等分,然后将 Division 运算器的输出端 R 与 Sphere 运算器的输入端 R 连接,就将线段的一半设置成了球体的半径。至此我们得到了一个以给定线段为直径,以该线段中点为球心的球体,如图 3-10 所示。

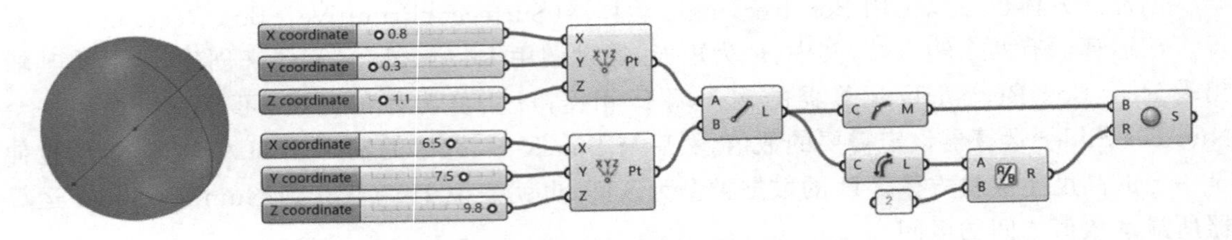

图 3-10 以给定线段为直径创建球体

3.3.3 圆柱体的创建

圆柱体的创建可以通过调用 Cylinder 运算器(Surface→Primitive→Cylinder)来完成。该运算器有三个输入端,其中 B 代表圆柱体的基面,R 代表底圆的半径,L 代表圆柱体的高度。未经设置时系统默认圆柱体的基面为 XY 平面,半径为 0.5,高度为 1。在实际操作中,可以先创建一个点,将点的输出端与 Cylinder 运算器的输入端 B 相连,设定该点所在的水平面为圆柱的基面,再调用两个 Number Slider 运算器,分别与 Cylinder 运算器的输入端 R 和输入端 L 相连,设定其半径和高度值,这样就创建了一个参数化的圆柱体,如图 3-11 所示。

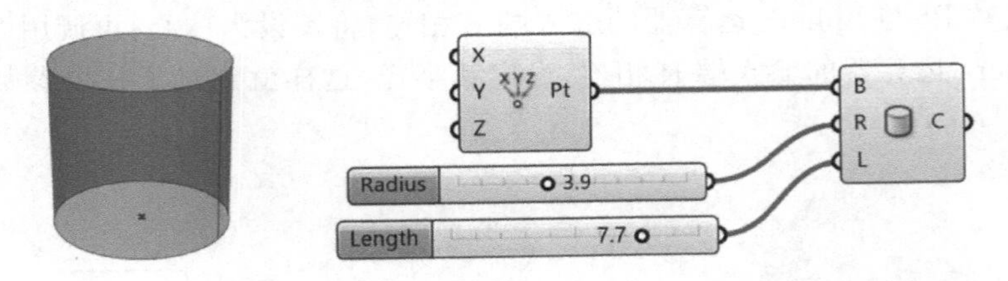

图 3-11 圆柱体的创建

接下来,以之前在 3.2.1 小节创建的线段为轴来创建一个圆柱体。

首先确定基面,将给定线段的起点作为基面的原点,将线段起点到线段终点的向量设为基面的 Z 轴。如果将线段直接设置为 Z 轴,Grasshopper 会自动将线段转换为向量。我们先调用 End Points 运算器(Curve→Analysis→End Points),将其输入端 C 与原线段 Line 运算器的输出端 L 相连,可以得到线段的两个端点;然后调用 Plane Normal 运算器(Vector→Plane→Plane Normal),将其输入端 O 与 End Points 运算器的输出端 S 相连,可以将该线段的起点设为圆柱体基面的原点;将原线段 Line 运算器的输出端 L 与 Plane Normal 运算器的输入端 Z 相连,将该线段起点到线段终点的向量设为基面的 Z 轴方向,这样便得到了圆柱体的基平面。

然后确定高度。圆柱体的高度即为线段的长度,可以调用 Length 运算器(Curve→Analysis→Length),将其输入端 C 与 Line 运算器的输出端 L 相连得到该线段的长度,然后将

Length 运算器的输出端 L 与 Cylinder 运算器的输入端 L 相连，将线段长度设定为圆柱高度。

最后确定半径。可以调用 Number Slider 运算器，将其与 Cylinder 运算器的输入端 R 相连，给圆柱设定半径值。

这样我们就以给定线段为轴创建了一个圆柱体，如图 3－12 所示。

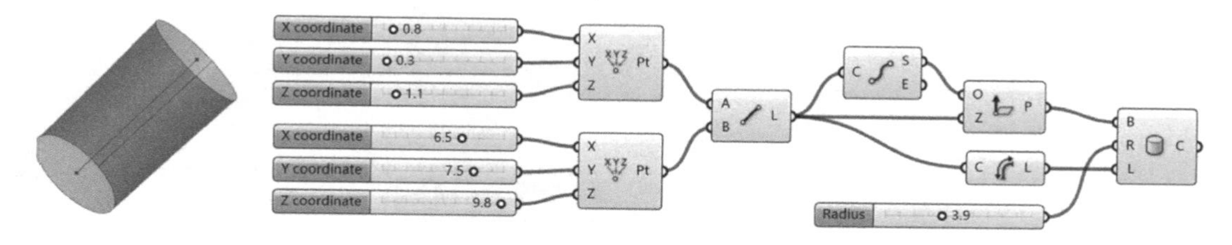

图 3－12　以给定线段为轴创建圆柱体

3.3.4　圆锥体的创建

圆锥体的创建，可以调用 Cone 运算器(Surface→Primitive→Cone)。该运算器有三个输入端，其中 B 代表圆锥体的基面，R 代表底圆的半径，L 代表圆锥体的高度；未经设定时系统默认圆锥体的基面为 XY 平面，半径为 0.5，高度为 1。实际操作中，我们可以先调用 Construct Point 运算器创建一个点，将其输出端 Pt 与 Cone 运算器的输入端 B 相连来确定圆锥体的基面；然后再调用两个 Number Slider 运算器，分别与 Cone 运算器的输入端 R 和输入端 L 相连，分别设定其半径值和高度值，这样就创建了一个参数化的圆锥体，如图 3－13 所示。

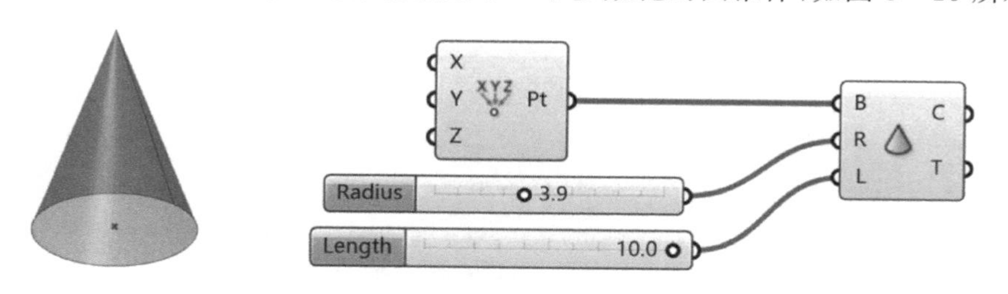

图 3－13　圆锥体的创建

3.4　几何体的烘焙

通过前面所说的步骤可以在 Grasshopper 中创建出基本的几何体，不过在 Grasshopper 关闭后，Rhino 视图中所显示的几何体也将会随之消失。这是因为 Grasshopper 创建的几何体仅仅是通过 Rhino 视图进行预览，并没有生成 Rhino 模型。要将 Grasshopper 里的建模转换为 Rhino 模型，需要对它进行烘焙。烘焙之后，就可以在 Rhino 中选择并编辑模型。

右击运算器图标，选择 Bake... 选项，即可弹出烘焙选项窗口，如图 3－14 所示。在该窗口可以设置烘焙对象的图层、颜色、是否锁定、是否隐藏以及是否成组等信息。如果运算器有多个几何体输出端，可右击不同的几何体输出端选项，以对不同的几何体进行烘焙。

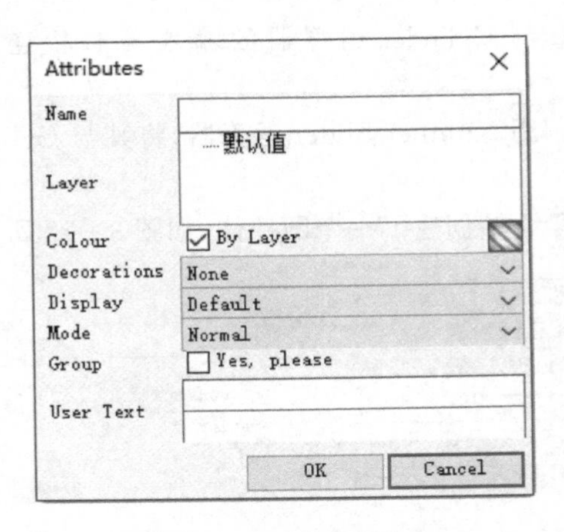

图 3-14　烘焙选项窗口

习　题

1. Grasshopper 中创建线段的常用方式有哪些？
2. 创建圆弧时弧度的设置需要注意什么？
3. Grasshopper 中如何进行几何体的烘焙？
4. 运用本章所学运算器绘制出以下图案。

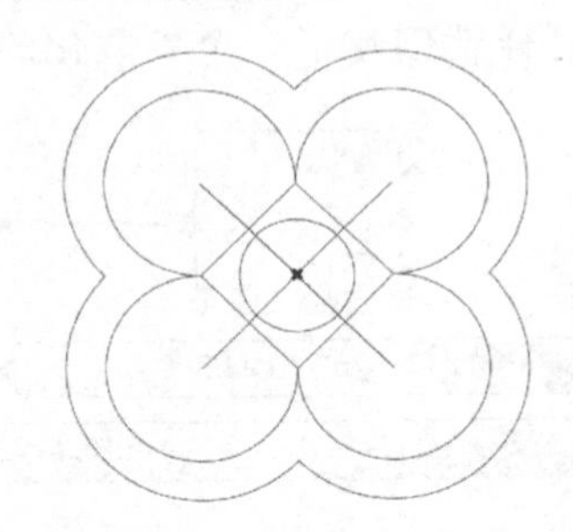

5. 运用本章所学运算器绘制出以下形体组合。

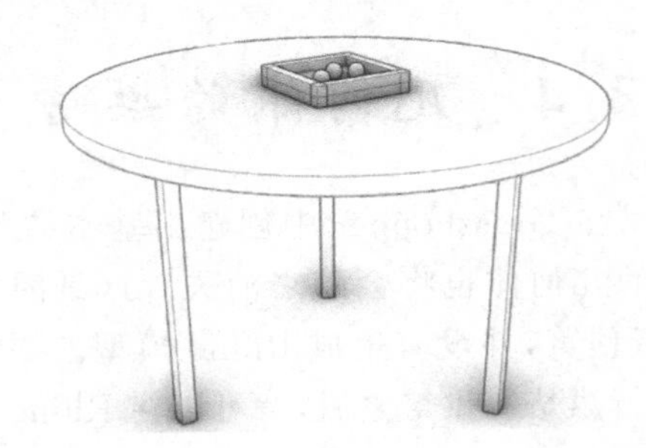

实践篇

第 4 章　NURBS 几何体建模

Rhino 中的曲面是通过 U 和 V 两个方向的曲线集合得到的，Rhino 中的曲线则是通过 NURBS(全称为“非均匀有理 B 样条曲线”)来进行描述。

4.1　NURBS 曲线简介

Rhino 中用 4 个基本要素来定义一根 NURBS 曲线：阶(Degree)、控制点(Control Points)、节点(Knots)和评估法则(Evaluation Rule)。

4.1.1　曲线的阶

NURBS 曲线的阶表示描述 NURBS 曲线的多项式次方，从几何学上可以知道 $y=Ax^3+Bx^2+Cx+D$ 这类的多项式可以通过坐标系来描述一根曲线，虽然在 NURBS 曲线的内在原理中使用更为复杂的数学函数来表达一根曲线，但其与上面的数学方程隶属于同一种逻辑。

在 Rhino 中，曲线的阶(Degree)是一个正整数，这个值通常为 1、2、3 或 5。虽然 Rhino 软件可以支持 11 阶的曲线，不过在建筑建模中用 1～3 阶的曲线已足够。曲线的阶越高，曲线的光滑程度越高，但曲线的计算和储存消耗的资源也更多，图 4－1 呈现的就是 1～5 阶曲线在相同控制点分布情况下的不同形状。

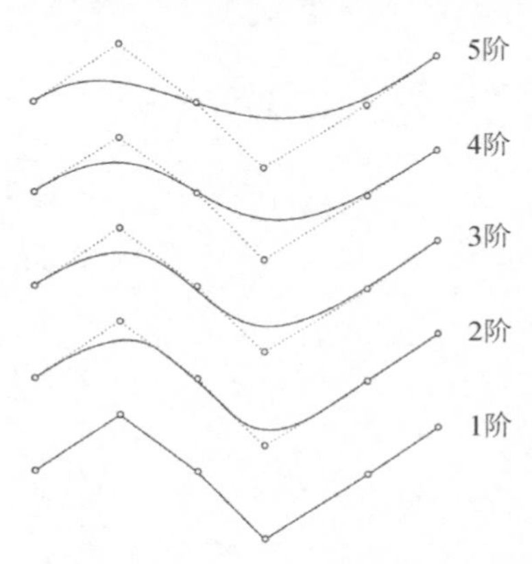

图 4－1　不同阶数的曲线在相同控制点分布情况下的形状

有的 NURBS 文献资料并不像 Rhino 一样使用阶(Degree)来定义 NURBS 曲线的这一数值，而是使用 Order。Order 与 Degree 的关系是 Order＝Degree＋1。Order 值为 2、3、4、6 的曲线类型通常被叫作 Linear、Quadratic、Cubic、Quintic。Linear 曲线就是直线或多义线；Quadratic 曲线通常用来描述圆或圆弧等；Cubic 在平面软件中广泛使用，比如在 Photoshop 软件中绘制的曲线就相当于 Rhino 中的三阶曲线；Quintic 作为五阶曲线，能够创建非常复杂的形状，在图形设计、工程应用、动画制作等领域都有广泛的应用。

4.1.2　曲线的控制点

NURBS 曲线的控制点是一系列点，至少有(阶数＋1)个。改变一条 NURBS 曲线形状最常见的方法就是移动它的控制点。

控制点是通过类似于对曲线产生一个牵引力的方式来影响曲线造型的。在 NURBS 曲线中，每个控制点的牵引力都有一个可变化的值，称为“权重”(Weight)。当曲线的所有控制点具有相同的权重时，曲线被称为非有理曲线，否则称为有理曲线。

在实际建模过程中，基本上都使用非有理曲线，只要不刻意改变曲线或曲面上控制点的权重值，权重的赋值都为 1.0，但某些类型的曲线则始终为有理曲线，比如圆和椭圆。

4.1.3　曲线的节点

节点是 NURBS 曲线多项式中记录曲线参数值的点。在原始的 B 样条曲线中，曲线多项式定义了一系列均匀的赋值区间来形成曲线的基本骨架，这一系列赋值被称作 Knot Vector，通常译为节点矢量或节点赋值。节点矢量并非一个空间矢量，而是一系列数值，Rhino 中有一套代码规则将这一系列数值映射成坐标上的点。

NURBS 曲线通过对 B 样条曲线的均匀节点矢量进行扩展，允许节点矢量赋值不均匀。节点矢量的不同会导致控制点影响的区间不同，从而形成不同的曲线形态。图 4 - 2 所示为在同样的控制点分布和权重、同样的阶但曲线节点矢量不同的情况下曲线形态的差异。图 4 - 2 上方的曲线为均匀曲线，节点矢量为{0,0,0,1,2,3,3,3}；下方的曲线为非均匀曲线，节点矢量为{0,0,0,0.1,2.9,3,3,3}。

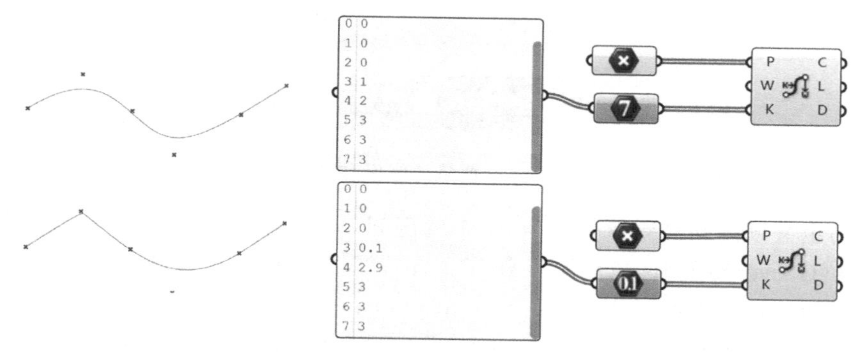

图 4 - 2　节点矢量对曲线形态的影响

节点矢量赋值的规则如下：节点是一系列非递减的参数值，节点数量比控制点数量多(阶数—1)个。一个节点的重数值等于列于节点矢量上的次数，即同一个数值出现的次数。重数值为 1(节点值只出现一次)的节点称为单节点，重数值大于 1 的节点称为复节点，其中重数值等于曲线阶数的节点称为全复节点。节点的重数值用来控制相应曲线点的连续性，其大小必须小于等于阶数。在节点列表中段有重复节点值的 NURBS 曲线比较不平滑，最不平滑的情形是节点列表中段出现全复节点，代表曲线有锐角。在完全重数节点处有一个对应的控制点，且曲线经过这个点。

如果一根 NURBS 曲线的节点赋值以全复节点开始，中间全为单节点，最后以全复节点结束，且节点值呈等差，那么这根 NURBS 曲线的节点就是均匀的。例如{0,0,0,1,2,3,3,3}的节点赋值是均匀的。反之，曲线的节点则为不均匀的，如{0,0,0,1,2,5,6,6,6 }的节点赋值就是不均匀的。

Grasshopper 中提供了一个 Knot Vector 运算器(Curve→Spline→Knot Vector)，调用它可以得到任意阶数和控制点情况下均匀的节点矢量赋值；而调用 Nurbs Curve PWK 运算器(Curve→Spline→Nurbs Curve PWK)可以通过输入控制点、权重和节点矢量来生成一根 NURBS 曲线。

4.1.4 评估法则

评估法则使用的是一个与阶数、控制点和节点等有关的数学公式。输入一个参数可以得到一个点的位置。这个参数必须位于曲线定义域范围内。定义域通常是递增的，最小值参数通常是曲线的起始点，最大值参数为曲线的终点。

比如在 Rhino 中绘制一条曲线，并调用相关的运算器将这条曲线拾取进 Grasshopper，调用 Curve Domain 运算器(Curve→Analysis→Curve Domain)可求得其定义域区间为 0～123。而调用 Length 运算器测量曲线长度，会发现其长度为 101，说明这个区间的最大值并不是由曲线的长度确定的。调用 Control Polygon 运算器(Curve→Analysis→Control Polygon)和 Polyline 运算器(Curve→Spline→Polyline)将这些控制点连成多段线之后再用 Length 运算器测量其长度，可以发现这个多段线的长度就是 NURBS 曲线区间的最大值，如图 4－3 所示。

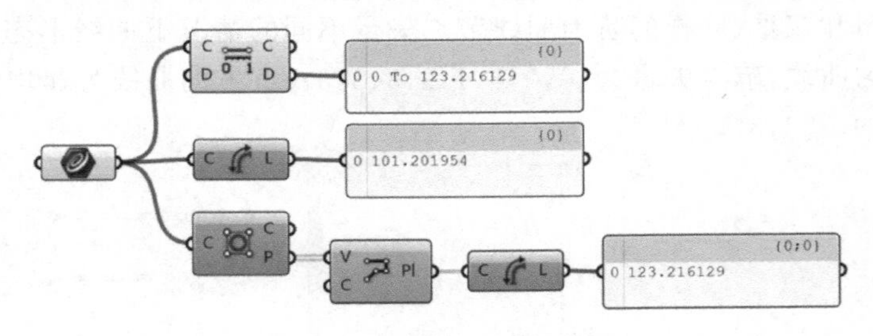

图 4－3　曲线的区间和长度

将曲线的定义域区间重新参数化为 0～1 的区间，调用 Number Slider 运算器和 Evaluate Curve 运算器(Curve→Analysis→Evaluate Curve)，就可获得不同 t 值所对应的点。$t=0.5$ 时的点的位置与曲线控制点的位置有关，而 Point On Curve 运算器(Curve→Analysis→Point on Curve)则是依据曲线长度来定位的。可以把一条曲线想象成 F1 赛车的赛道，从起点开始计时，时间即为 t 值。在相同的时间里，赛道弯折程度越大，赛车所跑的距离，即曲线的长度，就越短。

综上所述，NURBS 曲线来源于 B 样条曲线，通过非均匀对均匀的扩展(节点矢量非均匀)，以及有理对非有理的扩展(控制点权重可变)，使得低阶的曲线也能做出造型丰富的变化，节省了计算机的运算资源。

4.2 NURBS 曲线的创建

创建曲线有很多方法，本节主要介绍由点生成曲线的方法。点可以直接在 Grasshopper 中调用 Construct Point 运算器(Vector→Point→Construct Point)来创建，也可以通过 Point 运算器(Params→Geometry→Point)拾取 Rhino 中的点来创建。

4.2.1 点的拾取

首先我们在 Rhino 中创建 4 个点，然后在 Grasshopper 中调用 Point 运算器，右击 Point 运算器按钮，选择 Set One Point，此时 Rhino 命令栏显示 Point object to reference(Type(T)=Point)。在 Rhino 视图中选取第 1 个点，按回车键。这时 Rhino 中的点叠加了小红叉的显示

（即 Grasshopper 中点的显示），表明这个点已经被拾取到 Grasshopper 的 Point 运算器中。当在 Rhino 中移动这个点时，小红叉也会随之移动，因为 Point 运算器中拾取的点与 Rhino 中的点产生了动态的关联。

其次，再复制三个 Point 运算器，分别拾取 Rhino 中的第 2、3、4 个点。

最后，新建一个 Point 运算器。除了拾取点，Point 运算器还可以收集一组点。将刚才 4 个 Point 运算器的输出端依次与新建 Point 运算器的输入端相连。需要注意的是，要将多个输出端连接一个输入端，需按住 Shift 键再连线。这样新建的 Point 运算器就包含 4 个点了。

还可以采用一种更简单的方法来进行多个点的拾取。在 Grasshopper 中调用 Point 运算器，右击 Point 运算器，选择 Set Multiple Points，此时 Rhino 命令栏显示 Point objects to reference(Type(T)＝Point)。在视图中依次选取 4 个点，这时会出现一条蓝色的线以表明点的顺序，将点选完后按回车键，这时 Rhino 中的点叠加了小红叉的显示（即 Grasshopper 中点的显示），表明这些点已经被拾取到 Grasshopper 的 Point 运算器中。

与上述拾取点的方法类似，我们还可以将在 Rhino 中创建的其他几何体，如曲线、曲面、网格等拾取进 Grasshopper，作为 Grasshopper 的输入参数，而不必从零开始在 Grasshopper 中创建几何体，从而加快建模速度，并方便模型的调整。需要注意的是，不论从 Rhino 中拾取哪种几何体进 Grasshopper，几何体的类型必须匹配。比如 Surface 运算器（Params→Geometry→Surface）只能拾取单一曲面，不能拾取多重曲面，而 Brep 运算器（Params→Geometry→Brep）则既能拾取单一曲面，也能拾取多重曲面。在对拾取进 Grasshopper 的几何体进行相关操作完成建模存储文件时，可以在拾取几何体的运算器上右击 Internalise Data 按钮，则原来在 Rhino 中创建的几何体将被永久保存在该 Grasshopper 文件中，无须再单独另存 Rhino 文件。

用 Point 运算器将点拾取进 Grasshopper 后，为了方便观察，我们可以隐藏 Rhino 中的点，这时小红叉不会消失。然后将 Point 运算器连接到几个常用的曲线运算器，可以看到不同运算器生成了不同的结果。如图 4-4(a)所示，这些曲线运算器从上到下依次为 Nurbs Curve 运算器（Curve→Spline→Nurbs Curve）、Interpolate 运算器（Curve→Spline→Interpolate）、Kinky Curve 运算器（Curve→Spline→Kinky Curve）、PolyLine 运算器（Curve→Spline→Poly-

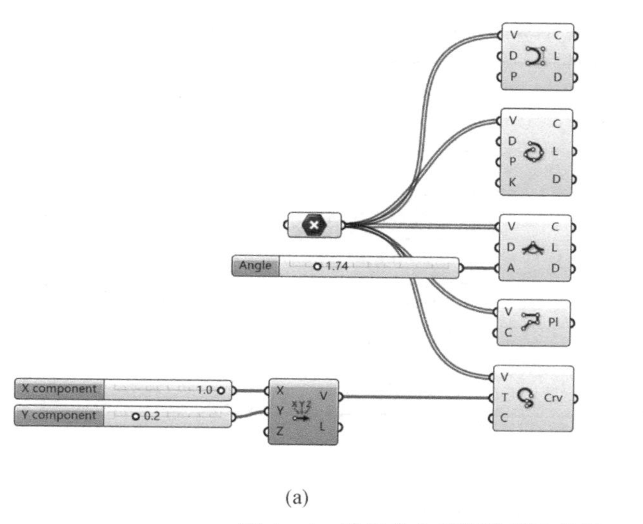

(a)

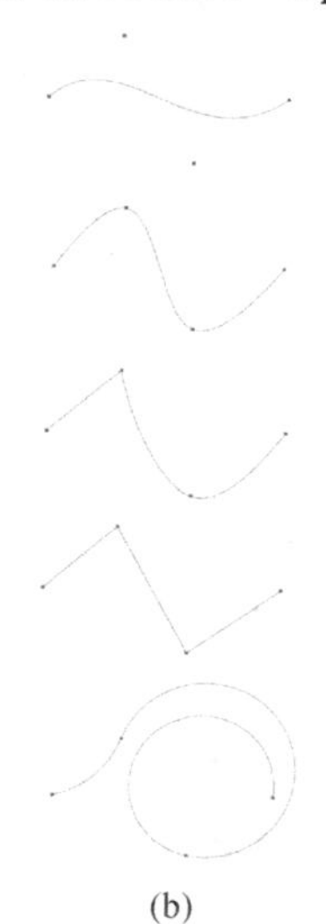

(b)

图 4-4　常用的曲线运算器及结果

Line)和 PolyArc 运算器(Curve→Spline→PolyArc),它们分别使用控制点、内插点、尖点生成 Nurbs 曲线,不同的方法定义了不同形态的曲线,其生成结果如图 4-4(b)所示。

4.2.2 NURBS 曲线相关运算器的介绍

在 Grasshopper 中有许多与 NURBS 曲线相关的运算器,下面将对其中主要的运算器进行介绍。篇幅所限,这部分内容将不再举例一一详细介绍,而是通过表格形式将各个运算器的输入端、输出端的含义和数据类型进行简要介绍,读者可根据需要自行选择相关运算器进行操作。

1. Nurbs Curve 运算器

Nurbs Curve 运算器(Curve→Spline→Nurbs Curve)的功能是通过控制点创建 Nurbs 曲线。其输入端、输出端的参数含义和数据类型如表 4-1 所列。

表 4-1　Nurbs Curve 运算器输入端、输出端的参数含义和数据类型

参数名称		参数含义	数据类型
输入端	V	控制点	Point
	D	阶数	Integer
	P	是否周期曲线	Boolean
输出端	C	Nurbs 曲线	Curve
	L	Nurbs 曲线长度	Number
	D	Nurbs 曲线的定义域	Domain

注:若 P 为 True,则曲线为周期曲线,即光滑的封闭曲线。

2. Interpolate 运算器

Interpolate 运算器(Curve→Spline→Interpolate)的功能是通过一系列点创建一条内插点曲线。其输入端、输出端的参数含义和数据类型如表 4-2 所列。

表 4-2　Interpolate 运算器输入端和输出端的参数含义和数据类型

参数名称		参数含义	数据类型
输入端	V	内插点	Point
	D	阶数	Integer
	P	是否周期曲线	Boolean
	K	节点样式	Integer
输出端	C	Nurbs 曲线	Curve
	L	Nurbs 曲线长度	Number
	D	Nurbs 曲线的定义域	Domain

3. Kinky Curve 运算器

Kinky Curve 运算器(Curve→Spline→Kinky Curve)的功能是通过一系列点创建一条尖点曲线,其输入端、输出端的含义和数据类型如表 4-3 所列。它的很多属性和 Interpolate 运算器是一样的，唯一的不同就是在 Kinky Curve 运算器中允许控制线转角处的角度阈值。将某内插点 P_n 的上一内插点 P_{n-1} 与 P_n 连线，再将 P_n 和下一内插点 P_{n+1} 连线，两条线段的夹角小于设定的角度阈值时，该内插点处呈折线。将一个 Number Slider 运算器和 Kinky Curve 运算器的输入端 A 相连，可以观察角度阈值的变化对生成曲线的影响。

表 4－3　Kinky Curve 运算器输入端、输出端的含义和数据类型

参数名称		参数含义	数据类型
输入端	V	内插点	Point
	D	阶数	Integer
	A	角度阈值	Double，以弧度表示角度
输出端	C	Nurbs 曲线	Curve
	L	Nurbs 曲线长度	Number
	D	Nurbs 曲线的定义域	Domain

4. PolyLine 运算器

PolyLine 运算器(Curve→Spline→PolyLine)的功能是连接一系列点建立一条多段线。其输入端、输出端的含义和数据类型如表 4－4 所列。

表 4－4　PolyLine 运算器输入端、输出端的含义和数据类型

参数名称		参数含义	数据类型
输入端	V	多段线的顶点	Point
	C	是否闭合	Boolean
输出端	Pl	多段线	Curve

5. PolyArc 运算器

PolyArc 运算器(Curve→Spline→PolyArc)的功能是连接一系列点建立一条多段弧线。其输入端、输出端的含义和数据类型如表 4－5 所列。

表 4－5　PolyArc 运算器输入端、输出端的含义和数据类型

参数名称		参数含义	数据类型
输入端	V	多段弧线的顶点	Point
	T	起点处圆弧切线方向向量	Vector
	C	是否闭合	Boolean
输出端	Crv	多段弧线	Curve

4.3　其他常用的曲线运算器

除了生成基本曲线和 NURBS 曲线的运算器外，Grasshopper 中其他常用的曲线运算器如表 4－6 所列。

表 4－6　其他常用的曲线运算器位置与功能

运算器	位　置	功　能
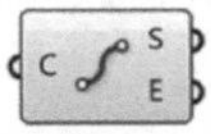	Curve→Analysis→End Points	获取曲线起点和终点。如果曲线是封闭曲线，那么起点和终点都是同一个点
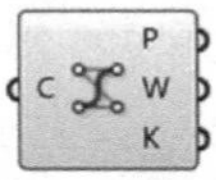	Curve→Analysis→Control Points	提取曲线控制点
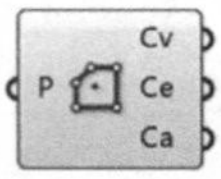	Curve→Analysis→Polygon Center	求多边形中心点，输出端有三个，分别为控制点平均值，边缘平均值和面积中心
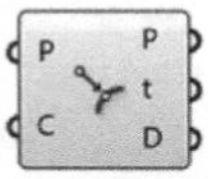	Curve→Analysis→Curve Closest Point	求点到曲线最近点，并返回点在曲线上的 t 值，以及距离
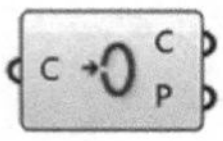	Curve→Analysis→Closed	判断曲线是否为闭合曲线或周期曲线
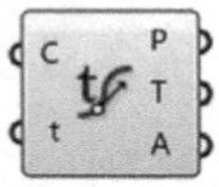	Curve→Analysis→Evaluate Curve	测量曲线 t 值位置处的点及其切线矢量方向
	Curve→Analysis→Point On Curve	求曲线上点的位置。可以右击选择具体位置。这里的取点和 t 值不同，按照距离等分
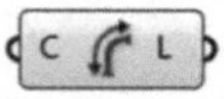	Curve→Analysis→Length	计算曲线长度
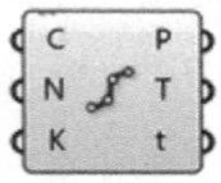	Curve→Division→Divide Curve	等分曲线。开放曲线等分点是等分数＋1，封闭曲线的等分点等于等分数。返回值除了等分点，还有每个点的切线向量以及 t 值
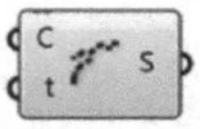	Curve→Division→Shatter	在指定 t 值位置处分割曲线
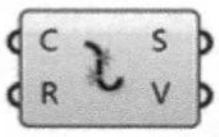	Curve→Util→Explode	炸开多重曲线，返回每一段线和分段点。封闭曲线，炸开的时候首尾点会有重复
	Curve→Util→Flip Curve	将曲线方向进行翻转，如果 G 端无输入，则翻转为反方向，如果 G 端输入了参照曲线，则不论原曲线方向如何，都翻转成和参照曲线一致
	Curve→Util→Extend Curve	延长曲线，其中延长类型中输入 0 为直线，输入 1 为圆弧，输入 2 为圆滑曲线
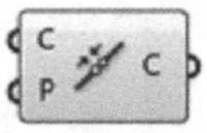	Curve→Util→Join Curves	将多个线段组合成一个多重曲线
	Curve→Util→Offset Curve	偏移曲线，向内还是向外偏移根据 D 的正负决定，而 C 拐角类型输入 0 为无，1 为尖角，2 为圆角，3 为柔滑曲线，4 为斜角

4.4　NURBS 曲面简介

NURBS 曲面可以看作是由两个方向的曲线组成的，分别为 U 向和 V 向。NURBS 曲面的本质就是一个二维区间，可以通过 Deconstruct Domain² 运算器（Maths→Domain→Deconstruct Domain²）将曲面的二维区间分成两个一维区间。如图 4－5(a)所示，我们可以先在 Rhino 中创建一个曲面，然后在 Grasshopper 中调用 Surface 运算器（Params→Geometry→Surface），右击 Surface 运算器按钮，选择 Set one Surface 选项，将 Rhino 中的曲面拾取进 Grasshopper。接下来，调用 Deconstruct Domain² 运算器，将其输入端 I(数据类型为区间)与刚才创建的曲面运算器的输出端相连，再调用两个 Panel 运算器（Params→Input→Panel）分别连接 Deconstruct Domain² 运算器的输出端 U 和 V，可以得到该曲面在 U 向和 V 向的区间值。此外，也可以对曲面的区间进行定义，右击 Surface 运算器后，选择 Reparameterize（重新参数化）选项，可以将曲面的 U 向和 V 向的区间重新定义为 0～1，如图 4－5(b)所示。

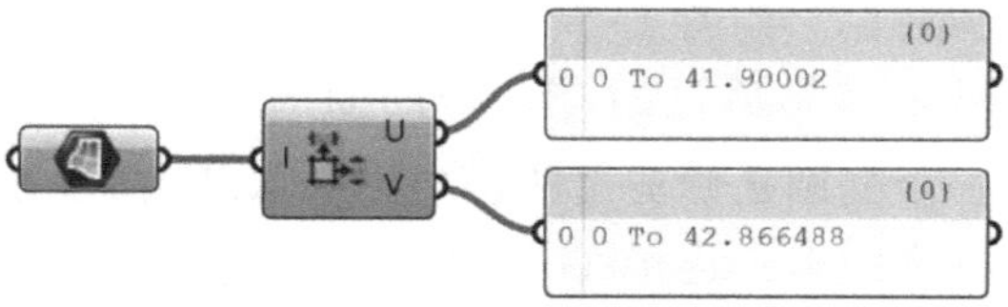

(a)

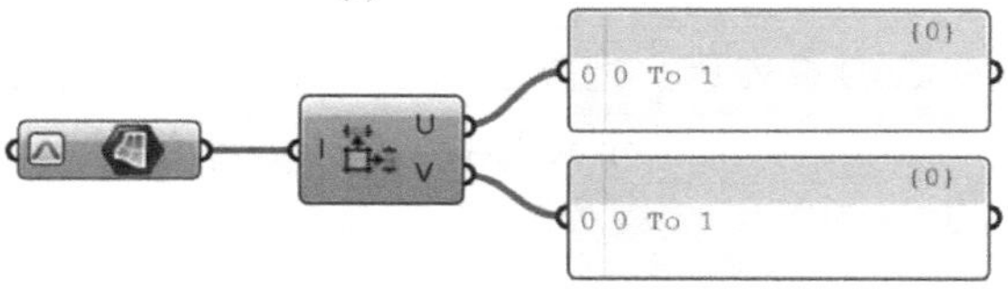

(b)

图 4－5　曲面区间

曲面上任意一点都可以通过 U 向和 V 向的两个参数来表示，这两个参数组成的坐标就是曲面的 UV Point。UV Point 的概念与曲线上的 t 值类似，只不过 t 值属于一维区间，而 UV Point 属于二维区间。UV Point 表示的并不是点，而是曲面上的坐标。我们可以通过 Evaluate Surface 运算器（Surface→Analysis→Evaluate Surface）求出对应曲面上的点 U、V 坐标。如图 4－6 所示，首先调用 Evaluate Surface 运算器，将运算器的 S 输入端与前面创建的 Surface 运算器的输出端相连，然后调用 MD Slide 运算器（Params→Input→MD Slide）与 Evaluate Surface 运算器的 UV 输入端相连，就可以得到该曲面上点的 U、V 坐标。这里，Evaluate Surface 运算器的输出端 P 表示该曲面上相应位置的点，N 表示该对应点的法线方向，U、V 表示该对应点的 U、V 坐标值，F 表示该对应点垂直于曲面法线方向的平面。此外，我们也可以通过 Iso Curve 运算器（Curve→Spline→Iso Curve）来计算该曲面上对应点在 U、V 两个方向上的结构线，同样将 Iso Curve 运算器的 S 输

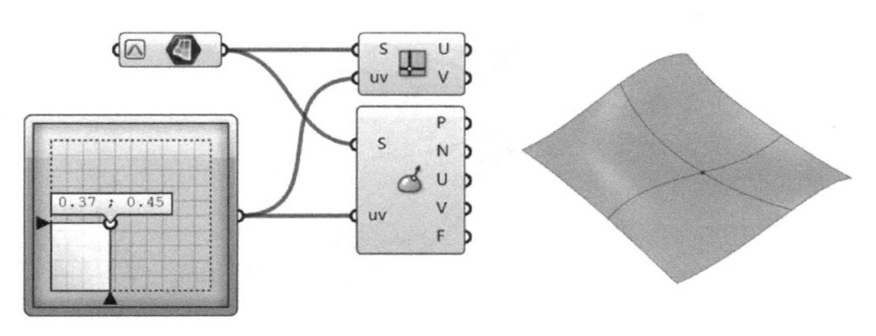

图 4－6　NURBS 曲面上的点及通过该点的结构线

入端与前面创建的 Surface 运算器的输出端相连，将 Iso Curve 运算器的 UV 输入端与 MD Slide 运算器的输出端相连，就可以得到该曲面上对应点在 U、V 两个方向上的结构线。

NURBS 曲面可分为修剪曲面和未修剪曲面。修剪曲面是用基本的 NURBS 曲面和闭合曲线来修剪出一个特定形状的曲面。这个曲面以一条闭合的曲线来定义它的外轮廓，同时以一条不相交的内部闭合曲线来定义曲面上的孔洞。如果一个曲面的外轮廓与其基本 NURBS 曲面相同且没有孔洞，我们通常将之称为未修剪曲面。如图 4－7 所示，图(a)的曲面是未被修剪过的，图(b)的曲面则是被一个椭圆孔修剪过的，但其 NURBS 结构在修剪时并没有改变。

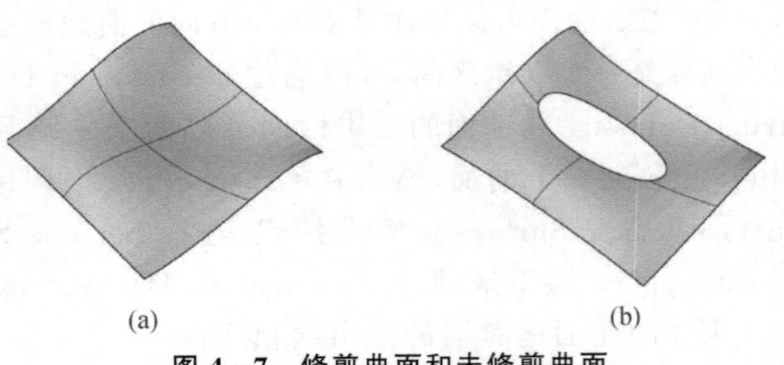

图 4－7　修剪曲面和未修剪曲面

两个或多个连接在一起的(可能是修剪过的)NURBS 曲面构成一个多重曲面。每个曲面都有自己的参数设定和无须与整体匹配的 U、V 方向。多重曲面和单一曲面都可以用边界表示法(Brep)来表示。边界表示法描述了曲面、边界和几何顶点等信息。在 Grasshopper 中，可以用 Deconstruct Brep 运算器(Surface→Analysis→Deconstruct Brep)来获得 Brep 物体的这些信息。

4.5　NURBS 曲面的创建

Grasshopper 里创建 NURBS 曲面的方法主要有 6 种，如图 4－8 所示：左侧为创建曲面的常用方法，右侧为其生成结果。

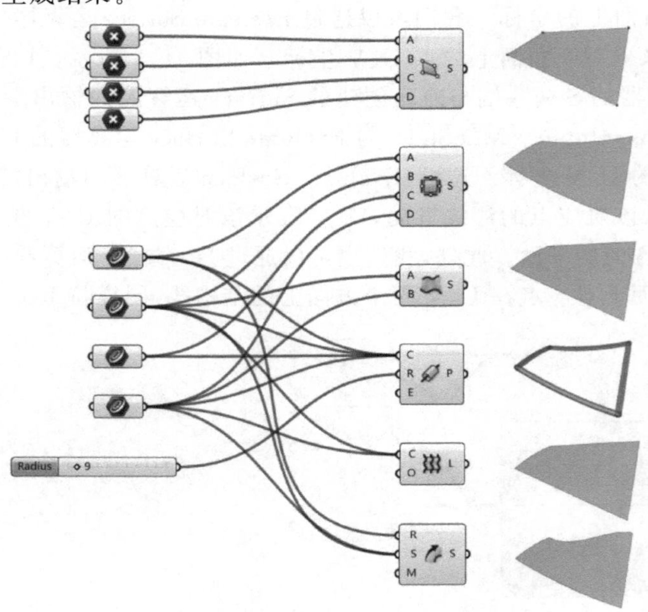

图 4－8　生成曲面的运算器及结果

4.5.1　4Point Surface 运算器

4Point Surface 运算器(Surface→Freeform→4Point Surface)的功能是通过 3 个或 4 个点创建一个曲面。其输入端、输出端的参数含义和数据类型如表 4－7 所列。

表 4－7　4Point Surface 运算器输入端、输出端的参数含义和数据类型

参数名称		参数含义	数据类型
输入端	A	第一个角点	Point
	B	第二个角点	Point
	C	第三个角点	Point
	D	可选的第四个角点	Point
输出端	S	求得的曲面	Surface

4.5.2　Edge Surface 运算器

Edge Surface 运算器(Surface→Freeform→Edge Surface)的功能是通过两条、三条或 4 条边线创建曲面。其输入端、输出端的参数含义和数据类型如表 4－8 所列。

表 4－8　Edge Surface 运算器输入端、输出端的参数含义和数据类型

参数名称		参数含义	数据类型
输入端	A	第一条边线	Curve
	B	第二条边线	Curve
	C	可选的第三条边线	Curve
	D	可选的第四条边线	Curve
输出端	S	求得的曲面	Brep

4.5.3　Ruled Surface 运算器

Ruled Surface 运算器(Surface→Freeform→Ruled Surface)的功能是在两条曲线之间创建一个直纹曲面。其输入端、输出端的参数含义和数据类型如表 4－9 所列。

表 4－9　Ruled Surface 运算器输入端、输出端的参数含义和数据类型

参数名称		参数含义	数据类型
输入端	A	第一条曲线	Curve
	B	第二条曲线	Curve
输出端	S	求得的曲面	Surface

4.5.4　Pipe 运算器

Pipe 运算器(Surface→Freeform→Pipe)的功能是由曲线生成管状曲面。其输入端、输出端的参数含义和数据类型如表 4－10 所列。

表 4-10 Pipe 运算器输入端、输出端的参数含义和数据类型

参数名称		参数含义	数据类型
输入端	C	基础曲线	Curve
	R	管道半径	Number
	E	封口形式(0 为不封口;1 为平封口;2 为圆滑封口)	Integer
输出端	P	求得的管状曲面	Brep

4.5.5 Loft 运算器

Loft 运算器(Surface→Freeform→Loft)的功能是由一组断面曲线放样生成曲面。其输入端、输出端的参数含义和数据类型如表 4-11 所列。

表 4-11 Loft 运算器输入端、输出端的参数含义和数据类型

参数名称		参数含义	数据类型
输入端	C	断面曲线	Curve
	O	放样选项	Loft options
输出端	L	生成的放样曲面	Brep

4.5.6 Sweep1 运算器

Sweep1 运算器(Surface→Freeform→Sweep1)的功能是单轨扫掠生成曲面。其输入端、输出端的参数含义和数据类型如表 4-12 所列。

表 4-12 Sweep1 运算器输入端、输出端的参数含义和数据类型

参数名称		参数含义	数据类型
输入端	R	扫掠轨道	Curve
	S	断面曲线	Curve
	M	斜接类型	Integer
输出端	S	生成的曲面	Brep

4.6 其他常用的曲面运算器

除了生成基本曲面和 NURBS 曲面的运算器外,Grasshopper 中常用的曲面运算器如表 4-13 所列。

表 4-13　其他常用的曲面运算器的位置与功能

运算器	位　置	功　能
	Surface→Analysis→Deconstruct Box	拆解获得 Box 的工作平面及其 XYZ 三边长度区间
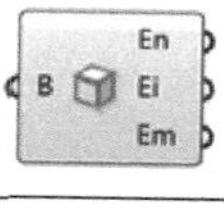	Surface→Analysis→Brep Edges	抽离多重曲面或曲面的边缘
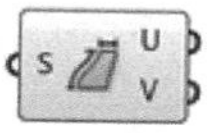	Surface→Analysis→Dimensions	返回曲面 U 方向和 V 方向的长度
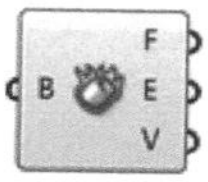	Surface→Analysis→Deconstruct Brep	拆解多重曲面为点、线、面三元素
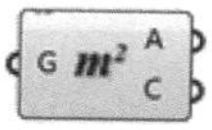	Surface→Analysis→Area	求曲面或网格或封闭平面线的中心点和面积
	Surface→Analysis→Brep Closest Point	求指定点到 Brep 的最近点，最近点的法线方向以及两点之间的距离
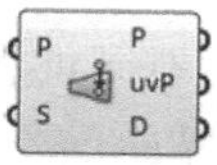	Surface→Analysis→Surface Closest Point	求点到曲面投影点，返回投影点，投影点在曲面上的 UV 坐标值，以及点到曲面距离
	Surface→Analysis→Point In Brep	判断点是否在 Brep 内部，返回布尔值
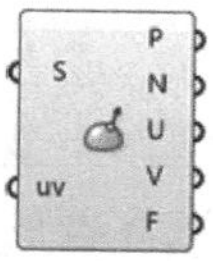	Surface→Division→Evaluate Surface	返回曲面上对应 uv 坐标值处的各项数据，包括点、法线方向、U 方向、V 方向和切平面
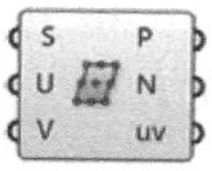	Surface→Util→Divide Surface	基于曲面 U 方向和 V 方向划分的数量获得细分点，细分点的法线向量和 uv 坐标值
	Surface→Util→Copy Trim	复制曲面的修剪信息到另一个曲面上，类似于曲面流动
	Surface→Util→Isotrim	提取细分曲面
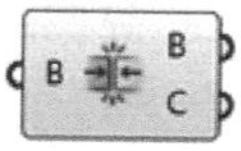	Surface→Util→Brep Join	将多个曲面或多重曲面组合成一个多重曲面
	Surface→Util→Cap Holes	给 Brep 平面洞口加盖

4.7　案例 1——参数化花瓶建模

对 Grasshopper 中的相关命令有了基本了解之后，可以尝试运用这些命令进行一些简单的建模操作，下面就通过一个参数化花瓶的案例来说明如何具体进行建模操作。图 4-9 所示是建模完成之后的效果，若想得到类似效果的花瓶，可以尝试以下两种不同的建模思路。

图 4-9　参数化花瓶

4.7.1　建模思路一

参数化花瓶的建模思路一：首先创建轴线。然后在轴线不同高度上创建大小不同的圆。其次，将圆作为断面曲线进行放样，得到花瓶的表面。再次，通过底下的圆生成边界曲面作为花瓶的底面，最后将花瓶的表面和花瓶的底面连接起来形成花瓶。

具体的步骤如下：

1. 创建轴线

调用 Line SDL 运算器(Curve→Primitive→Line SDL)，拾取 Rhino 中的任一点，或者调用 Construct Point 运算器创建一个点，使该点与 Line SDL 运算器的输入端 S 相连，作为该曲线的起点，也就是花瓶底面的圆心。调用 Number Slide 运算器，将其与 Line SDL 运算器的输入端 L 相连，将其设为花瓶高度的参数，调整 Number Slider 运算器的取值范围为 1～1 000，取为 160。此时 Line SDL 运算器的另一个输入端 D 被系统默认为是 Z 轴正向方向。

2. 等分轴线

调用 Divide Curve 运算器(Curve→Division→Divide Curve)，将其输入端 C 与 Line SDL 的输出端 L 相连，同时调用 Panel 运算器，双击输入数字 3，将该轴线三等分，得到 4 个等分点。

3. 创建横截面圆

调用 Circle 运算器(Curve→Primitive→Circle)，以刚才得到的 4 个等分点为圆心画圆，可以得到花瓶的多个横截面。各个横截面的半径值不同，因此需要调用 4 个 Number Slider 运算器作为参数，右击 Number Slider 运算器后单击 Edit... 选项，在弹出对话框的 Numeric Domain 里设置其取值范围为 1～200，并分别取为 4 个不同的数值，此处分别设置为 40、68、14、12。调用 Number 运算器(Params→Primitive→Number)，按住 Shift 将 4 个 Number

Slide 运算器的输出端与 Number 运算器的输入端相连，对 4 个半径参数进行收集后，调用 Circle 运算器，将其输入端 P 与之前的 Divide Curve 运算器的输出端 P 相连，再将其输入端 R 与 Number 运算器的输出端相连，就得到了 4 个以轴线等分点为圆心的不同半径的圆。

4. 生成花瓶侧面

调用 Loft 运算器（Surface→Freeform→Loft），将其输入端 C 与 Circle 运算器的输出端相连，将前面生成的 4 个圆作为断面曲线进行放样，可以生成花瓶的侧面。

5. 生成花瓶底面

调用 List Item 运算器（Sets→List→List Item），将其输入端 L 与 Circle 运算器的输出端相连，选取底面的圆，再调用 Boundary Surfaces 运算器（Surface→Freeform→Boundary Surfaces），将其输入端 E 与 List Item 的输出端 i 相连，生成边界曲面，作为花瓶的底面。

6. 整体连接

调用 Brep Join 运算器（Surface→Util→Brep Join），按住 Shift 键将其输入端 B 同时与 Loft 和 Boundary Surfaces 运算器的输出端相连，将花瓶的侧面和花瓶的底面连接起来形成完整的花瓶。

将运算器成组并加上注释说明后，最终的算法如图 4－10 所示。此时可以通过调整花瓶高度参数和半径值的大小，生成不同形状的花瓶。

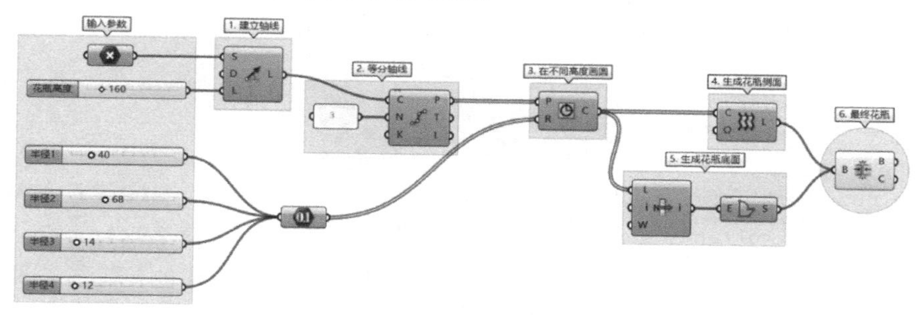

图 4－10　参数化花瓶算法 1

4.7.2　建模思路二

参数化花瓶的建模思路二：首先创建花瓶底面的半径，然后创建花瓶的纵向断面线，其次将这两条线连接为一条曲线，最后将这条曲线沿轴线旋转一周得到花瓶。

具体的步骤如下：

1. 创建花瓶底面的半径

调用一个 Construct Point 运算器，将该点默认为原点，并作为花瓶底面的圆心。再调用一个 Construct Point 运算器，将其 X 坐标作为参数，控制花瓶底面的半径。调用一个 Number Slider 运算器，调整其取值范围为 1～200，取值为 50，将其输出端与 Construct Point 的输入端 X 相连。再调用 Line 运算器，分别将这两个 Construct Point 运算器的输出端与 Line 运算器的输入端 A 和 B 相连，将这两点连接起来形成一条线段。

2. 创建花瓶侧面的断面线

调用 3 个 Construct Point 运算器，再调用 6 个 Number Slider 运算器，分别控制 3 个点的

X 和 Z 坐标。设置 X 坐标取值范围 1～200，分别设为 100，30，40。设置 Z 坐标取值范围 1～1 000，分别设为 70，200，300。调用 Interpolate 运算器(Curve→Spline→Interpolate)，按住 Shift 键，将刚建立的 4 个点依次连入 Interpolate 运算器的输入端 V，可以连接 4 个点生成花瓶侧面的断面线。

3. 生成轮廓线

调用 Join Curves 运算器(Curve→Util→Join Curves)，按住 Shift 键，将其输入端 C 与 Line 运算器的输出端 L 和 Interpolate 运算器的输出端 C 分别相连，可以将花瓶的底面半径和侧面的断面线连接成为一条完整的轮廓线。

4. 生成轴线

调用 Line SDL 运算器(Curve→Primitive→Line SDL)，将其输入端 S 与代表原点的 Construct Point 运算器的输出端相连，生成从原点出发方向默认为 Z 轴正向的花瓶轴线。

5. 生成花瓶

调用 Revolution 运算器(Surface→Freeform→Revolution)，将其输入端 P 与将 Join Curves 运算器的输出端相连，其输入端 A 与 Line SDL 运算器的输出端相连，将轮廓线绕轴线旋转一周，生成完整的花瓶模型。

将运算器成组并加以注释说明后，最终算法如图 4－11 所示。此时可以通过调整花瓶底面半径参数值和三个点的 X、Z 坐标值，生成不同形状的花瓶。

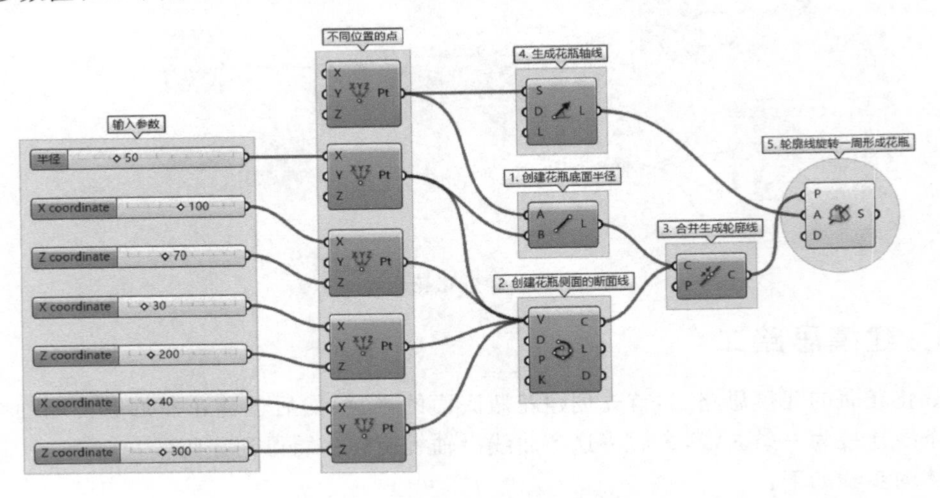

图 4－11　参数化花瓶算法 2

4.8　案例 2——点干扰

在对构建简单花瓶模型的思路进行讲解之后，我们对运用相关命令构建立体模型的过程有了初步认识，下面结合案例来讲解与干扰相关的命令及其具体操作。这里的干扰指的是通过引入点或线作为干扰要素，对二维图形或三维体块的几何参数进行影响，从而产生不同的建模结果。

4.8.1　单个点干扰图案

在图 4-12 中，可以发现，圆的大小呈现出一定的规律性：圆心离某点（即图中小红叉）越近，其半径越小；离该点越远，其半径越大。我们可以将这个点看作吸引子①，它对格网中的圆的半径产生了“干扰”。

要想生成这种图案，建模的思路通常如下：首先建立正方形的格网，然后测量格网的角点和吸引点的距离，再以格网角点为圆心，测得的距离为半径画圆。为方便半径大小的调整，可以先将距离乘以一个可调节的系数，然后再赋值为半径。

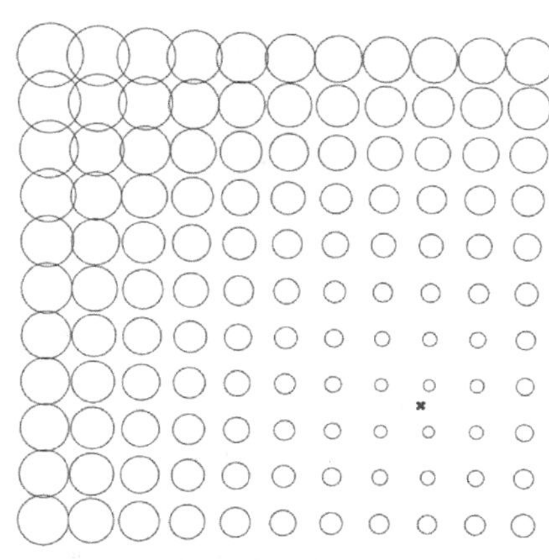

图 4-12　单个点干扰图案 1

具体的步骤如下：

1. 建立网格

调用 Square 运算器（Vector→Grid→Square）建立格网，调用 Number Slider 运算器，取值为 2，连接 Square 运算器的输入端 S，设置网格的单元尺寸大小为 2。调用另一个 Number Slider 运算器，取值为 10，按 Shift 键同时连接 Square 运算器的输入端 Ex 和 Ey，设置网格 X 方向和 Y 方向的单元数都为 10。

2. 创建吸引点

在 Rhino 中创建一个上述网格范围内的点，用 Point 运算器拾取 Rhino 中的点进 Grasshopper 作为图案的吸引点，拾取点之后调用 Distance 运算器（Vector→Point→Distance），将其输入端 A 与 Square 运算器的输出端 P 相连，将其输入端 B 与 Point 运算器的输出端相连，可以测量格网的角点和吸引点之间的距离。

3. 设定调整系数

调用 Number Slider 运算器，设定一个较小的调整系数，比如 0.063。调用 Multiplication 运算器（Maths→Operators→Multiplication），将其输入端 A 与 Distance 运算器的输出端 D 相连，将其输入端 B 与 Number Slider 运算器的输出端相连，可以得到格网角点与吸引点之间距离与调整系数相乘的结果。

4. 画圆生成图案

调用 Circle 运算器，将其输入端 P 与 Square 运算器的输出端 P 相连，设置各格网角点作为圆心。将 Circle 运算器的输入端 R 与 Multiplication 运算器的输出端 R 相连，设定调整后的距离为半径，可得到以网格角点为中心以不同距离为半径的多个圆形所构成的完整图案。

---

① 吸引子（Attractor）是系统科学、非线性动力学和微积分中的一个概念，它描述了一个系统朝某个稳态或平衡点发展的趋势。这个稳态或平衡点就是吸引子。在 Grasshopper 参数化建模中，用于点干扰或线干扰的点或线本身不是吸引子，但它们通过某种规则或算法对其他的元素产生作用和影响，表现出类似于吸引子的行为，因此将这些点或线称为吸引子。

将运算器成组并加以注释说明后，最终算法如图 4 - 13 所示。此时在 Rhino 中移动吸引点，可以获得不同的点干扰图案。

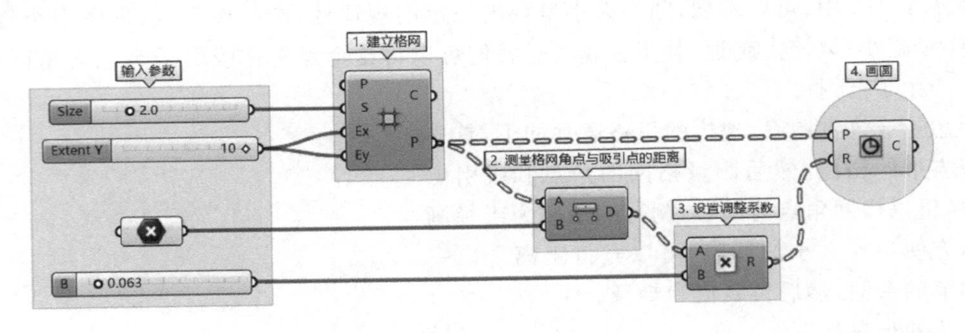

图 4 - 13　单个点干扰算法 1

在单个点干扰算法的案例中，如果要使得离吸引点越近的圆形半径越大，可以在测量格网角点与吸引点的距离后调用 Division 运算器（Maths→Operator→Division），将其输入端 B 与 Distance 运算器的输出端相连，同时调用 Panel 运算器，设值为 1，与 Division 的输入端 A 相连，由此构造一个距离 D 的倒函数 1/D。之后再将其与 Multiplication 运算器的输入端 A 相连，同时调大与其输入端 B 相连的 Number Slide 运算器的数值，将距离进行适当的放大调整。

此时，如果数值变化过于剧烈影响图案效果，还可以对圆形半径的最大值进行限定，比如设置最大半径不超过格网单元尺寸的 80%。具体操作如下：调用 Minimum 运算器（Maths→Util→Minimum），将其输入端 A 与之前的 Multiplication 运算器的输出端相连，将其输入端 B 与另一个新建 Multiplication 运算器的输出端相连，该运算器的输入端 A 连接表示格网尺寸为 2 的 Number Slide 运算器，输入端 B 连接表示调整系数为 0.8 的另一个 Number Slide 运算器。调整完半径系数并对其最大值进行限制之后，调用 Circle 运算器，将其输入端 P 与表示格网的 Square 运算器的输出端 P 相连，确定格网角点为圆心，将其输入端 R 与 Minimum 运算器的输出端相连，设置调整过的数值为各圆的半径。

这样修改后的算法如图 4 - 14 所示，最终图案效果如图 4 - 15 所示。

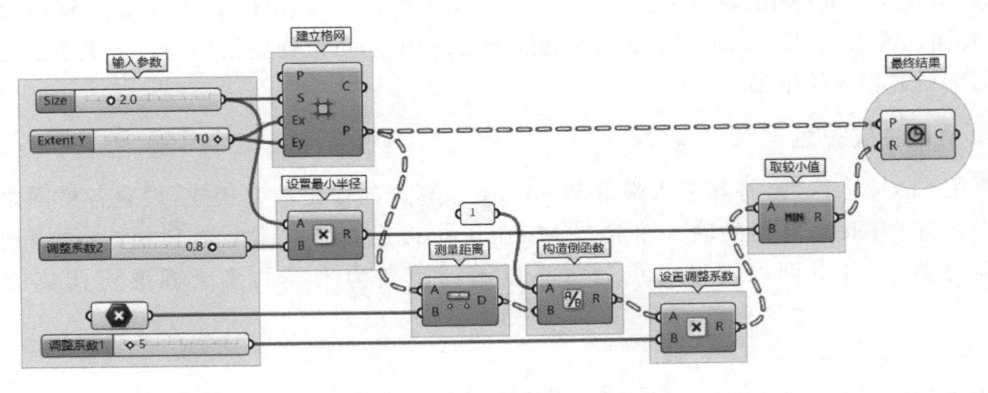

图 4 - 14　单个点干扰算法 2

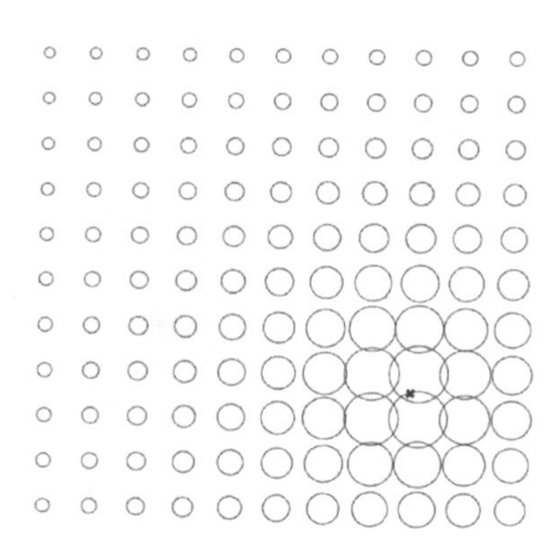

图 4－15 单个点干扰图案 2

4.8.2 多个点干扰图案

如果想要获得更为复杂的图案，也可以设置多个吸引点作为干扰要素。在图 4－16 中，有两个点对格网中圆的半径产生了干扰。这时我们需要找到离每个格网的角点最近的吸引点，测量其距离，并对距离进行适当调整后再赋给圆半径，从而形成多个点干扰的图案。

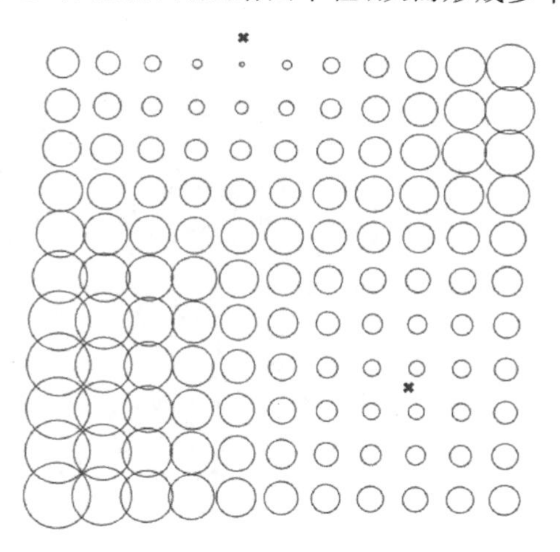

图 4－16 多个点干扰图案

这个算法的关键在于 Closest Point 运算器（Vector→Point→Closest Point）的调用。它的功能是在一个点集中寻求最近点。其输入端、输出端的参数含义和数据类型如表 4－14 所列。

表 4－14 Closest Point 运算器输入端、输出端的参数含义和数据类型

参数名称		参数含义	数据类型
输入端	P	目标点	Point
	C	要寻求最近点的点集	Point
输出端	P	求得的最近点	Point
	i	最近点在点集中的编号	Integer
	D	最近点和目标点之间的距离	Double

整个算法如图 4－17 所示。

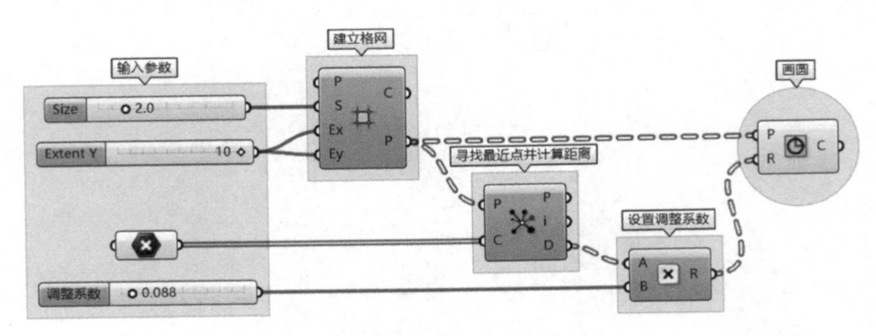

图 4-17　多个点干扰算法

4.8.3　多属性的点干扰

在上述的案例中，吸引点只是对圆的半径进行了干扰。我们还可以同时对几何体的多个属性进行干扰，如图 4-18 所示的圆柱体矩阵，其高度和半径都受到了吸引点的干扰。具体的做法是寻求离每个格网的角点最近的吸引点，测量其距离，并对距离进行分别调整，分别赋给圆柱体的高度和半径。整个算法如图 4-19 所示。

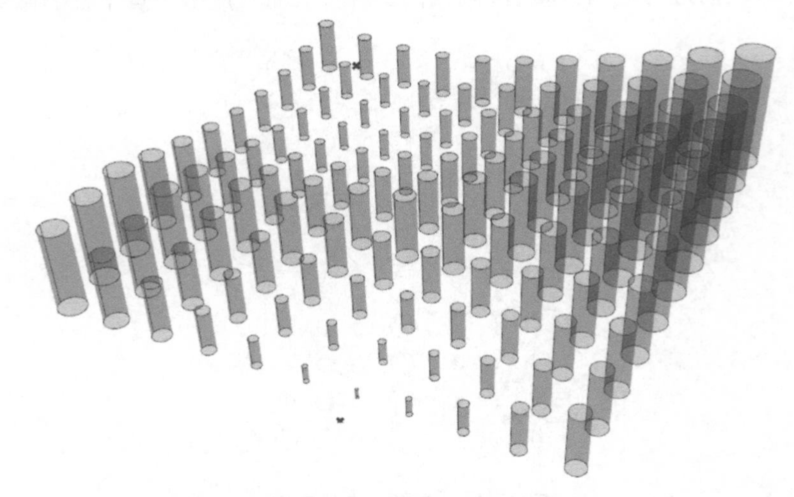

图 4-18　圆柱体点干扰矩阵

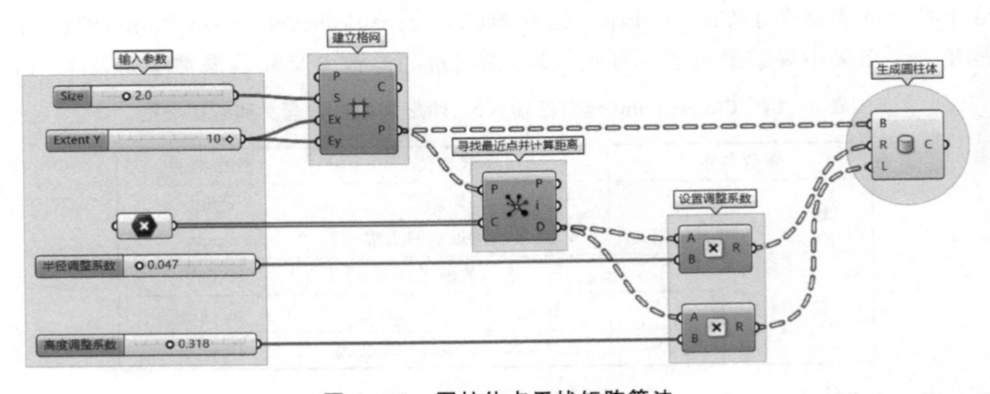

图 4-19　圆柱体点干扰矩阵算法

4.9　案例 3——线干扰

4.9.1　单条曲线干扰图案

在干扰的案例中，对几何体进行干扰的吸引子可以是点，也可以是曲线。在图 4 - 20 中，我们会发现，离曲线越近，圆的半径越小；离曲线越远，圆的半径越大，曲线对格网中圆的半径产生了“干扰”。

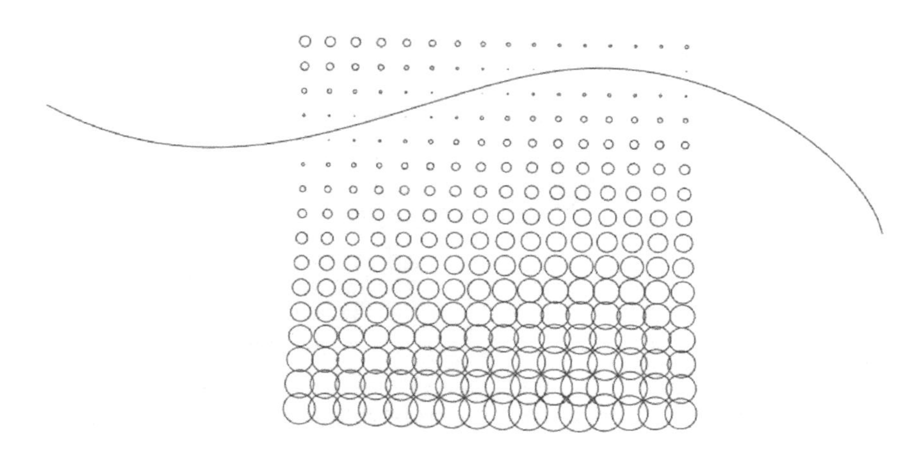

图 4 - 20　单条曲线干扰图案

这种图案的建模思路如下：首先确定作为吸引子的曲线，同时建立正方形的格网；然后在曲线上找到离每个格网角点最近的点，测量其距离；最后以格网角点为圆心，测得的距离为半径画圆。同样，为方便半径大小的调整，可以先将距离乘以一个可调的系数，再赋值给半径。

具体的步骤如下：

1. 建立格网

调用 Square 运算器（Vector→Grid→Square）建立格网，设置 X 方向和 Y 方向的单元数都为 15，系统默认格网单元尺寸大小为 1。

2. 拾取曲线

在 Rhino 中绘制穿越格网的曲线，在 Grasshopper 中调用 Curve 运算器（Params→Geometry→Curve），右击选取 Set one Curve，选取曲线将其拾取进 Grasshopper，作为图案的吸引子。

3. 计算距离

调用 Curve Closest Point 运算器（Curve→Analysis→Curve Closest Point），将其输入端 P 与 Square 运算器的输出端 P 相连，将其输入端 C 与刚才拾取作为吸引子的曲线 Curve 运算器的输出端相连，找到离每个格网角点最近的点，并计算出距离。

4. 调整距离

调用 Number Slider 运算器，设定一个较小的调整系数，例如 0.057，调用 Multiplication

运算器(Maths→Operators→Multiplication)将其输入端B与Number Slider运算器的输出端相连,将其输入端A与Curve Closest Point运算器的输出端D相连,得到距离与调整系数相乘的结果。

5. 画圆生成图案

调用Circle运算器,将其输入端P与Square运算器的输出端P相连,将其输入端R与Multiplication运算器的输出端R相连,得到以网格角点为中心,调整后的距离为半径的多个圆形构成的图案。

将运算器成组并加以注释说明后,最终算法如图4-21所示。在Rhino中调整作为吸引子的曲线,可获得不同的曲线干扰图案。

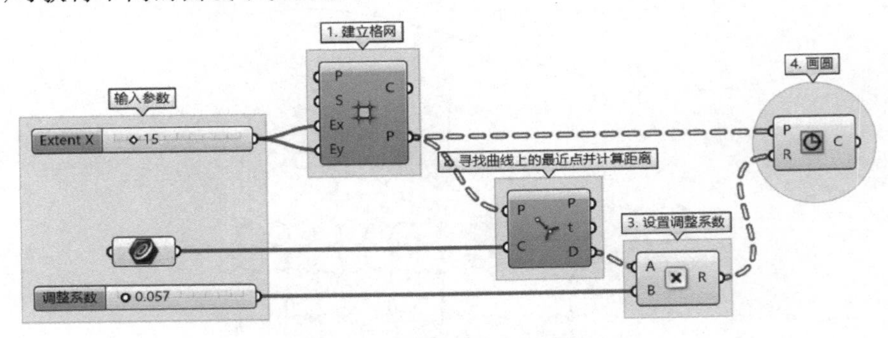

图4-21　单条曲线干扰算法

4.9.2　多条曲线干扰图案

同样,在线的干扰案例中,如果想要获得变化更为复杂的图案,也可以设置多条曲线作为吸引子。在图4-22中,就出现了两条干扰曲线。这时需要在曲线1上找到离每个格网角点最近的点,计算出距离D1,然后在曲线2上找到离每个格网角点最近的点,计算出距离D2,再比较D1和D2的值,取其中较小的值。将这个较小的值进行参数调整,再赋值给圆的半径。整个算法如图4-23所示。

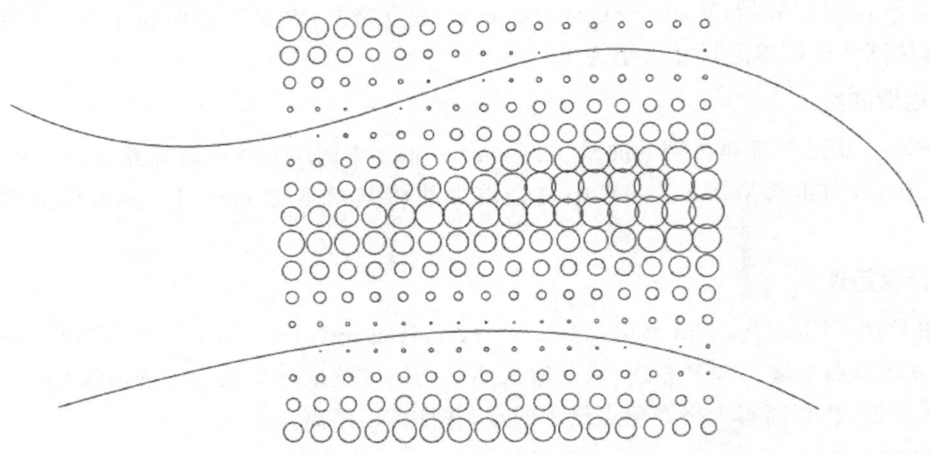

图4-22　多条曲线干扰图案

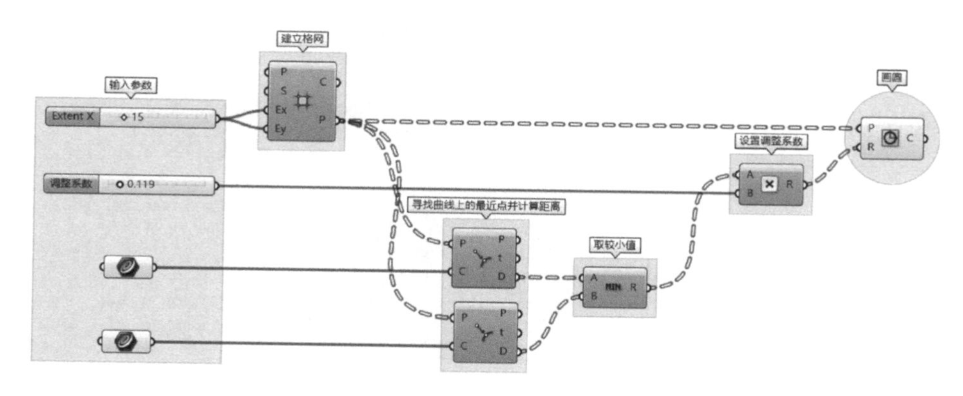

图 4－23　多条曲线干扰算法 1

除此之外，还可以调用 Pull Point 运算器(Vector→Point→Pull Point)在多条曲线上找到离目标点最近的点。其输入端、输出端的参数含义和数据类型如表 4－15 所列。

表 4－15　Pull Point 运算器输入端、输出端的参数含义和数据类型

参数名称		参数含义	数据类型
输入端	P	目标点	Point
	G	要寻求最近点的几何体	Geometry
输出端	P	求得的最近点	Point
	D	最近点和目标点之间的距离	Double

右击 Pull Point 运算器的图标，在快捷菜单中出现 Closest Only 的选项。如果勾选该选项，则仅仅计算几何体中离目标点最近的点；如果取消勾选，则会计算每个几何体中离目标点最近的点。默认已勾选 Closest Only 选项，当滚动鼠标滚轮放大该运算器时，在其底部会出现 Closest 的标记。这里我们需要计算两条曲线中离目标点最近的点。整个算法如图 4－24 所示。

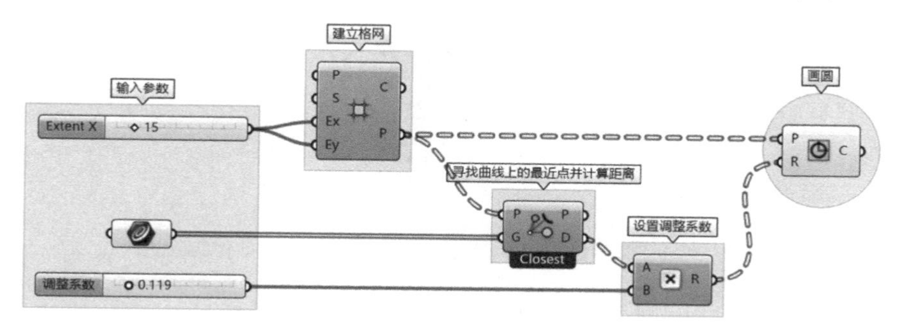

图 4－24　多条曲线干扰算法 2

习　　题

1. 如何从 Rhino 中拾取几何体进入 Grasshopper？
2. 修剪曲面与未修剪曲面有何区别？

3. 运用本章所学运算器绘制以下控制线和渐变图案。

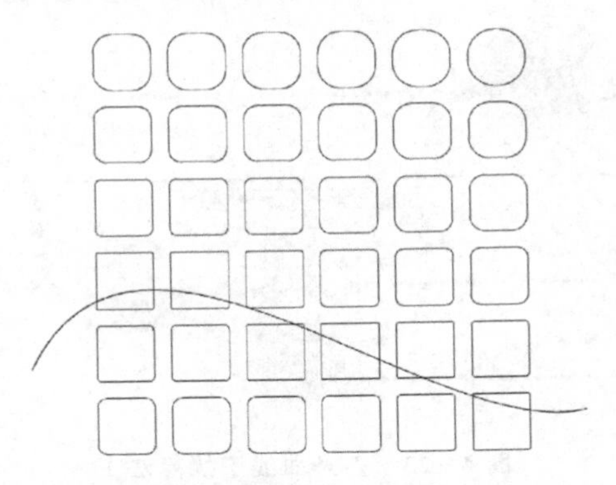

4. 在题 3 图案的基础上加入缩放控制生成以下图案。

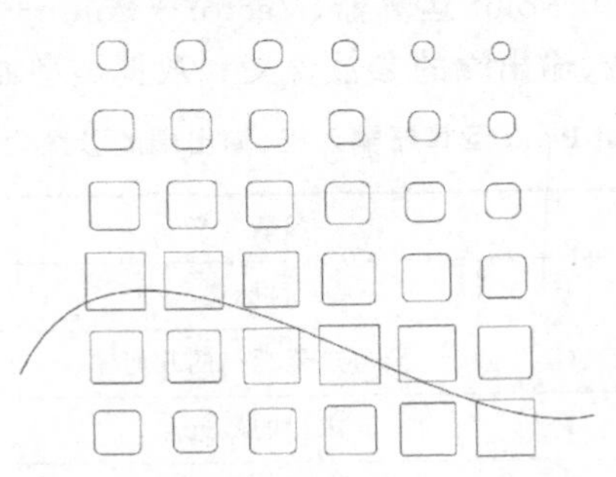

5. 在题 4 图案的基础上加入拉伸高度控制生成以下形体。

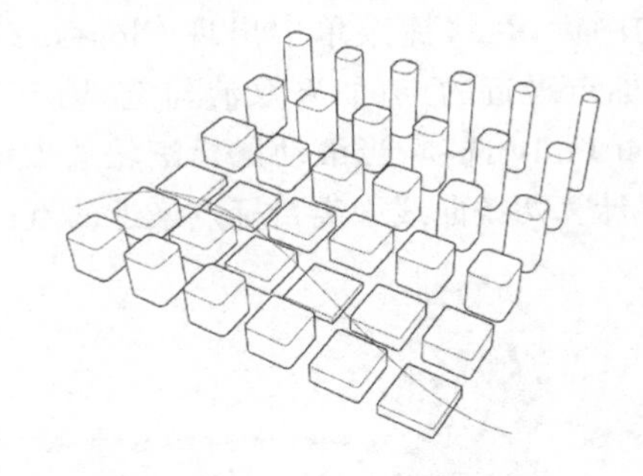

第 5 章　数据结构

5.1　Grasshopper 中的数据结构

5.1.1　简　介

在计算机编程中，有多种数据结构来控制数据的存储和访问方式。最常见的数据结构有变量、数组和嵌套数组，还有一些为特定目的（如排序）而优化的数据结构。在 Grasshopper 中，有三种不同的数据结构：单个数据、列表数据和树形数据。单个数据和列表数据也可以看作简单的树形数据。单个数据是指只有一个分支的树，且其中只有一个元素；列表数据是指只有一个分支的树，但其中包含多个元素。树形数据是指含有多条树枝，也就是有多列列表的数据。运算器会根据输入的数据结构以不同的方式执行相应的操作，因此充分了解数据结构至关重要。

在 Grasshopper 中，通常用 Panel 运算器和 Param Viewer 运算器（Params→Util→Param Viewer）来观察数据结构。Param Viewer 运算器有两种显示模式：文本模式和图形模式。通过单击运算器可进行文本模式和图形模式的切换。下面调用 Param Viewer 运算器来分别对单个数据、列表数据和树形数据进行观察。

单个数据的数据结构如图 5－1 所示。调用 Panel 运算器输入单个数据，连接 Param View 运算器会显示出树枝的地址（即路径），以及该树枝中所储存数据的个数。这里可以看到，单个数据的数据结构只有一条树枝，且树枝只存储了一个数据。在 Panel 运算器中输入多个数据可形成列表数据（如图 5－2 所示），连接 Param View 运算器会发现该列表数据的数据结构也只有一条树枝，但这个树枝储存了三个数据。

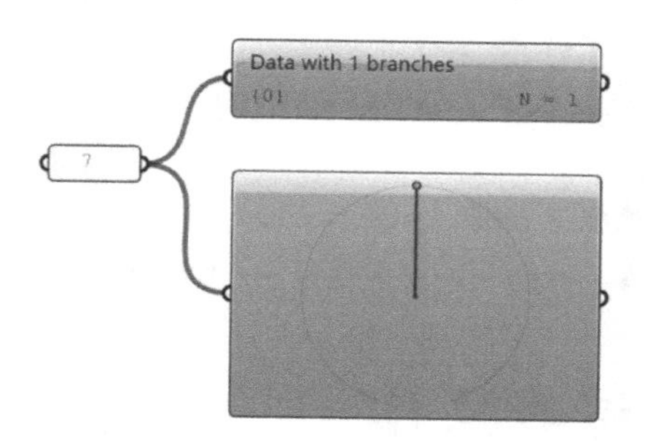

图 5－1　单个数据的数据结构

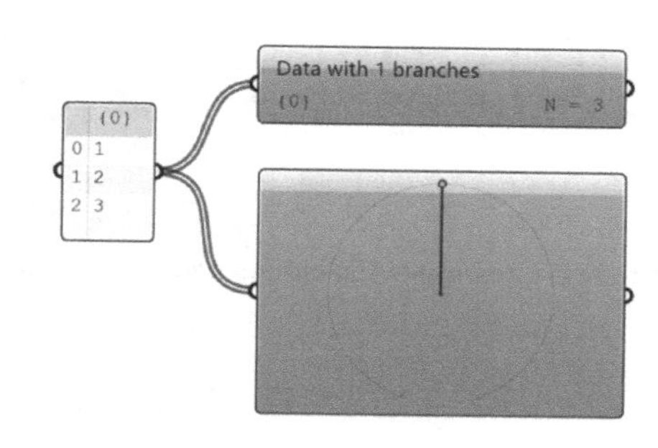

图 5－2　列表数据的数据结构

图 5－3 所示的树形数据更为复杂，包含多条树枝。从 Rhino 中拾取某个曲面进 Grasshopper，调用 Divide Surface 运算器（Surface→Util→Divide Surface）对曲面进行细分，U 方向 2 等分，V 方向 4 等分，细分之后可以得到 15 个细分点。此时连接 Param View 运算器可以看到细分点的数据结构为 3 条树枝，每条树枝存储了 5 个数据，这就是树形数据。连接 Panel 运

算器可以看到该树形数据的详细信息。

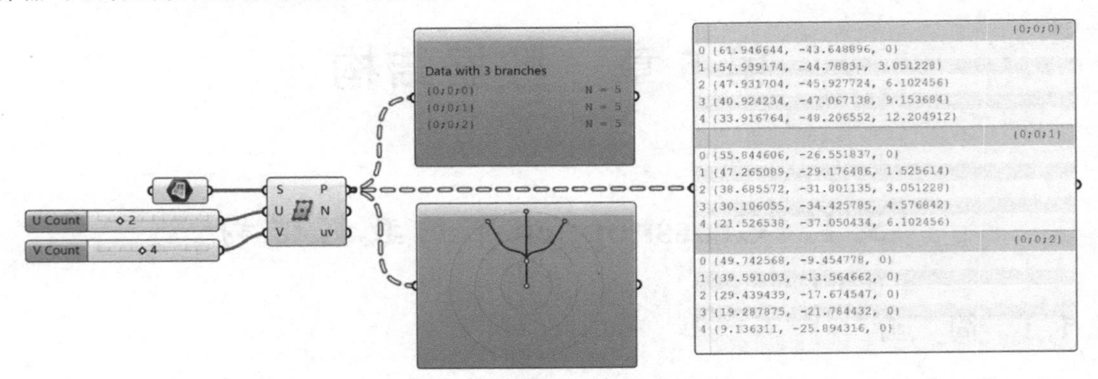

图 5-3　树形数据的数据结构

通过仔细观察可以发现上面三张图里的连线样式并不相同。在 Display 菜单中的 Draw Fancy Wires 项处于选中状态时,单个数据的连线为单实线(如图 5-1 所示),列表数据的连线为双实线(如图 5-2 所示),树形数据的连线为双虚线(如图 5-3 所示)。

5.1.2　树形数据的标记

可以形象地将树形数据理解为"树由树枝组成,而树枝又生出树叶"。每条树枝的地址或路径以大括号和其中的整数表示。树枝可以有 N 个层级,这时大括号中的整数也为 N 个,整数间用分号分隔,从左到右依次表达主树枝;次级树枝;…;末级树枝。树叶也就是数据的编号,由中括号和其中的整数表示,其计数从 0 开始。图 5-4 显示了树形数据的标记方法。

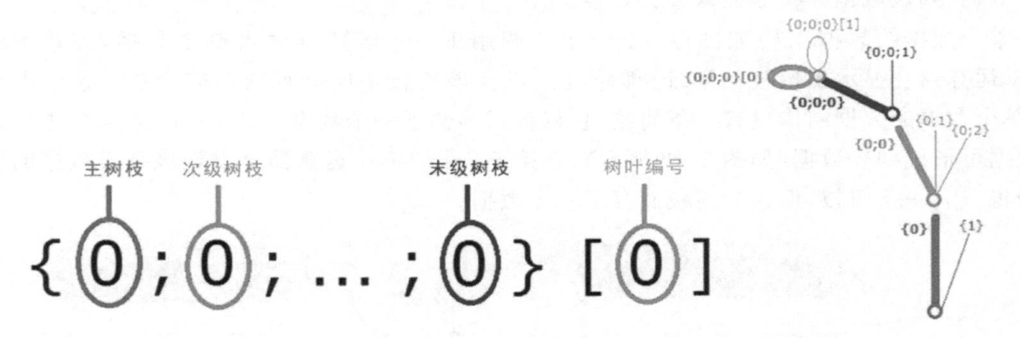

图 5-4　树形数据的标记方法

(改绘自《Essential Algorithms and Data Structures for Computational Design in Grasshopper》)[1]

5.2　列表数据的操作

以上提到的 Grasshopper 中不同复杂程度的 3 种数据:单个数据、列表数据和树形数据。单个数据比较简单,我们直接从列表数据开始讲解数据结构相关的操作命令。

---

① Issa R. Essential Algorithms and Data Structures for Computational Design in Grasshopper[M/OL]. 1st Ed. 2020. https://www.rhino3d.com/download/rhino/6.0/essential-algorithms.

在 Sets 大类 List 子类下有很多运算器可用来对列表数据进行操作，常用的运算器及其具体功能如表 5－1 所列。

表 5－1　Sets 大类 List 子类下的常用运算器名称与功能

运算器	名　称	功　能
	List Length	计算列表的长度
	List Item	获取特定序号的数据
	Reverse List	列表的倒序
	Sort List	将数据从小到大进行排序
	Shift List	偏移列表数据，S 输入参数控制数据的偏移量，W 输入参数控制是否删除偏移出的末端数据
	Split List	将一个列表分为两个列表
	Sub List	依据索引值区间提取一个子列表
	Dispatch	依据布尔值将数据进行分流，其 P 输入参数默认的布尔值为 True、False，True 对应的数据从 A 输出端输出，False 对应的数据从 B 输出端输出

此外，对列表数据进行筛选时，还常常用到 Sets 大类 Sequence 子类下的 Cull Index 运算器、Cull Pattern 运算器和 Jitter 运算器。Cull Index 运算器的功能是删除指定序号位置的数据，其输入端 i 输入要删除数据的序号，输入端 W 输入布尔值，控制是否进行循环删除。如列表长度为 L，则其序号范围为 0～L－1，当输入端 W 输入 True，输入端 i 输入 L 时会删除第一个数据，输入端 i 输入－1 时则会删除最后一个数据，依此类推；若输入端 W 输入 False，输入 i 不在列表序号范围，该运算器会变成橙色报警，提示 Cull index is out of range。默认情况下 W 为真。Cull Pattern 运算器的功能是根据 P 端输入的布尔值进行删除，为真就保留，为假就删除。Jitter 运算器的功能是将列表位置随机排序。

图 5－5 显示了对一列[1,3,5,4,2]的列表数据进行上述列表操作的结果。

在建模过程中，常常需要对列表数据进行各种处理。比如要得到图 5－6 所示的建模效果就需要用到数据偏移功能，其建模思路如下：在 Rhino 中画圆（半径约为 10～15），拾取圆形进 Grasshopper，调用 Divide Curve 运算器（Curve→Division→Divide Curve）将圆分为 N 等分，调用 Number Slider 运算器将等分数 N 设为 22，得到 22 个点。再调用 Unit Z 运算器（Vector→Vector→Unit Z）和 Move 运算器（Transform→Euclidean→Move）将这些点向上移动一定距离（这里设置为 11），生成第 2 列点。调用 Shift List 运算器（Sets→List→Shift List）将其中一列点进行数据偏移（这里设置偏移值为 6），再将两列列表中的点进行连线，形成线段。最后调用 Pipe（Surface→Freeform→Pipe）运算器将线段成管（这里设置管径为 0.2），完成建模。其算法如图 5－7 所示。

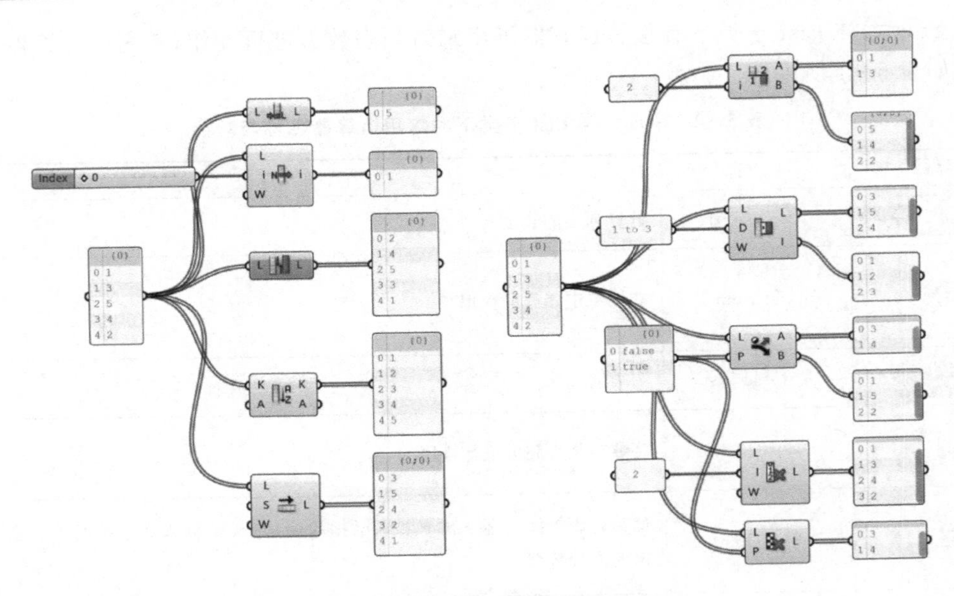

图 5-5　列表数据操作结果示例

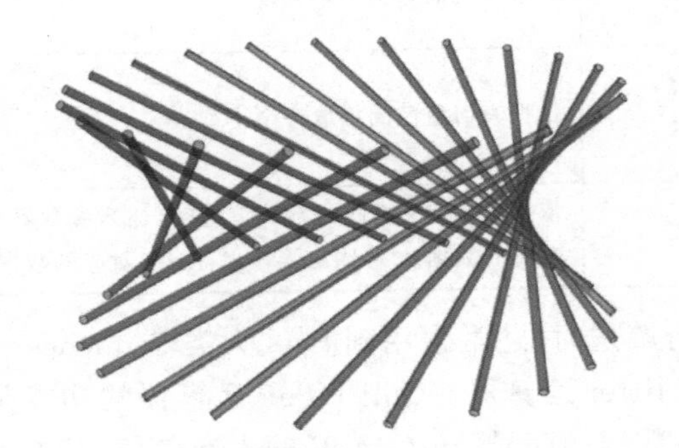

图 5-6　数据偏移案例

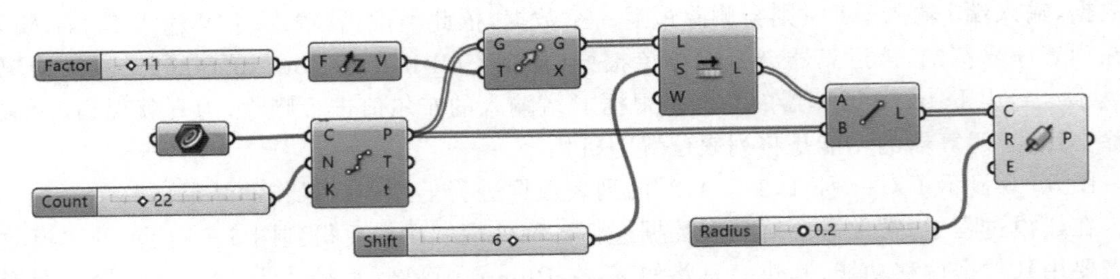

图 5-7　数据偏移算法

除了偏移之外，我们还可以通过对列表数据进行其他操作以得到不同的建模效果。比如我们可以调用 Jitter 运算器(Sets→Sequence→Jitter)将上面案例中得到的第 2 列点进行数据抖动，将其进行随机排列和连线，再调用 Length 运算器(Curve→Analysis→Length)、Smaller Than 运算器(Maths→Operator→Smaller Than)、Number Slider 运算器(取值为 24)和 Dispatch 运算器(Sets→List→Dispatch)对生成的线段以长度范围限制进行筛选，只保留长度小于 24 的线段。最后将筛选过的线段成管，就可以得到如图 5-8 所示的模型。其算法如图 5-9

所示。

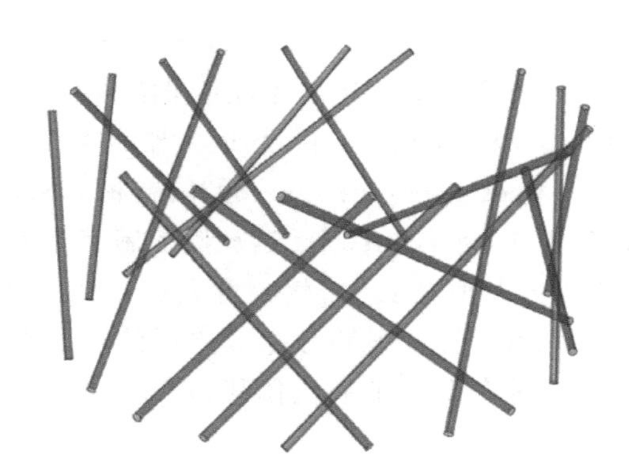

图 5-8　随机排序案例

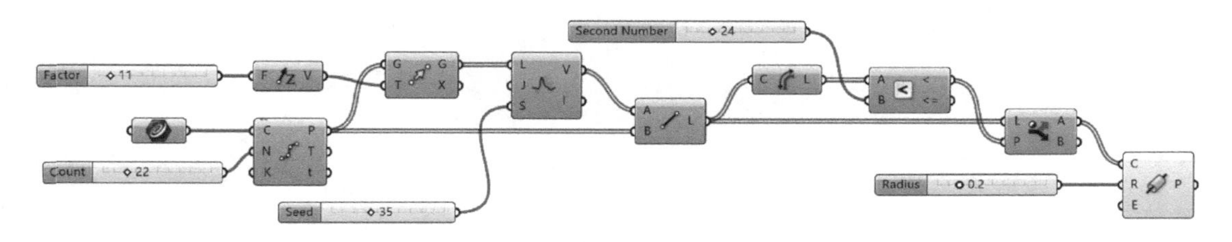

图 5-9　随机排序算法

我们还可以将列表数据分组后进行不同的建模操作，比如可以调用两个 Dispatch 运算器(Sets→List→Dispatch)对上述案例中的上下两列点按奇偶进行分组，再分别调用两个 Shift List 运算器(Sets→List→Shift List)将奇数组的列表数据向前偏移 3，将偶数组的列表数据向后偏移 1，将上下两组偏移过的点分别连线。最后将线成管，可以得到如图 5-10 所示的模型。其算法如图 5-11 所示。

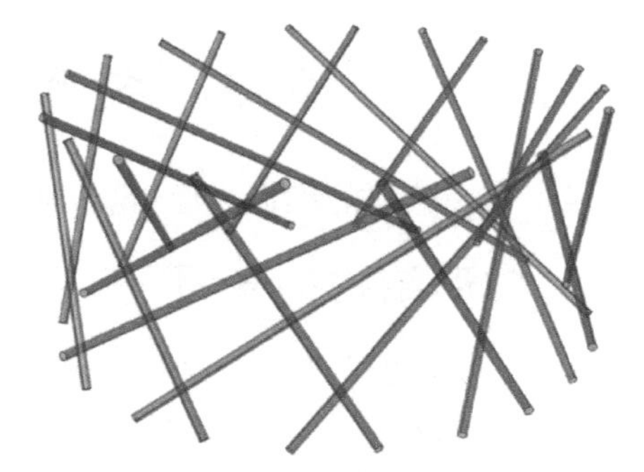

图 5-10　分组偏移案例

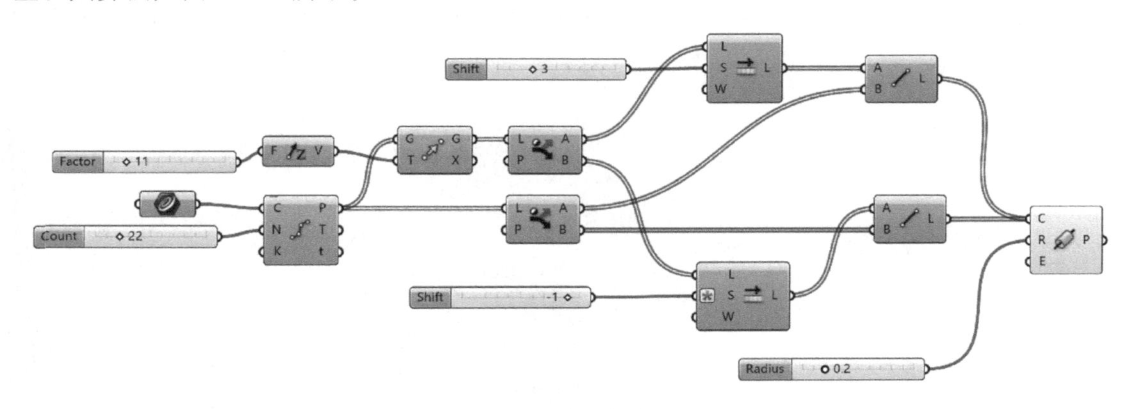

图 5-11　分组偏移算法

需要补充说明的是,在上述建模操作中,调用 Shift List 运算器对列表数据进行偏移,将 Number Slider 设置为一定值然后连接到 Shift List 的输入端 S,作为输入参数控制数据的偏移量,这里的偏移量不是指对列表进行通常意义上的空间位移,而是指对列表的排序进行向前或向后的推移。比如在刚才的案例中调用 Dispatch 运算器对第 2 列点进行奇偶分组后,如果我们调用 Point List(Display→Vector→Point List)运算器,将 Dispatch 运算器的输出端 A 与 Point List 运算器的输入端 P 相连,将 Point List 运算器控制字体大小的输入端 S 与 Number Slider 运算器相连(这里设置字体大小为 1.5),就会看到从 0 到 10 的 11 个奇数点的序位,如图 5－12(a)所示。如果将调用 Shift List 偏移数据 3 之后的输出端与 Point List 运算器的输入端 P 相连,就会看到这些点的排序发生了顺位偏移,原来 0 的位置偏移到了原来 3 的位置上,如图 5－12(b)所示。

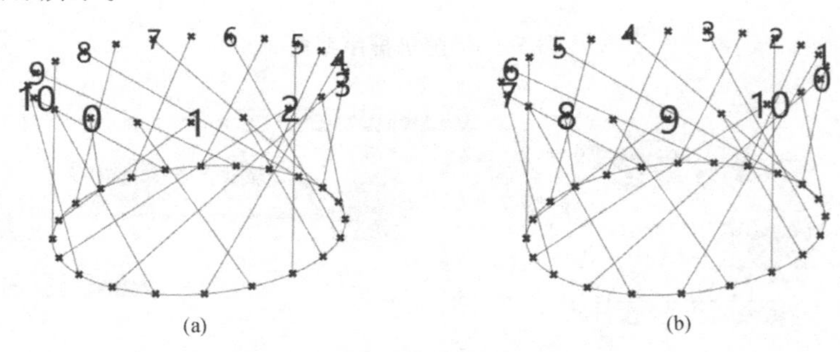

图 5－12　Shift List 的数据偏移

5.3　树形数据的基本操作

学习了列表数据的操作之后,我们再来看一下更为复杂的树形数据的相关操作。

5.3.1　树形结构的查看

Grasshopper 提供了 3 种方法来查看数据结构:文本模式方法或图形模式的 Param Viewer 运算器方法以及 Panel 运算器方法。除此之外,树形数据的结构信息可以通过 Tree Statistics 运算器(Set→Tree→Tree Statistics)来提取。如图 5－13 所示,将 Square 运算器的输出端 C 与 Tree Statistics 运算器的输入端 T 相连,就可以得到树形数据的结构信息,运算器 P

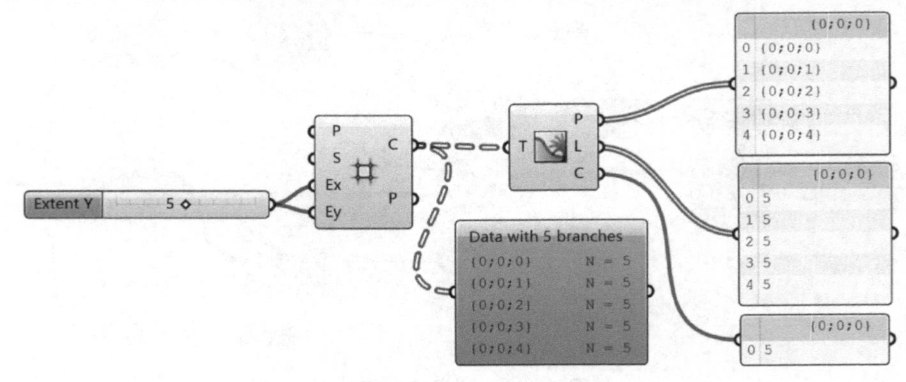

图 5－13　树形结构的查看

端输出所有树枝的路径列表，L端输出每一树枝中所含数据的数量(即列表长度)，C端输出树枝的数量。

5.3.2 树形数据的列表操作

树形数据由一系列的树枝构成，当对树形数据进行列表操作时，每一树枝被看成独立的列表，列表操作会针对每一树枝单独进行。

调用Number运算器(Params→Primitive→Number)，右击图标，在Set Multiple Numbers选项中按图5-14所示内容进行输入，输完后单击Commit changes按钮，就可以得到一组树形数据。此时可以调用Sets大类List子类下的运算器对这组树形数据进行不同的列表操作，其结果如图5-15所示。

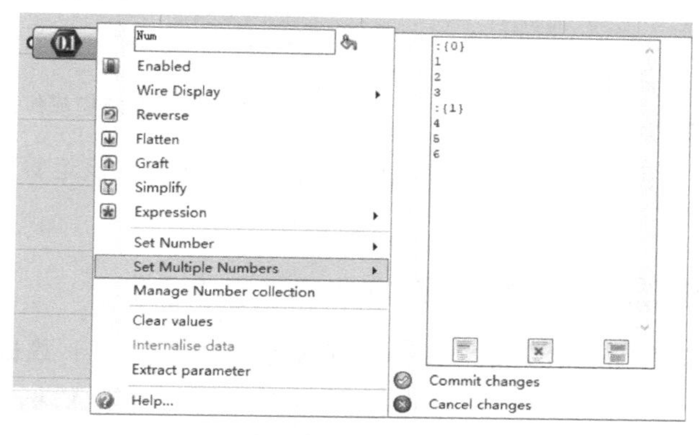

图5-14 树形数据的设置

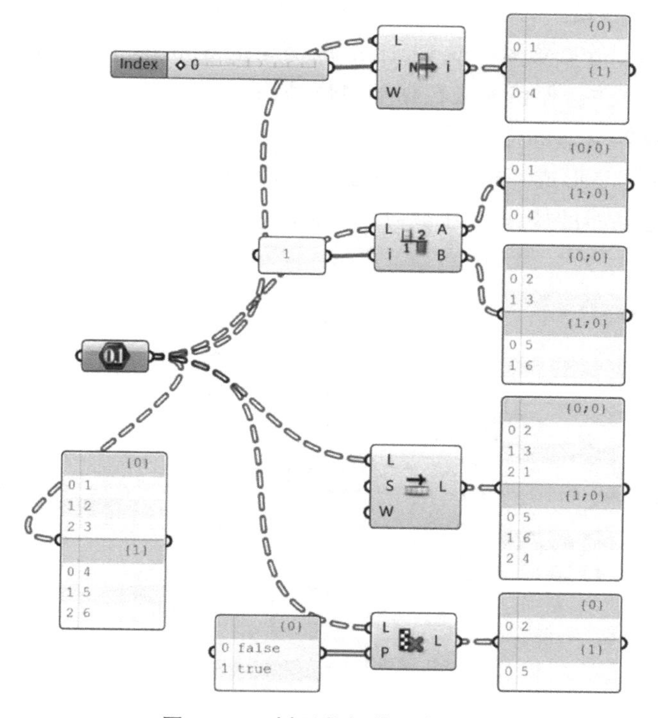

图5-15 树形数据的列表操作

5.3.3　将列表结构成组为树形结构

树形数据是比列表数据更为复杂的数据形式，Grasshopper 中可以通过调用不同的运算器将列表数据以成组或编织等方式生成树形数据，也可以将树形数据以拍平等方式转变为列表数据，这类命令主要集中在 Sets 大类 Tree 子类下。

将列表结构成组为树形结构，需要调用 Graft Tree 运算器（Sets→Tree→Graft Tree）。成组后，原来列表的每一个数据都有一条单独的树枝，即一个数据对应唯一的一条路径，如图 5 - 16 所示。此外，也可以右击某个运算器的输入端或输出端，在下拉列表中选择 Graft 选项，同样达到将列表结构成组为树形结构的作用。激活 Graft 后，在该运算器的输入端前或输出端后会出现一个图标。

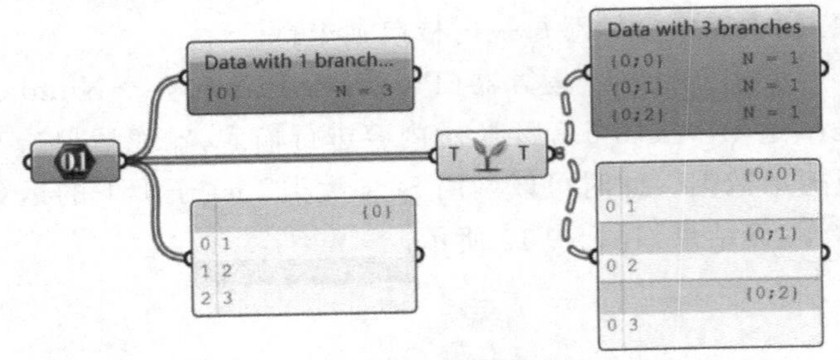

图 5 - 16　将列表结构成组为树形结构

5.3.4　将列表编织为树形结构

除了上述的成组操作，还可以通过编织将列表数据转变为树形数据，编织需要调用 Entwine 运算器（Sets→Tree→Entwine）。Entwine 运算器有三个输入端，通过鼠标中键将运算器放大，单击输入端后的“＋”“－”号可以对输入端进行增加和删除操作。调用 Entwine 运算器时系统默认为 Flatten 模式，Flatten 模式会将输入每条树枝的数据拍平，作为一个列表赋予该树枝。右击 Entwine 运算器图标或 Flatten，取消勾选 Flatten Inputs，则 Entwine 运算器变为 Graft 模式，Graft 模式会保留输入数据的树形结构。

与 Entwine 运算器类似的运算器还有 Merge 运算器（Sets→Tree→Merge）。其区别在于 Entwine 运算器的功能是形成一组新的树形数据，Merge 运算器的功能是将相同路径的数据进行合并。这两个运算器的操作如图 5 - 17 所示。

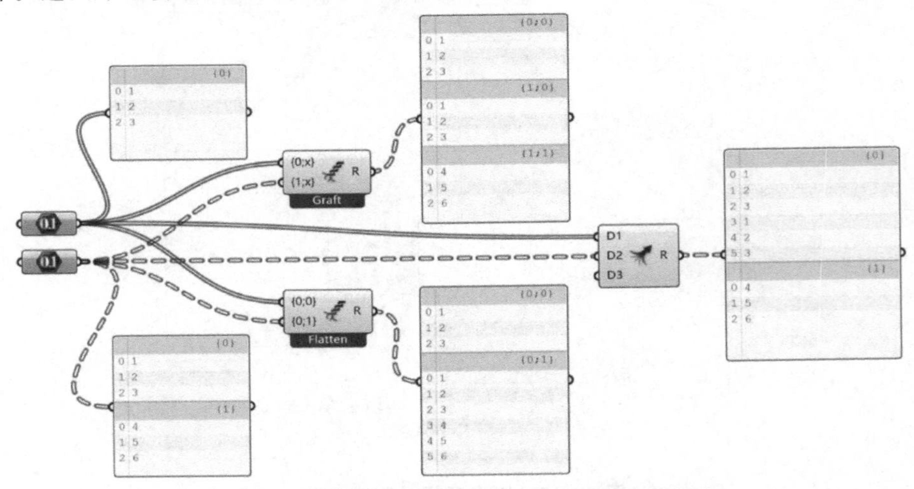

图 5 - 17　Entwine 运算器和 Merge 运算器的操作

5.3.5　将树形结构拍平为列表结构

Grasshopper 既可以通过调用不同的运算器将列表数据转变为树形数据，也可以将树形数据转变为列表数据。

将树形数据转变为列表数据的常用方式是拍平，拍平需要调用 Flatten Tree 运算器（Sets→Tree→Flatten Tree）。拍平后，树形数据中每一条树枝中的数据都会被提取出来，然后按顺序排列成一个列表，如图 5－18 所示。此外，也可以右击某个运算器的输入或输出端，在下拉项中单击 Flatten 按钮，同样达到将树形结构拍平为列表结构的作用。激活 Flatten 命令后，在运算器的输入端前或输出端后面会出现一个图标。

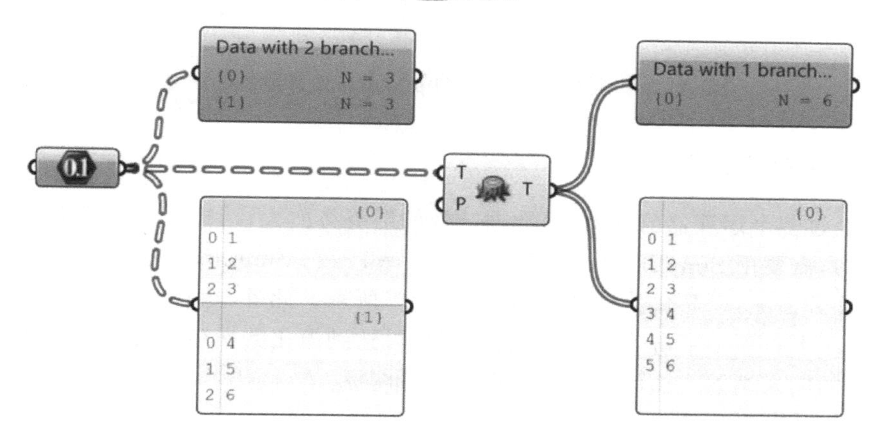

图 5－18　将树形结构拍平为列表结构

5.3.6　翻转数据结构

除了将树形数据拍平为列表数据，Grasshopper 还提供了翻转树形数据结构的操作。翻转数据结构需要调用 Flip Matrix 运算器（Sets→Tree→Flip Matrix）。翻转后，原有树形数据所有树枝（拥有相同的层级）中编号相同的数据组成一条树枝。如图 5－19(a)所示，一组原来包含 2 条树枝且每条树枝含有 3 个数据的树形数据，翻转后变为包含 3 条树枝，每条树枝含有 2 个数据。如果原有数据中，每条树枝包含的列表长度不一样，翻转后的树枝中会包含 null 值（见图 5－19(b)）。需要注意的是，如果树枝的层级不一样，则其树形数据是不能翻转的，这时

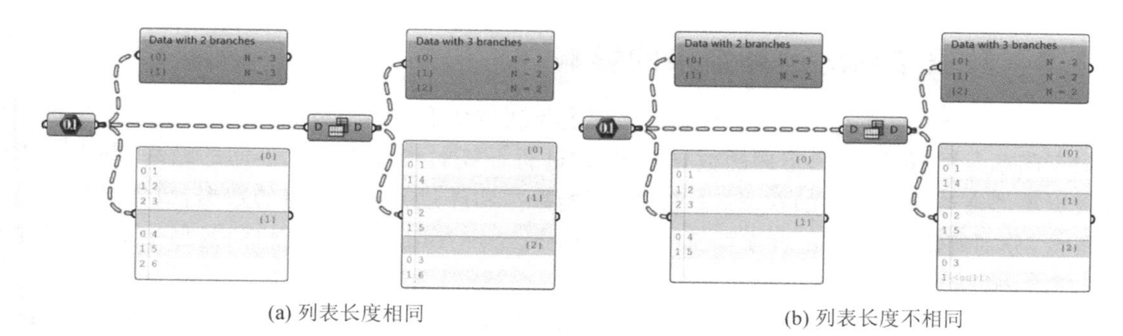

(a) 列表长度相同　　(b) 列表长度不相同

图 5－19　翻转数据结构

Flip Matrix 运算器将会变红报错，如图 5-20 所示。

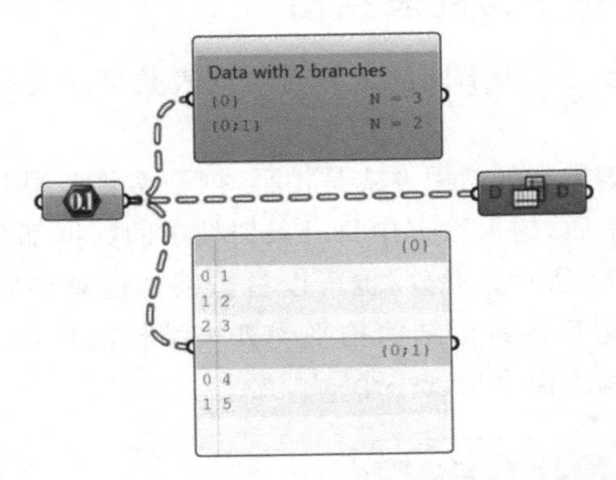

图 5-20　树枝层级不同，Flip Matrix 运算器变红报错

5.3.7　简化数据结构

数据在经过多个运算器的计算后，数据结构的层级将加大，结构会变得复杂。有时候为了匹配数据结构，需要用 Simplify Tree 运算器(Sets→Tree→Simplify Tree)将所有树枝路径中共有的重复部分去除，以简化数据结构，如图 5-21 所示。此外，也可以右击某个运算器的输入或输出端，在下拉项中单击 Simplify 按钮，同样可达到简化数据结构的作用。激活 Simplify 后，在运算器的输入端前或输出端后会出现一个图标。

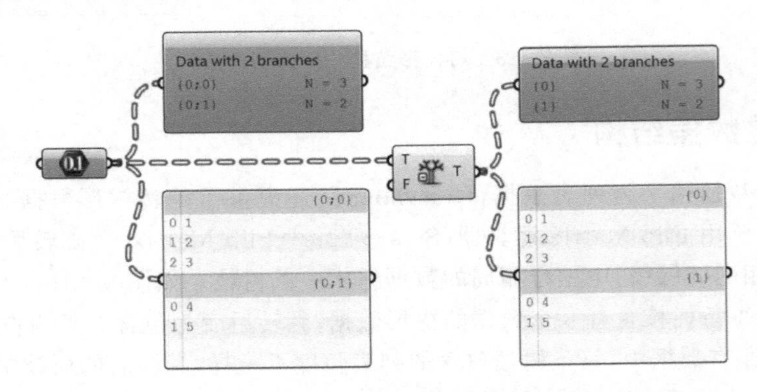

图 5-21　简化数据结构

5.3.8　数据结构对运算结果的影响

在 Grasshopper 的建模过程中，如果出现了与预想结果不符的情况，则多半是由于数据结构出了问题。同样的数据，不同的数据结构，在进行计算时可能会导致不同的结果，甚至可能导致运算器变红报错。比如在图 5-22 中，原始数据和经过 Graft 成组的数据，数据结构发生了改变，分别调用 Addition 运算器(Maths→Operator→Addition)进行相同的加法运算，其结果是不一样的。

再看另外一个例子：在图 5-23 中，从 Rhino 拾取曲线进 Grasshopper，调用 Divide Surface 运算器(Curve→Util→Divide Surface)得到多个细分点，然后调用 Interpolate 运算器

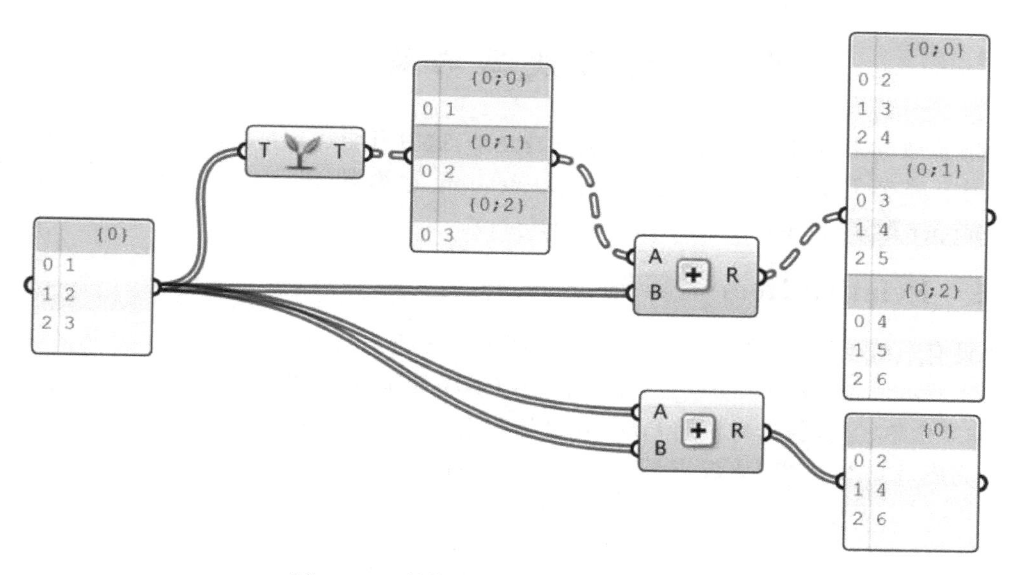

图 5 - 22　数据结构对运算结果的影响 1

(Curve→Spline→Interpolate)通过一个列表中的所有点创建内插点曲线。当细分点的数据结构是 3 条树枝且每条树枝 5 个点时，生成的内插点曲线为 3 条，每条曲线通过对应树枝中的 5 个点。当调用 Flatten Tree 运算器(Sets→Tree→Flatten Tree)对细分点的数据结构利用 Flatten 命令拍平后，这时 15 个点依次排列为一列列表，Interpolate 运算器的生成结果为一条依次经过 15 个点的内插点曲线。而调用 Graft Tree 运算器(Sets→Tree→Graft Tree)对细分点的数据结构进行利用 Graft 命令成组后，这时的数据结构变为 15 条树枝且每条树枝 1 个点，因此 Interpolate 运算器应该生成 15 条内插点曲线，但由于每条树枝包含的点的数量只有 1 个，不够生成曲线，所以运算器出现变红报错。

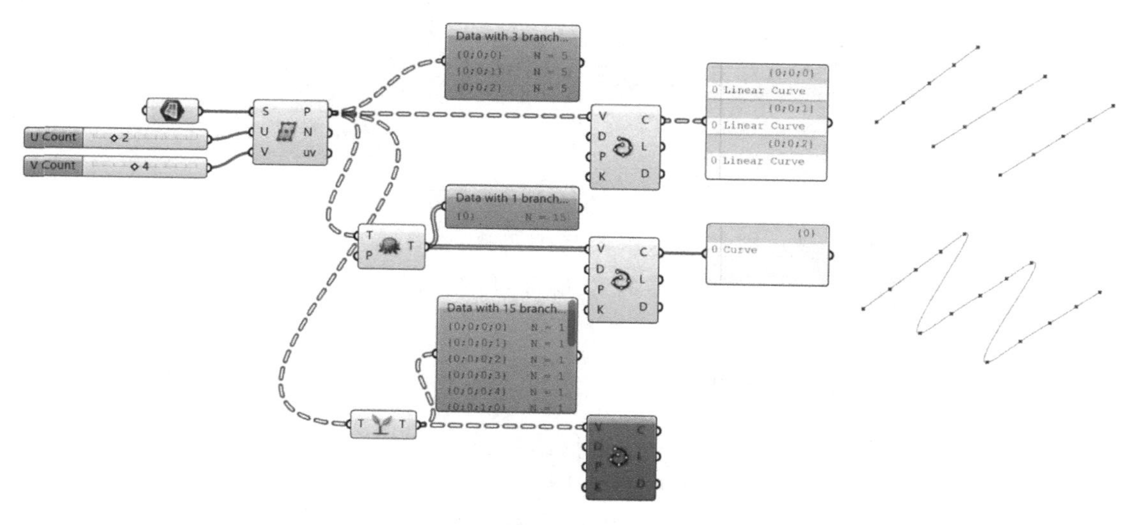

图 5 - 23　数据结构对运算结果的影响 2

5.4　树形数据的高级操作

随着算法越来越复杂，数据结构也越来越复杂，这时可能就会对树形数据进行一些相对复杂的操作。本节主要介绍两个运算器：Relative Item 运算器（Sets→Tree→Relative Item）和 Path Mapper 运算器（Sets→Tree→Path Mapper）。

5.4.1　Relative Item 运算器

假设有一组点阵，需要将它们沿 45°对角线方向进行连线，如图 5－24 所示。先调用 Square 运算器设置参数生成 X 向 4 个单元，Y 向 6 个单元的网格；再调用 Point 运算器收集网格上所有的点。要完成对角线连线，从数据结构上看，就是将每一个点与其＋1 树枝＋1 序号的点相连。比如{0}[0]的点与{1}[1]的点相连，{0}[1]的点与{1}[2]的点相连，依此类推。这时我们可以调用 Relative Item 运算器来定义两个需要连线点之间的关系，其输入端 T 与 Point 运算器的输出端相连，收集矩阵点的树形数据，其输入端 O 定义点的相对偏移位置，其格式为{树枝偏移量}[元素偏移量]，这里我们输入{0;0;＋1}[＋1]。完成树形数据的偏移后调用 Line 运算器将偏移前后的两组点进行连线，完成 45°对角线的图形建模。具体算法如图 5－25 所示。

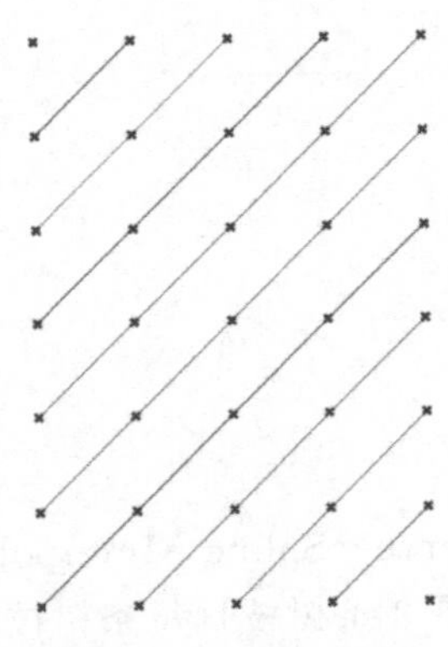

图 5－24　45°对角连线

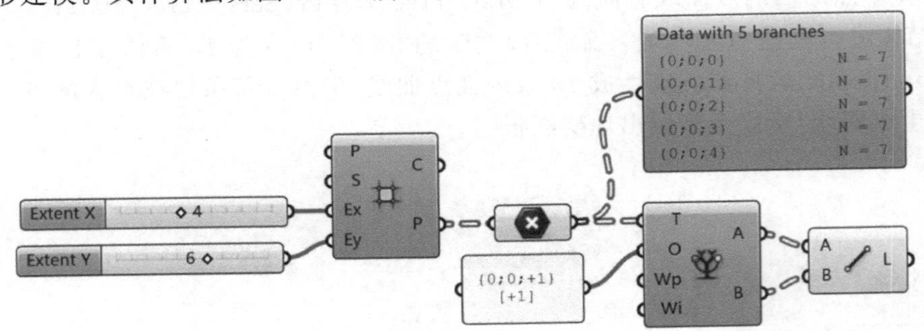

图 5－25　45°对角连线算法

如果需要－45°对角连线，则将上述步骤稍作调整，将{0;0;－1}[＋1]输入 Relative Item 运算器的 O 端即可，结果如图 5－26 所示。

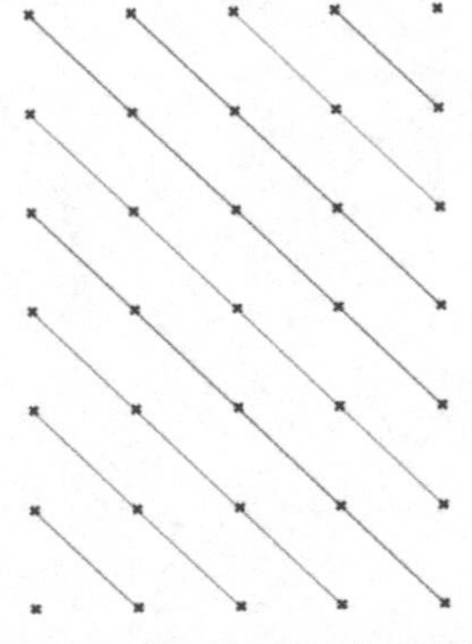

图 5－26　－45°对角连线

5.4.2　Path Mapper 运算器

Path Mapper 运算器是功能最强大的数据结构处理运算器，它的作用是通过编写路径重新组织数据结构。双击 Path Mapper 运算器，会弹出 Lexer Combo Editor 对话框。在 Source 文本框中输入源路径，在 Target 文本框中输入目标路径，其中源路径是固定的，由输入的树形结构决定，而目标路径则是生成建模结果所需要的路径。在输入路径时，可用 item_count 代表当前树枝的元素数量，即列表长度，path_count 代表树枝的数量，path_index 代表当前路径的序号。输入完毕后单击 OK 按钮结束设置，这时 Path Mapper 运算器上将显示路径的映射规则。

我们可以通过 Path Mapper 运算器内建的路径映射来熟悉路径编写的语法。首先建立一组点阵，将其连入 Path Mapper 运算器的输入端，然后右击 Path Mapper 运算器，弹出对话框，如图 5－27 所示。单击 Create Null Mapping 选项，运算器显示{A;B;C}→{A;B;C}，数据结构没有改变，输出数据与输入数据一样；单击 Create Flatten Mapping 选项，运算器显示{A;B;C}→{0}，把所有数据按顺序放在{0}的路径内，变为列表数据；单击 Create Graft Mapping 选项，运算器显示{A;B;C}(i)→{A;B;C;i}，每个元素成为一条路径；单击 Create Trim Mapping 选项，运算器显示{A;B;C}→{A;B}，C 级路径上的所有数据放进{A;B}中，而在这里{A;B}只有{0;0}一支，所以所有数据都被放到{0;0}一条树枝下；单击 Create Reverse Mapping 选项，运算器显示{A;B;C}(i)→{A;B;C}(item_count－1－i)，item_count 为列表长度，数据重组后，原有树枝内的元素反转顺序；单击 Create Renumber Mapping 选项，运算器显示{A;B;C}→{path_index}，path_index 为路径序号，从 0 开始计数，数据重组后，原有数据结构分支按顺序逐个排列。不同的路径映射结果如图 5－28 所示。

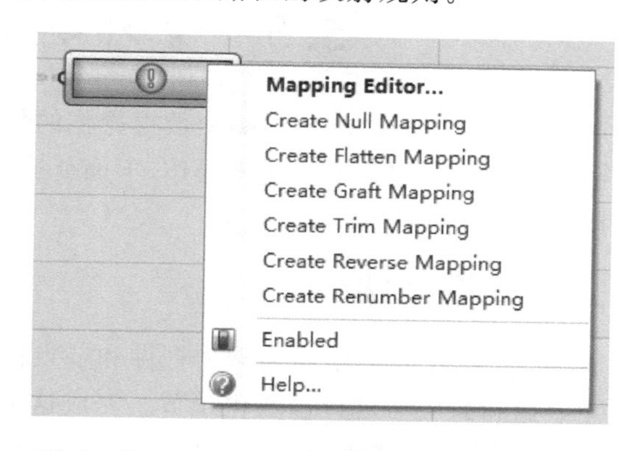

图 5－27　Path Mapper 运算器内建的路径映射

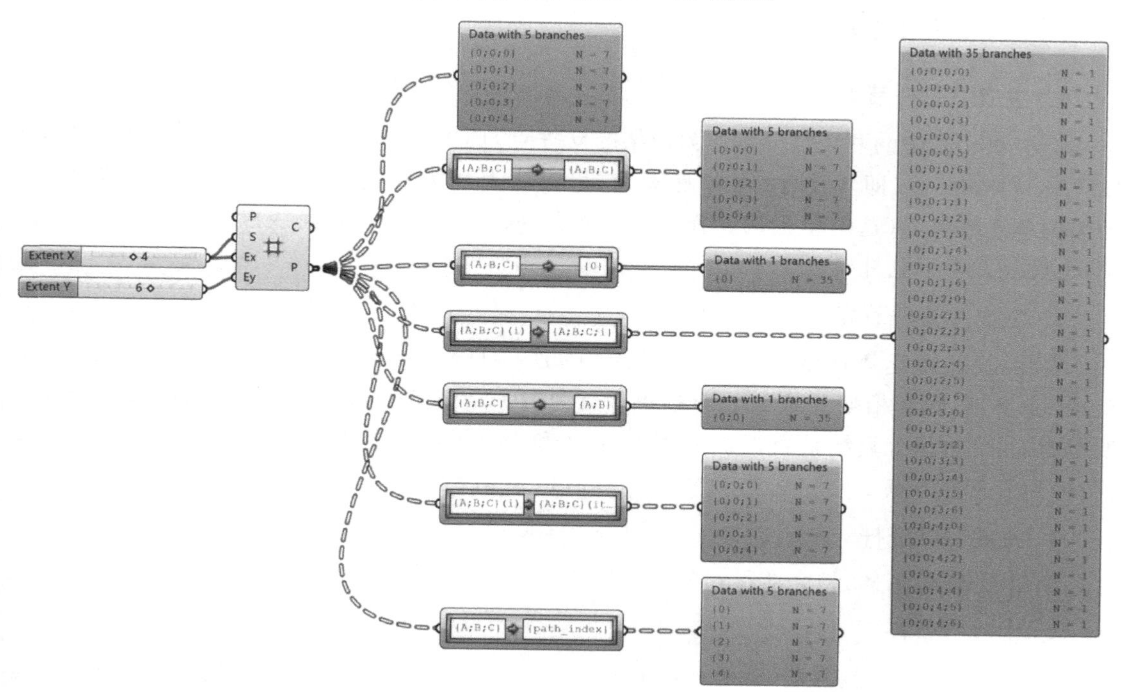

图 5－28　Path Mapper 运算器内建的路径映射结果

如果熟悉路径编写的规则，则可以根据需要调整数据结构。比如将数据结构翻转，可以直接在 Source 文本框中输入{A;B;C}[i]，在 Target 文本框中输入{A;B;i}[C]。

5.5 案例4——空腹桁架

对数据结构的概念和不同类型数据操作的相关命令具备基本了解之后，我们可以尝试运用这些命令进行一些简单的建模操作，下面就通过一个空腹桁架的案例来说明如何具体进行建模操作。

5.5.1 建模思路

如图 5-29 所示的空腹桁架由杆件和节点构成，线段表示杆件，球体表示节点。整个桁架的单元数量和高度可进行参数化调节。完成这个建模的基本思路如下：拾取两点创建线段，将其 N 等分，得到下弦杆的节点；将节点向上移动一定高度，得到上弦杆的节点；将上下节点连线，得到桁架竖杆；将下弦杆节点的数据结构进行处理，得到不含最后一个节点的列表和不含第一个节点的列表，将两组列表连线得到下弦杆；对上弦杆节点进行类似操作，得到上弦杆；最后以节点为中心创建球体，将节点可视化。

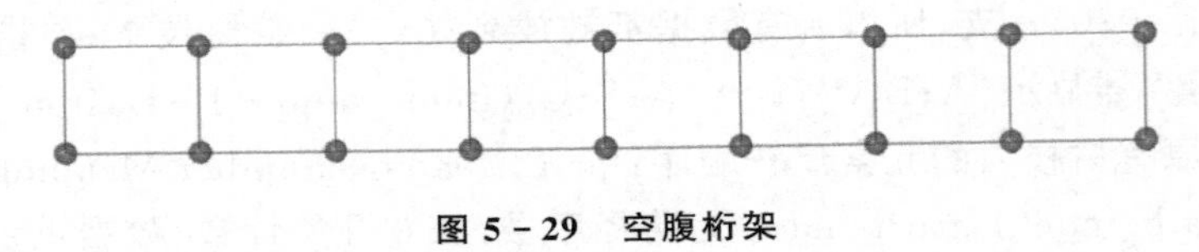

图 5-29　空腹桁架

5.5.2 具体步骤

1. 生成下弦杆节点

拾取 Rhino 中的两个点分别作为桁架的支撑点，调用 Line 运算器将其连成线段，其长度 L 就是桁架的跨度(即两点间的水平距离，这里设置为 80)。调用 Number Slider 运算器控制桁架的单元数量 N(这里单元数设置为 8)，调用 Divide Curve 运算将线段 8 等分，得到 N+1 个，也就是 9 个下弦杆节点。

2. 生成上弦杆节点

调用 Length 运算器得到桁架跨度长度 L，连接 Division 运算器输入端 A，调用 Number Slider 运算器，设置桁架的跨高比 F(这里设置为 10)，连接 Division 运算器输入端 B，桁架的高度即为 L/F(这里计算结果为 8)。调用 Unit Z 和 Move 运算器将下弦杆节点向上移动 8 个单位，得到上弦杆节点。

3. 生成桁架竖杆

调用 Line 运算器，将之前得到的上弦杆节点和下弦杆节点连接成线段，生成桁架的竖杆。

4. 生成下弦杆

调用 Cull Index 运算器(Sets→Sequence→Cull Index)，对下弦杆节点的数据结构进行处理，其输入端 i 输入 N(或者输入−1)，得到不含最后一个节点的节点列表；输入端 i 输入 0，则得到不含第一个节点的节点列表。然后调用 Line 运算器进行节点连线，生成下弦杆。

5. 生成上弦杆

调用 Cull Index 运算器，对上弦杆节点进行类似的操作，生成上弦杆。

6. 节点可视化

调用 Point 运算器，收集上、下弦杆的节点，调用 Sphere 运算器（Surface→Primitive→Sphere），以节点作为中心点，同时设置半径值（这里设为 0.146），生成球体，完成节点的可视化。

将运算器成组并加以注释说明后，最终算法如图 5－30 所示。

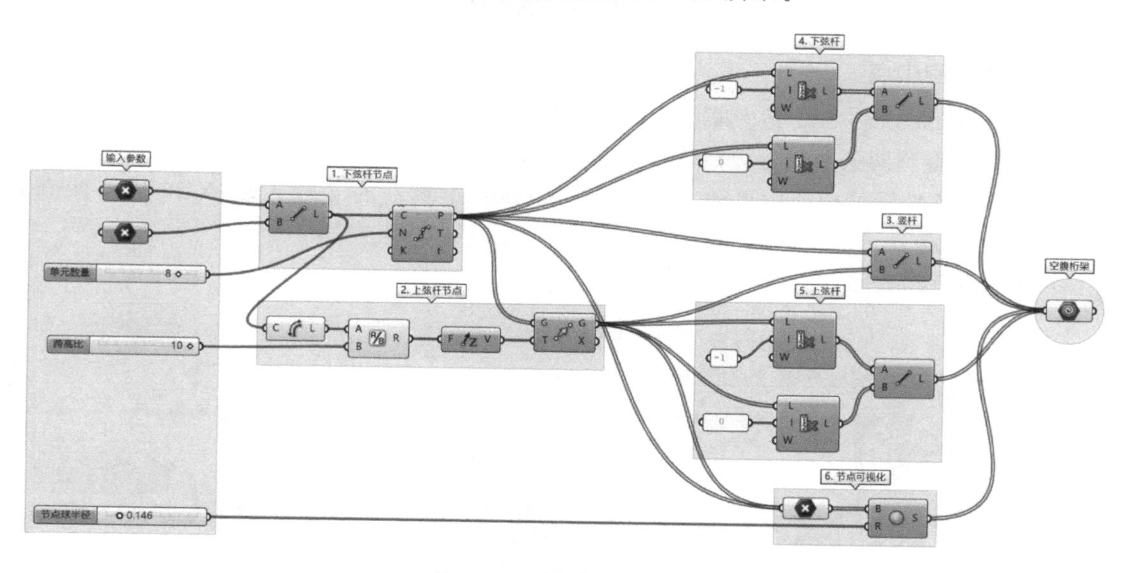

图 5－30 空腹桁架算法

5.6 案例 5——展厅建模

5.6.1 建模思路

要建立如图 5－31 所示的展厅模型，基本思路是分别拾取两根边线，将其 N 等分，相应地得到其 $N+1$ 个等分点。再将对应的等分点连线，找到线的中点。然后将中点向上移动一定距离，将两条边线对应等分点及移动后的中点成组后连成内插点曲线，共得到 $N+1$ 条内插点曲线。最后以这 $N+1$ 条曲线作为断面线进行放样，得到最终的展厅曲面模型。

5.6.2 具体步骤

1. 拾取曲线进行等分

在 Rhino 中绘制两根曲线并拾取进 Grasshopper，调用 Divide Curve 运算器将其 N 等分，N 取默认值 10。调用 Line 运算器，将对应的等分点进行连线。调用 Point On Curve 运算器（Curve→Analysis→Point On Curve）得到连线的中点。

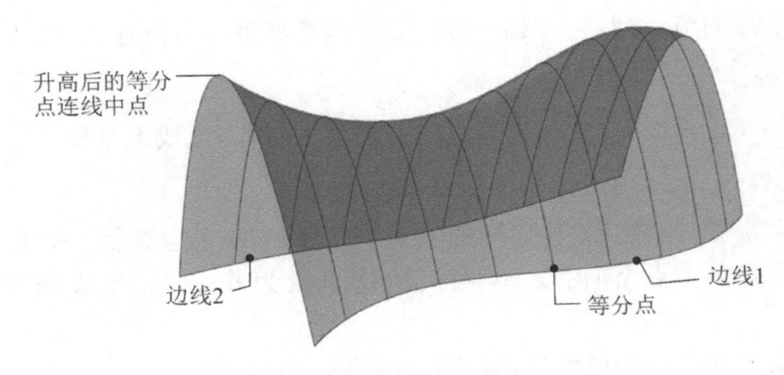

图 5-31　展厅曲面模型

2. 生成新的中点

调用 Deconstruct Point 运算器，得到两条曲线等分点连线中点的 X、Y、Z 坐标。调用 Length 运算器得到两条曲线等分点连线的长度值，调用 Addition 运算器将对应线段的长度值与线段中点的 Z 坐标值相加后再输入 Construct Point 运算器的 Z 输入端，X 和 Y 坐标值不变，生成新的中点。

步骤 1 和步骤 2 的算法如图 5-32 所示。

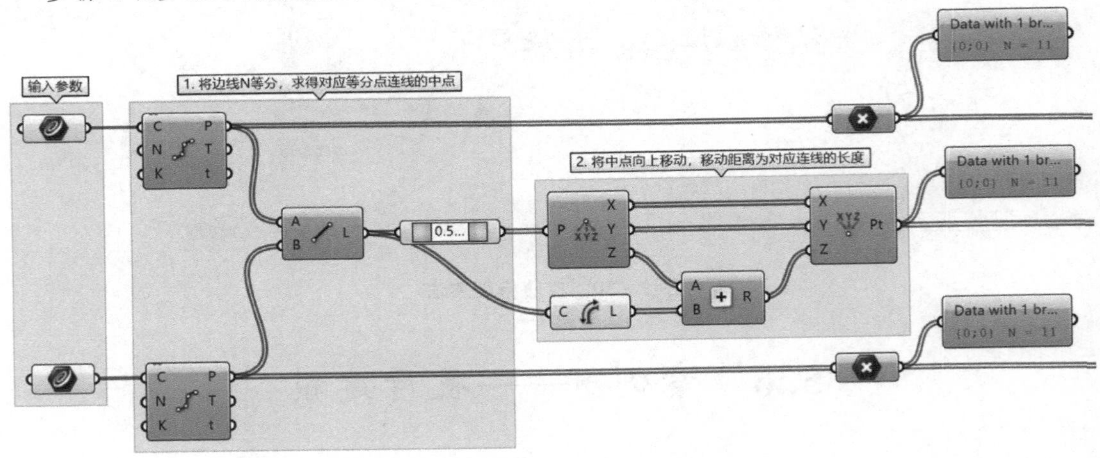

图 5-32　步骤 1 和步骤 2 的算法

3. 生成曲线组

调用两个 Point 运算器，分别收集两条曲线的等分点，然后调用 Graft Tree 运算器，将两条曲线的等分点和新的中点分别进行成组操作，再调用 Interpolate 运算器，按住 Shift 键将这三组点依次连入输入端 V，生成 11 组曲线。此时调用 Param Viewer 运算器可以看到该曲线组的数据结构为 11 条树枝，每条树枝含有 1 根曲线。

需要说明的是，如果不进行成组操作，直接将三列点连入 Interpolate 运算器的输入端 V，实际上给输入端 V 输入的是一个长度为 33 的列表，就会生成一条通过 33 个点的内插点曲线。而我们想要的是通过 3 个点创建 1 条曲线，一共生成 11 条曲线，所以我们需要对每一列点利用 Graft 命令进行成组处理，再将它们连入 Interpolate 运算器的输入端 V，这时给输入端 V 输入的才是有 11 条树枝，且每条树枝的列表长度为 3 的树形数据，从而生成 11 组曲线。

4. 拍平曲线形成列表数据

思路上，生成曲线之后调用 Loft 运算器对曲线进行放样就可以生成曲面，但放样之前需要调用 Flatten Tree 运算器将曲线的树形数据结构拍平为列表结构。这一步骤，如果不先进行拍平处理，是不会生成任何曲面的。因为放样是通过一列列表中的所有曲线来生成曲面，而一根曲线显然是无法放样成面的。所以我们先调用 Flatten Tree 运算器对曲线进行拍平处理，将其数据结构变为一列长度为 11 的列表，然后再调用 Loft 运算器(Surface→Freeform→Loft)放样生成最终的曲面。

步骤 3 和步骤 4 的算法如图 5 - 33 所示。

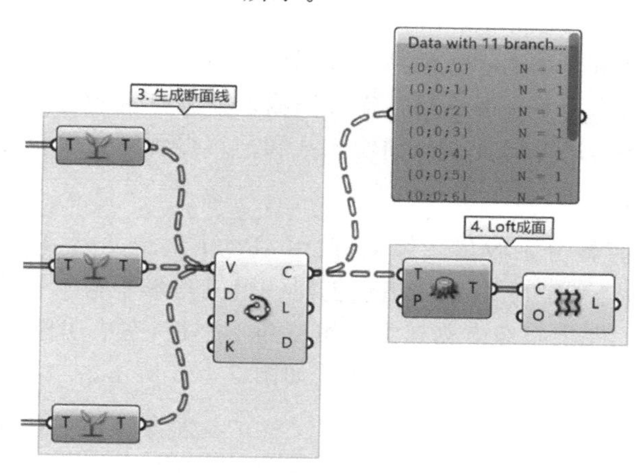

图 5 - 33　步骤 3 和步骤 4 的算法

5.7　案例 6——曲面平面化

在实际建造中，往往会把曲面分解优化为多个平板，以方便施工，降低造价。图 5 - 34 展示了将完整曲面分解为多个三角形的曲面平面化效果。

5.7.1　建模思路

曲面平面化的建模思路如下：首先拾取曲面，将曲面细分，得到细分点，再将细分点分为左下、右下、右上、左上 4 组，取其中的左下、右下、右上三组点创建一组三角形平板，再取左下、右上、左上三组点创建另一组三角形平板，完成建模。

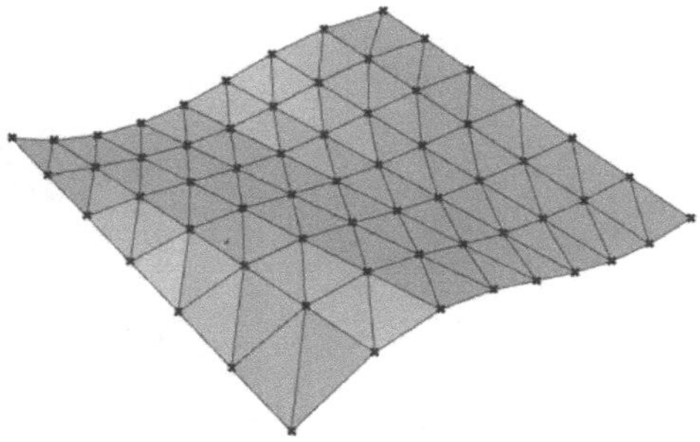

图 5 - 34　曲面平面化

5.7.2　具体步骤

1. 曲面细分

拾取 Rhino 中的曲面，调用 Divide Surface 运算器连接曲面，调用 Number Slider 运算器设置参数，将曲面进行细分。

2. 获取点的数据结构

调用 Tree Statistics 运算器(Sets→Tree→Tree Statistics),连接 Divide Surface 运算器,得到细分点的数据结构。

3. 得到左下点

调用 Cull Index 运算器,i 端输入 −1,去除最后一条树枝,再调用 Tree Branch 运算器(Sets→Tree→Tree Branch)得到去掉最后一排点的细分点。调用 Cull Index 运算器,i 端输入 −1,去除细分点的最后一列点,得到细分单元的左下点。

4. 得到其他三组点

重复步骤 3,两次调用 Cull Index 运算器,i 端分别输入 −1 和 0,得到细分单元的右下点;重复步骤 3,两次调用 Cull Index 运算器,i 端分别输入 0 和 0,得到细分单元的右上点;重复步骤 3,两次调用 Cull Index 运算器,i 端分别输入 0 和 −1,得到细分单元的左上点。

5. 创建三角形平板

调用 4 个 Point 运算器分别收集 4 组点,调用 4Point Surface 运算器(Surface→Freeform→4Point Surface),连接左下、右下、右上三组点创建一组三角形平板。再次调用 4Point Surface 运算器,连接左下、右上、左上三组点创建另一组三角形平板,完成建模。

将运算器成组并加以注释说明后,最终算法如图 5 - 35 所示。

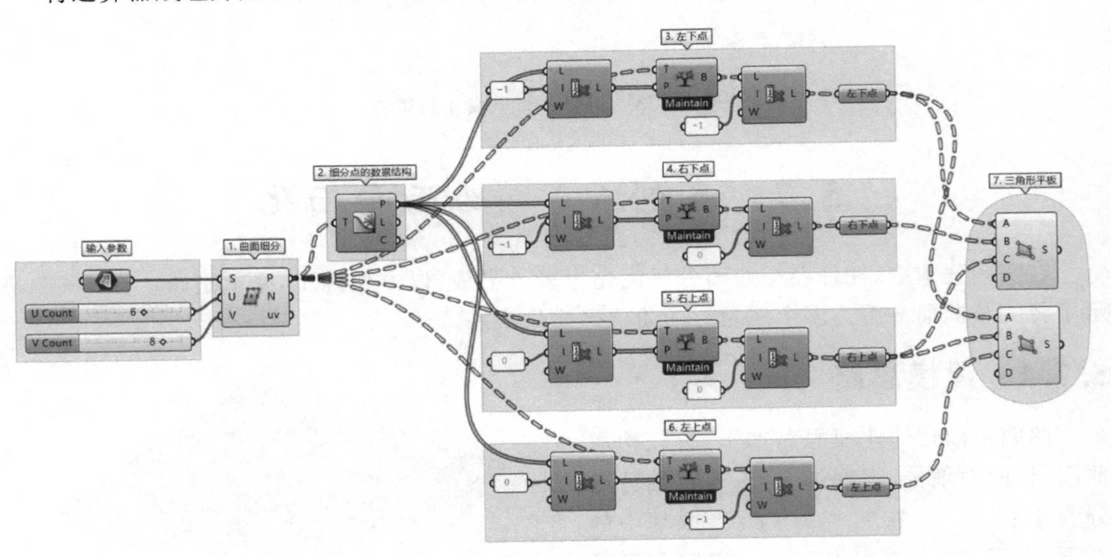

图 5 - 35 曲面平面化算法 1

在曲面平面化的建模过程中,对细分点进行分组还可以采用一种更为简便的方法。细分曲面后连接 Relative Item 运算器(Sets→Tree→Relative Item)的输入端 T,同时右击输入端 T 选择 Simplify 对曲面数据结构进行简化,简化后输入端 T 左边出现图标,然后在输入端 O 调用 Panel 运算器将偏移量设为{+1}[+1],则 A 组数据为曲面细分单元的左下点,B 组数据为右上点;再次调用 Relative Item 运算器重复类似操作,将偏移量设为{−1}[+1],则 A 组数据为左上点,B 组数据为右下点。先调用 Point 运算器收集各组点,再调用两个 4Point Surface 运算器各连接其中的三组点，完成两组三角形平板的创建。整个算法如图 5 - 36 所示。

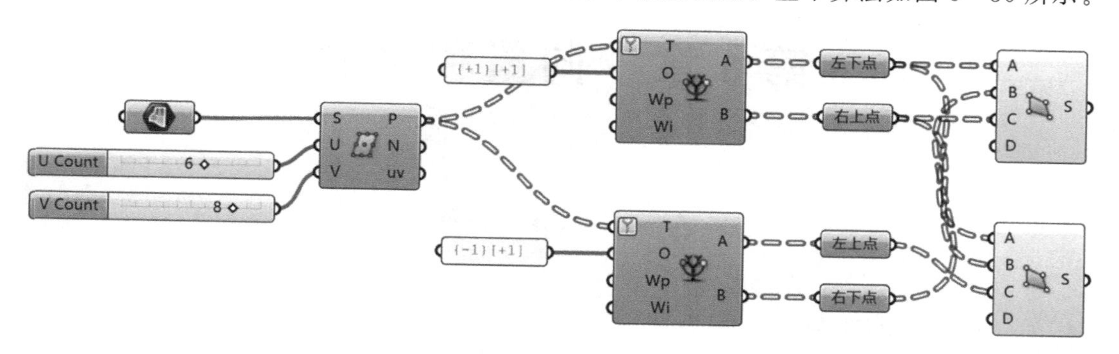

图 5 - 36　曲面平面化算法 2

习　题

1. 在 Grasshopper 中通常可以调用哪些运算器进行数据结构的观察？
2. 如何将列表数据编织为树形结构？
3. 如何将树形结构拍平为列表结构？
4. 已知两列点及其编号如左图，通过对点列表的操作生成右图图案。

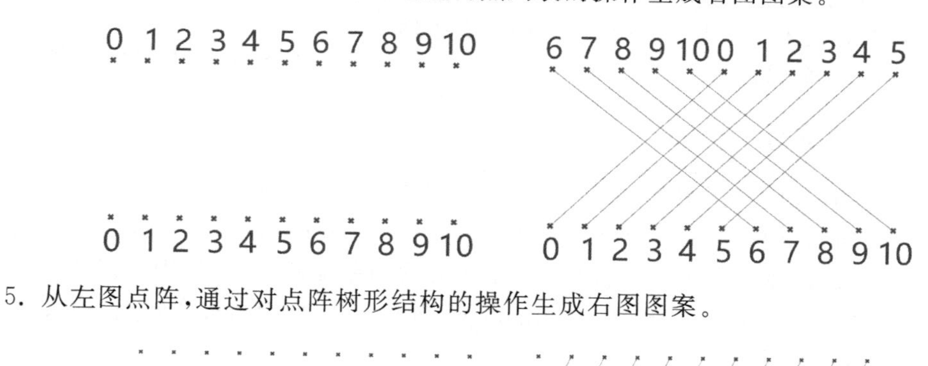

5. 从左图点阵，通过对点阵树形结构的操作生成右图图案。

第6章 向量和平面

6.1 向 量

6.1.1 向量的概念

向量通常表示为一个有确定方向的线段(用箭头表示),连接起点A和终点B。向量的长度即线段的长度(也称为向量的模),方向为从A到B。

Grasshopper中为了存储数据简便,将向量以点的数据形式来表达,向量输出的结果其实是点的坐标。X单元向量的输出结果为{1,0,0},代表坐标为{1,0,0}的点相对于原点的长度和方向。

向量和点的不同之处在于“点是绝对的,而向量则是相对的”。点的坐标代表空间中的一个特定位置,向量表达的则是终点相对于起点的坐标变化,提供的信息是方向和长度,与起点的具体位置无关。图6-1中所有带箭头的线段是对同一个向量的等效表达。

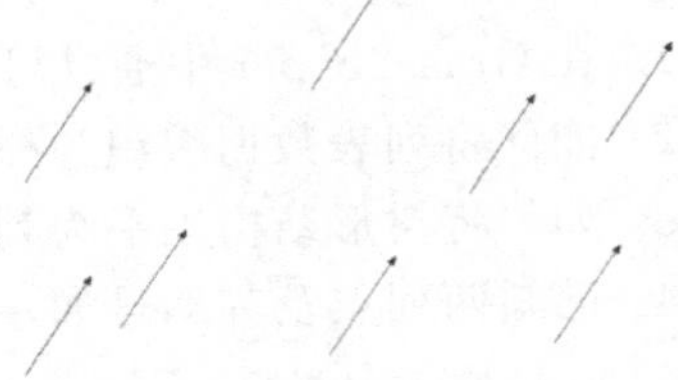

图6-1 向量的等效表达

6.1.2 向量的显示

向量不是实际存在的几何实体,在Grasshopper中创建向量,并不会直接在Rhino视图中显示。如图6-2所示,调用Vector 2Pt运算器(Vector→Vector→Vector 2Pt),将两个点分别连接其A、B输入端,创建一个向量。如果要在Rhino视图中显示该向量,则可以调用Vector Display运算器(Display→Vector→Vector Display),其输入端A为向量的锚点;输入端V为向量,输出结果显示为以锚点为起点的带箭头的线段。

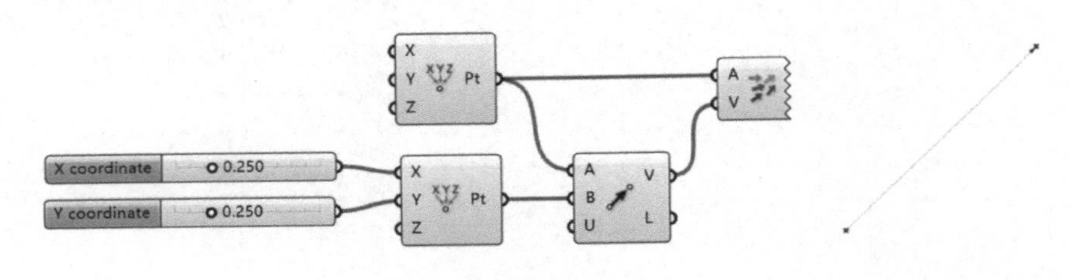

图6-2 向量的显示

6.1.3 向量的创建

Grasshopper中常见的创建向量的运算器及其位置和功能如表6-1所列。

表 6-1　常见的创建向量的运算器的位置与功能

运算器	位　置	功　能
	Vector→Vector→Vector XYZ	通过 X、Y、Z 的方向分向量来创建向量
	Vector→Vector→Vector 2Pt	通过两点创建向量
	Curve→Division→Divide Curve	输出端 T 为等分点处的切向向量
	Surface→Util→Divide Surface	输出端 N 为曲面在细分点处的法向量

6.1.4　向量运算

1. 向量的基本运算

向量的基本运算包括加、减、数乘和数除运算。在 Grasshopper 中，分别调用 Math 标签下的 Addition、Subtraction、Multiplication、Division 运算器即可实现向量的这 4 种基本运算。

向量的加法规则是将其相应的分量相加。如向量 **a** 为{a1，a2，a3}，向量 **b** 为{b1，b2，b3}，那么 **a**+**b** 的结果为{a1+b1，a2+b2，a3+b3}。向量的减法和加法运算一样，通过两个向量的各个分量相减来实现。

向量的数乘和数除运算可以按照指定比例改变向量的大小，这类运算是通过将向量的各个分量分别和指定数进行乘法或除法运算来实现的。在进行数乘时，将一个向量乘以一个数，需要将向量中每个数都乘以该数，例如：

$$a=(1,2,3),k=2,K*a=(2*1,2*2,2*3)=(2,4,6)$$

如果与向量进行数乘的指定数为负数，则会得到一个方向相反的向量。

在 Rhino 中，向量和点都以三个双精度浮点数来表示，点和向量也能进行加法运算。如点 P 为{x，y，z}，向量 **v** 为{a，b，c}，那么 P+**v** 输出 P'，其坐标为{x+a，y+b，z+c}。P+**v**=P'的几何意义可以理解为 P 点沿向量 **v** 移动到 P'点。

向量加法还可用来寻找多个向量的平均方向。在这种情况下，我们通常使用同样长度的向量。如图 6-3 所示，两个向量在调用 Unit Vector 运算器（Vector→Vector→Unit Vector）得到单位向量之后，调用 Addition 运算器将两个向量的单位向量做加法运算，得到两个向量的平均方向，并通过调用 Vector Display 运算器在 Rhino 视图中显示出所有向量。

2. 向量的其他运算

除了上述几种基本运算，常见的向量运算器及其位置和功能如表 6-2 所列。

下面着重说明一下两个运算器：向量的叉乘 Cross Product 和点乘 Dot Product。

向量 **a** 和向量 **b** 的叉乘返回一个向量 **c**，**c** 的方向与 **a**、**b** 向量所在平面垂直，且遵守右手定则。（即当右手的四指从 **a** 以不超过 180°的转角转向 **b** 时，竖起的大拇指指向是 **c** 的方向。）**c** 的长度等于以 **a**，**b**，夹角为 θ 组成的平行四边形的面积。

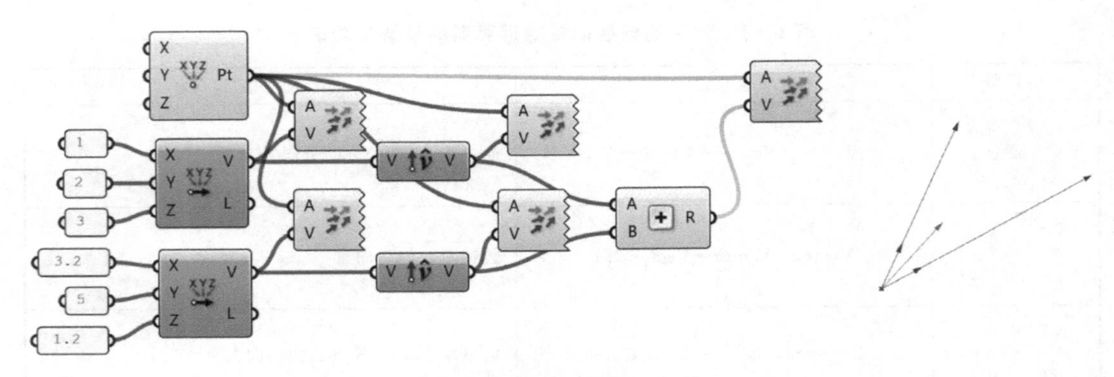

图 6－3　寻找两个向量的平均方向

表 6－2　其他常见的向量运算器

运算器	位　置	功　能
	Vector→Vector→Unit Vector	向量单位化。即在不改变向量方向的情况下，把长度设置为 1
	Vector→Vector→Amplitude	修改向量的向量长度为指定数值
	Vector→Vector→Reverse	翻转向量的方向
	Vector→Vector→Angle	计算两个向量之间的角度(弧度值)
	Vector→Vector→Rotate	沿一个旋转轴旋转向量
	Vector→Vector→Cross Product	计算两个向量的叉乘
	Vector→Vector→Dot Product	计算两个向量的点乘

两个向量的点乘运算会得到一个标量，其计算可以用两种方法实现：一种是用两个向量的长度和夹角余弦相乘得到；另一种是通过两个向量的分量相乘，然后求和得到。用公式表达如下：

$$\boldsymbol{a}\cdot\boldsymbol{b}=|\boldsymbol{a}|*|\boldsymbol{b}|*\cos\theta$$

$$\boldsymbol{a}\cdot\boldsymbol{b}=\boldsymbol{a}.x*\boldsymbol{b}.x+\boldsymbol{a}.y*\boldsymbol{b}.y$$

通过点乘可以判断两向量的角度关系：如果点乘大于 0，则两向量夹角小于 90°；如果点乘等于 0，则两向量夹角等于 90°；如果点乘小于 0，则两向量夹角大于 90°。如果一个向量与自身点乘，则其结果为向量长度的平方。两个单位向量的点乘，其结果等于它们之间夹角的余弦值。

6.2 平　面

6.2.1 平面的概念

在 Grasshopper 中，平面由原点和两个方向的单位向量组成。一个单位向量构成平面的一个主要方向，即 X 方向，以红色显示；第二个单位向量构成平面的 Y 方向，与 X 方向垂直，以绿色显示。平面在 Grasshopper 中的主要作用是定位物体，其显示大小可以在 Display→Preview Plane Size 中调整，用户可根据模型尺寸调整平面的显示大小。

最常用的创建平面的运算器是 Construct Plane 运算器（Vector→Plane→Construct Plane）。该运算器通过原点、X 轴和 Y 轴创建平面。Grasshopper 会将输入的两个向量单位化，如果第二个向量 ***Y*** 与第一个向量 ***X*** 的角度不是 90°，***Y*** 向量会向 ***X*** 向量投影，得到 ***Y'***，这时 ***Y*－*Y'*** 就会垂直于 ***X*** 向量。Grasshopper 会将 ***Y*－*Y'*** 单位化，赋予平面的 Y 轴。如果输入的两个向量平行，则不会生成有效的平面。

如图 6－4 所示，当调用 Vector 2Pt 运算器连入原点和任意点构成向量，将该向量连接 Construct Plane 运算器的输入端 Y，调用 Unit X 运算器（Vector→Vector→Unit X）连接输入端 X，将原点连接输入端 O，就生成了一个平面。

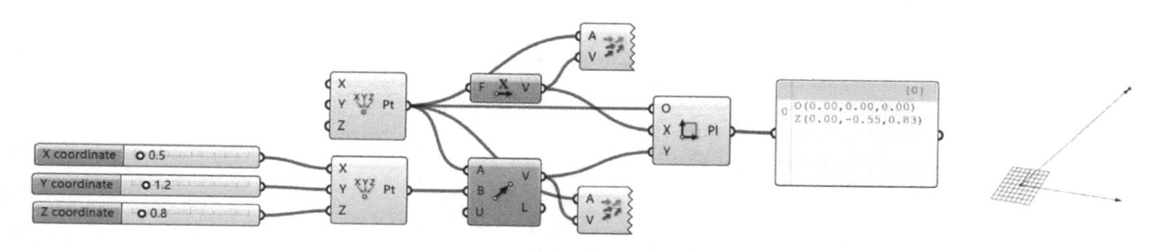

图 6－4　平面的创建及数据表达

用 Panel 来查看平面所输出的数据，可以发现平面是由一个平面原点及垂直于这个平面的向量共同组成的数据构成。Grasshopper 中，向量和平面都以点的数据形式来存储，简化了数据的结构类型。

6.2.2 平面的创建

除了 Construct Plane 运算器，常见的创建平面的运算器的其位置和功能如表 6－3 所列。

表 6－3　其他常见的创建平面的运算器的位置和功能

运算器	位　置	功　能
A B C Pl	Vector→Plane→Plane 3Pt	通过三点创建平面
C t F	Curve→Analysis→Curve Frame	生成曲线 t 值位置处的工作平面，这个工作平面由曲线 t 值对应位置点在曲线上的切线方向为 x 轴，曲率方向为 y 轴构建

续表 6-3

运算器	位　置	功　能
C t F	Curve→Analysis→Horizontal Frame	求出曲线某 t 值点处的水平面
C t F	Curve→Analysis→Perp Frame	求出曲线某 t 值点处的与切线方向垂直的平面
C N F t	Curve→Division→Curve Frames	生成以等分点所在曲线切线方向为 x 轴，曲率方向为 y 轴组成的多个工作平面
C N F t	Curve→Division→Horizontal Frames	以等分点为原点生成水平方向的工作平面
C N A F t	Curve→Division→Perp Frames	以等分点为原点生成与曲线垂直的工作平面
S U V F uv	Surface→Util→Surface frames	生成细分点所在的曲面切平面

习　题

1. 如何在 Rhino 视图中显示向量？

2. 如何进行向量的加减乘除？

3. 依据左图曲线，在曲线等分点位置的垂直截面上绘制不同大小的圆形并 loft 成面，生成右图管状形体。

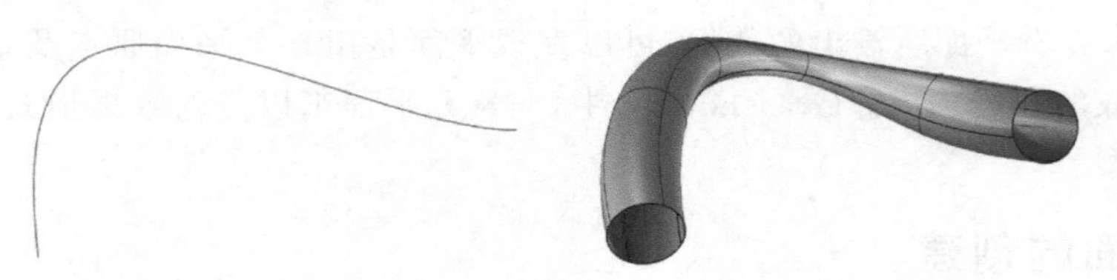

第7章　区间、数列和范围

区间、数列和范围对应的三个相关运算器分别是：Construct Domain 运算器（Maths→Domain→Construct Domain）、Series 运算器（Sets→Sequence→Series）和 Range 运算器（Sets→Sequence→Range）。

Construct Domain 运算器是和区间概念相关的主要运算器，区间本身不提供具体的数据，它定义的是一个实数范围中从 A 值到 B 值的间隔区域。在 Grasshopper 中有一维区间和二维区间两种区间类型。一些几何体也以区间的数据形式来存储，比如曲线可以定义为一维区间，曲面定义为二维区间。

Series 运算器是关于数列的运算器，如图 7-1 所示，由 Series 运算器生成一组等差数列，S 是起始值，系统默认为 0；N 为公差，默认为 1；C 为项数，默认为 10。直接将其连接 Panel 运算器可以看到，该 Series 运算器默认的输出结果为 0～9 的 10 个数值，公差为 1。

Range 运算器是关于范围的运算器，生成给定区间内间隔均匀的一系列数。其输入端 D 为区间，N 为间隔数。需要注意的是，N 为间隔数，实际生成数的数量为 $N+1$ 个。这里我们先调用 Construct Domain 运算器，B 端输入值为 10，生成 0～10 的区间，将其连接 Range 运算器的输入端 D，同时将 Range 运算器输入端 N 代表的间隔数也定为 10，连接 Panel 运算器可以看到，输出结果是生成了 11 个数，从 0～10，公差为 1。

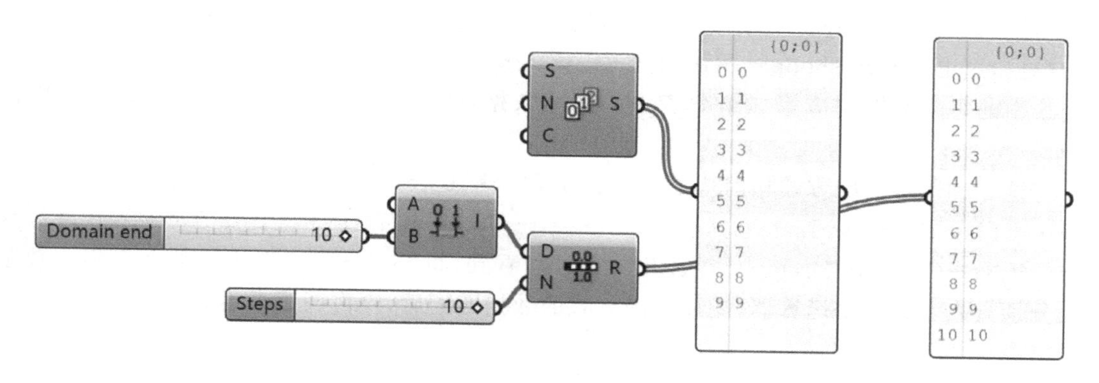

图 7-1　区间、数列和范围示例

7.1　点阵的生成

在前面的章节中，我们用 Square 运算器生成过点阵。除此之外，我们还可以用 Series 运算器和 Construct Point 运算器来生成点阵。如图 7-2 所示，调用 Series 运算器生成两组数列，默认起始值 S 为 0，公差 N 为 1，项数 C 分别为 5 和 3，将它们分别连入 Construct Point 运算器的 X 和 Y 输入端，Z 取默认值 0，这时并没有生成 5＊3 的点阵，而是生成如图 7-3 所示的 5 个点。为什么会出现这种情况呢？

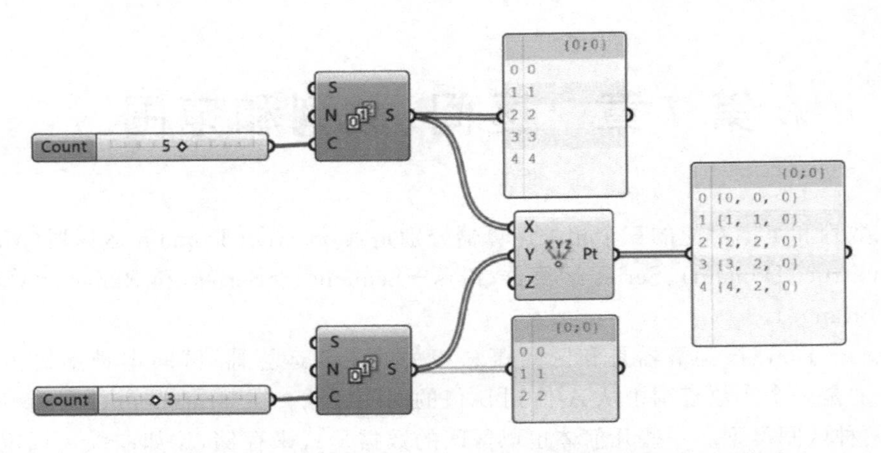

图 7-2　用 Series 运算器和 Construct Point 运算器生成点阵的尝试

上述操作生成点阵的尝试之所以失败，是因为两个 Series 运算器生成的两组数据数量不相等，Construct Point 运算器 X、Y 端数据的列表长度不一样，导致无法顺利生成矩阵，这牵涉到一个数据匹配的问题。当两组数据数量不相等时，在 Grasshopper 中有三种数据匹配的方式：短排法、长排法和错排法。

图 7-3　点阵生成尝试失败的结果

短排法默认采用 Trim End 规则，自动匹配第一组列表与第二组列表中相同个数的数据，而较长列表中多余的数据不参与匹配。长排法默认采用 Repeat Last 规则，首先匹配第一组列表与第二组列表中相同个数的数据，然后用较短列表中的最后一个数据匹配较长列表中多余的数据，这也是 Grasshopper 默认的数据匹配方式。错排法默认采用 Holistic 规则，将第一组列表中的每个数据对应第二组列表中的每个数据，匹配后的列表长度为两个列表长度的乘积。

与这三种数据匹配方式相对应的三个运算器分别是：Shortest List 运算器（Sets→List→Shortest List）、Longest List 运算器（Sets→List→Longest List）和 Cross Reference 运算器（Sets→List→Cross Reference）。从图 7-4 可以看到，将 Series 运算器生成的两组不同数量的点分别接入上述三个运算器，完成不同方式的数据匹配后，再由两组点生成连线得到的三种不同结果。

回过头来看之前图 7-2 生成点阵失败的例子，X 端的列表长度为 5，Y 端的列表长度为 3。按照 Grasshopper 默认长排法的规则，原来的 X 列表保持不变，Y 列表会重复使用最后一个元素，将其调整为[0,1,2,2,2]。经过这样的数据匹配后，Construct Point 运算器只会将 XY 的列表数据一一对应，生成如图 7-3 所示的 5 个点。如果想要成功生成 5＊3 的点阵，可以调用 Cross Reference 运算器将 XY 两组列表更改为按照错排法进行数据匹配，然后再连入 Construct Point 运算器，就可以最终生成 5×3 的点阵。其算法及生成点阵如图 7-5 所示。

在上述案例中，想要顺利生成 5×3 的点阵，除了调用 Cross Reference 运算器改变数据匹配方式外，还可以调用 Graft Tree 运算器将其中一组列表成组。如图 7-6 所示，将 Series 生成的第二组点，先连接 Graft Tree 运算器，将数据列表成组后再连入 Construct Point 的输入

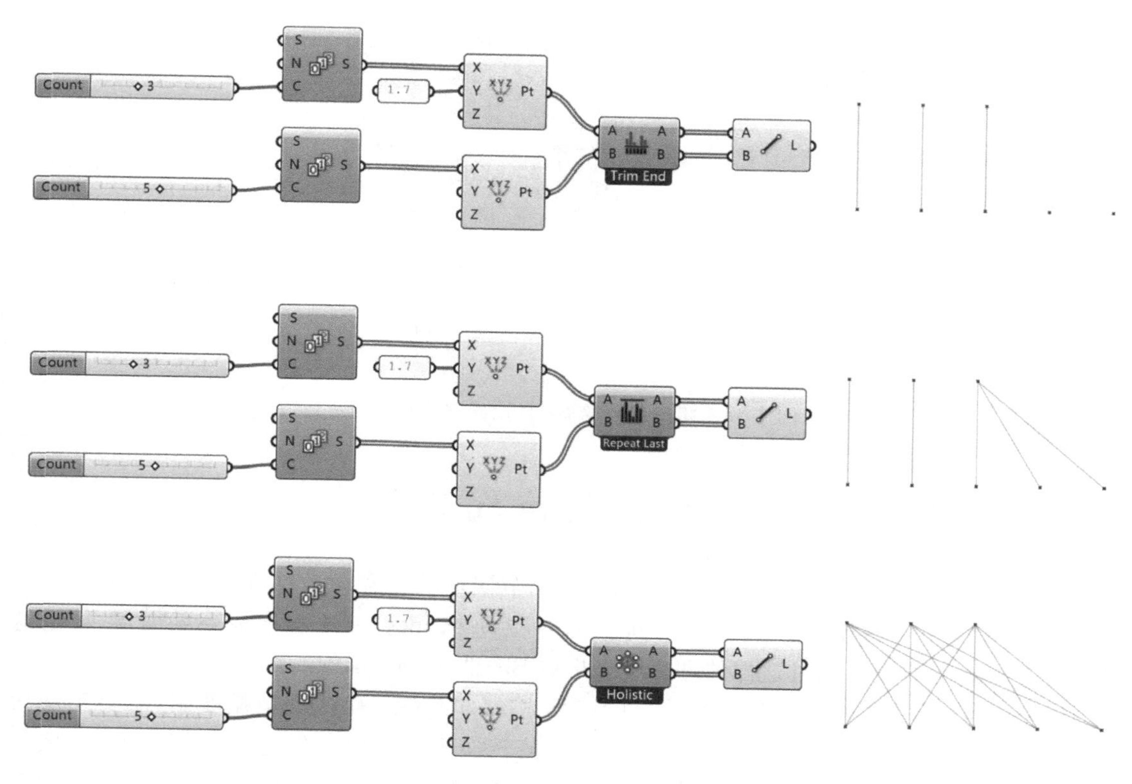

图 7－4　短排法、长排法和错排法匹配数据的不同结果

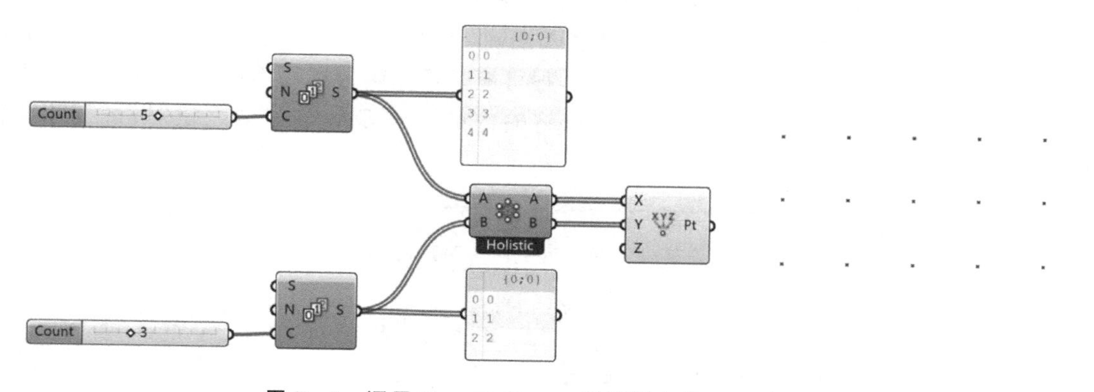

图 7－5　调用 Cross Reference 运算器生成 5 * 3 点阵

端 Y，这样 Y 端的数据结构就变成了 3 条树枝的树形结构。树形结构的配对规则为树枝先配对，树枝配对后，每组配对好的树枝之间进行树枝内数据的配对，默认为长排法。经过配对后 X 端数据结构为 3 条树枝，每条树枝的数据都为[0,1,2,3,4]，Y 端数据结构为 3 条树枝，第 1 条树枝的数据为[0,0,0,0,0]，第 2 条树枝的数据为[1,1,1,1,1]，第 3 条树枝的数据为[2,2,2,2,2]。可以看到，经过将其中一组点的列表数据成组为树形数据，以树形结构的配对规则进行数据匹配后，也可以最终生成 5×3 的点阵。

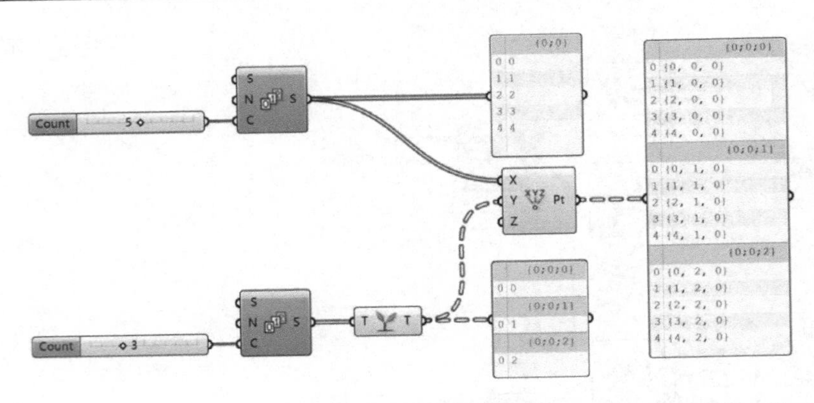

图 7-6　将一组列表 Graft 成组来生成点阵

7.2　参数化曲线的创建

在参数化曲线的创建中，我们可以利用区间和范围运算器在参数区间范围内生成一系列数值，再经由曲线的参数方程，得到一系列的 X、Y、Z 坐标，由这些坐标生成一系列点，再由这些点生成 Nurbs 曲线。通过这样的方法可以生成 Sin 曲线、圆、螺旋线等各种曲线。

需要注意的是，在进行三角函数计算的时候，Grasshopper 默认的是弧度制，需要先调用 Radians 运算器(Maths→Trig→Radians)将角度值转换为弧度值才能进行计算。另外，函数的计算需要调用 Expression 运算器(Maths→Script→Expression)，将运算器的输入端连接相应参数后，双击 Expression 运算器图标会弹出如图 7-7 所示的 Expression Designer 对话框。在 Expression 栏中输入运算表达式，如果输入正确，下面的 Errors 提示栏会显示 No syntax errors detected in expression……，如果出错，很可能是运算函数拼写不对，这时单击对话框右上角的 f:N→R，会弹出函数运算列表，可以将输入的运算函数名称与之比对，进行相应的修改。

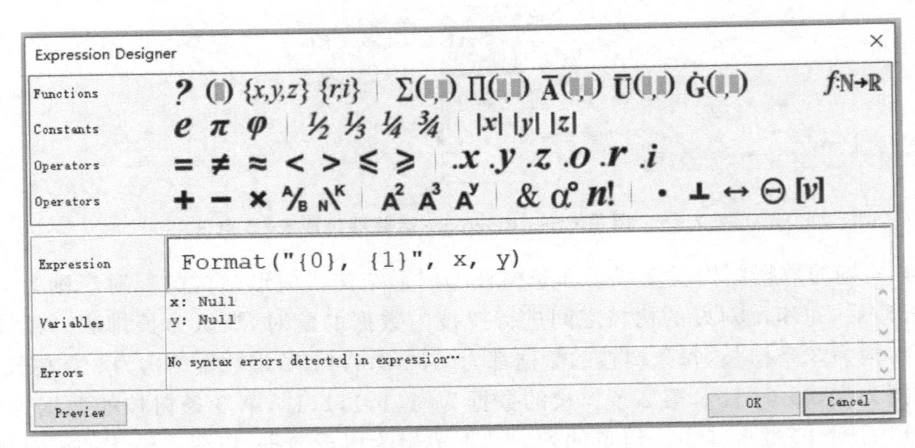

图 7-7　Expression Designer 对话框

比如要生成如图 7-8 所示的 Sin 曲线，可以先调用 Construct Domain 运算器和 Range 运算器，得到间隔均匀的 N+1 个数(此处为 21 个数)，然后调用 Radians 运算器将这些数值转换为弧度值，并连入 Construct Point 的 X 端。调用 Expression 运算器，放大运算器单击输入端 y 右侧的负号移除参数，运算器仅余输入端 x，将 Radians 运算器的输出端连入 Expression 运算器的输入端 x，双击运算器，在 Expression Designer 对话框中输入运算表达式 Sin(x)，连入 Construct Point 的输入端 Y，得到以原弧度值为 X 坐标，其正弦值为 Y 坐标的 21 个点，最后连接 Interpolate 运算器，就可以得到由这一系列点连续而成的 Sin 曲线。

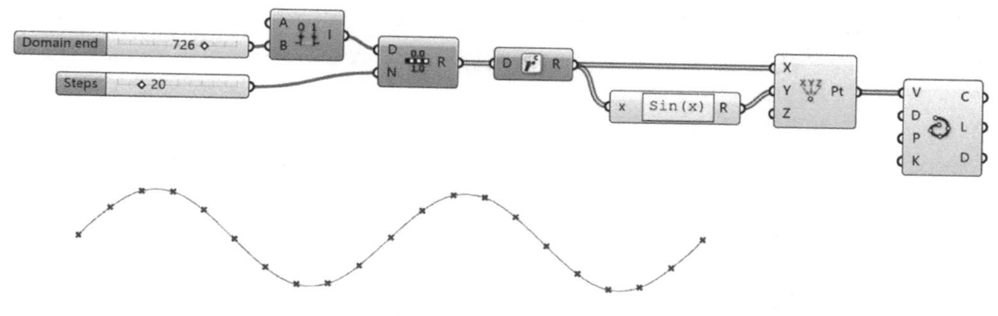

图 7－8　Sin 曲线

如果要生成如图 7－9 所示的螺旋线，可以先调用 Construct Domain 运算器和 Range 运算器，得到间隔均匀的 N+1 个数(此处为 29 个数)，然后调用 Radians 运算器将这些数值转换为弧度值，连入 Expression 运算器的输入端 x。调用 Addition 运算器，输入端分别连入 N 和 1，连入 Series 运算器的输入端 C，设定公差值，生成以 0.3 为公差的 N+1 个数，连入 Expression 运算器的输入端 y。双击运算器，在 Expression Designer 对话框中输入运算表达式 y * Cos(x)，得到构建点的 X 坐标值。重复调用 Expression 运算器，输入运算表达式 y * Sin(x)，得到构建点的 Y 坐标值。再次调用 Series 运算器，生成以 0.86 为公差的 N+1 个数，作为构建点的 Z 坐标值。构建点后连接 Interpolate 运算器，就可以得到由这一系列点连续而成的螺旋线。

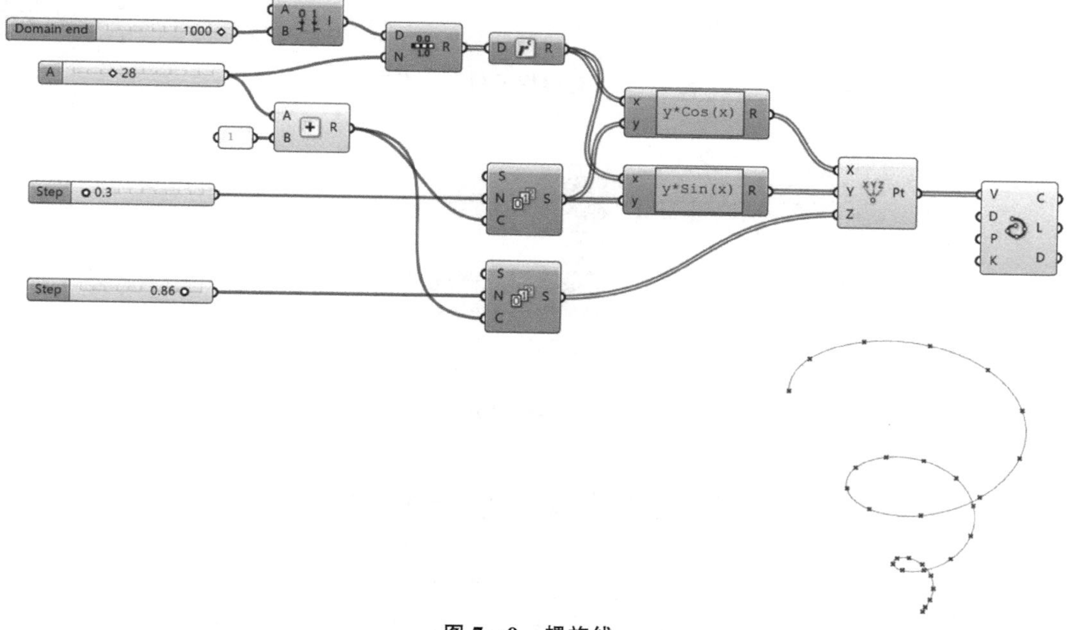

图 7－9　螺旋线

点除了以输入笛卡尔坐标的 X、Y、Z 坐标值来创建外，还可以通过球坐标来创建，球坐标需要调用 Point Polar 运算器（Vector→Point→Point Polar）。其输入参数 xy 为点在 XY 方向上旋转的角度（弧度值），z 为点在 Z 方向上旋转的角度（弧度值），d 为点与原点的距离。图 7 - 10 中的点和图 7 - 11 中的点都可以很方便地由球坐标来创建，相应点和曲线的算法分别如图 7 - 12、图 7 - 13 所示。这里需要稍加说明的是，在这两个算法图中，Range 运算器输入端 D 所连接的区间直接由 panel 运算器中输入 0 to N * Pi 或者 -N * Pi to N * Pi 生成，这里 Pi 代表 π，运算器生成的是从 0 到 N 倍 π 之间的区间。

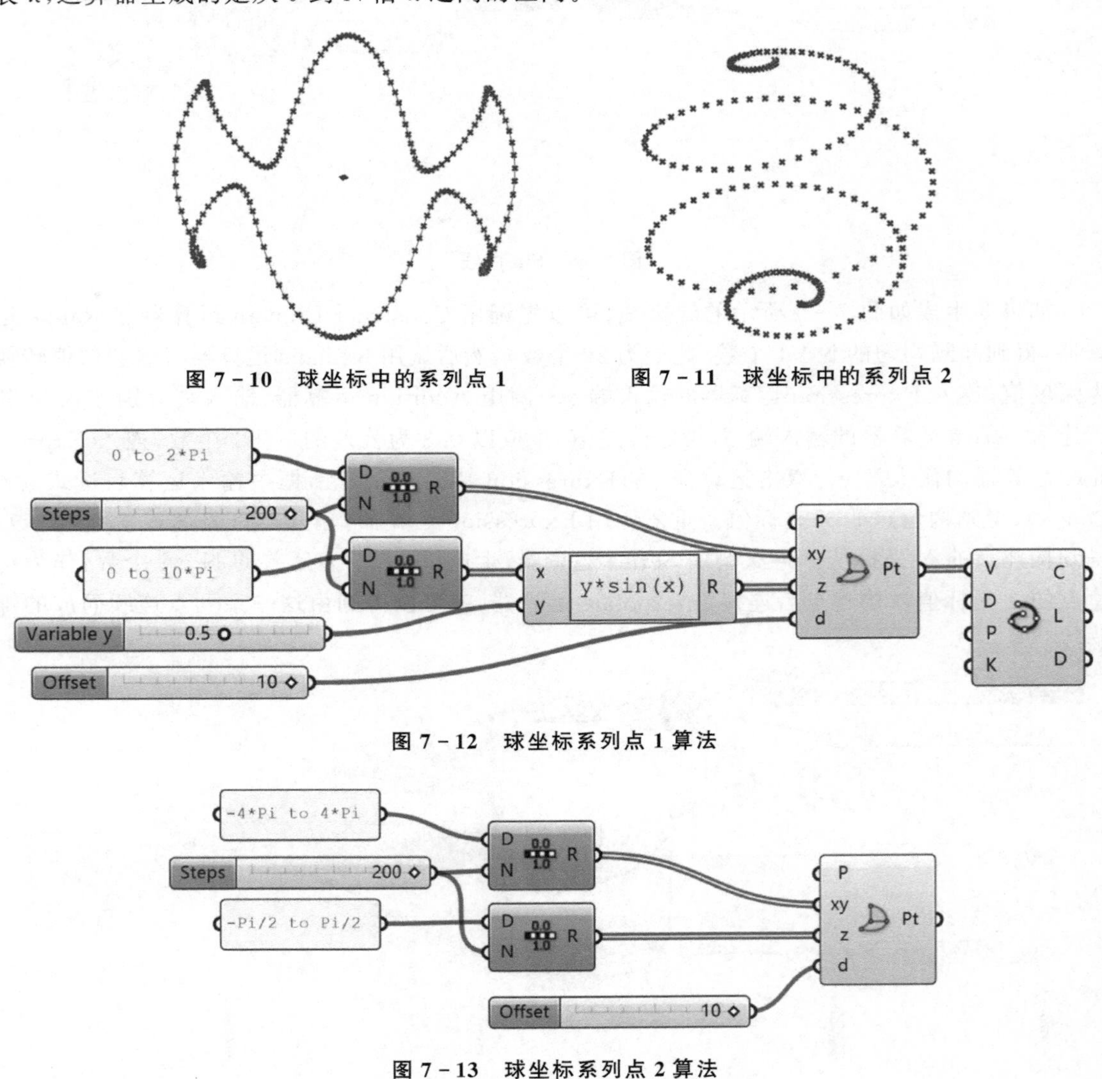

图 7 - 10　球坐标中的系列点 1　　图 7 - 11　球坐标中的系列点 2

图 7 - 12　球坐标系列点 1 算法

图 7 - 13　球坐标系列点 2 算法

7.3　参数化曲面的创建

同参数化曲线的创建类似，利用曲面的参数化方程，我们可以先生成一系列 X、Y 和 Z 坐标，由这些坐标构建一系列点，然后由点生成线，最后由线生成参数化曲面。

图 7 - 14 是生成圆环面的例子。圆环面的参数方程为

$$\begin{cases} x=(2+\cos t)\cos\theta \\ y=(2+\cos t)\sin\theta\,, \\ z=\sin t \end{cases}\qquad (0\leqslant t\leqslant 2\pi,0\leqslant\theta\leqslant 2\pi)$$

在创建圆环面的时候，首先调用 Construct Domain 运算器和 Pi 运算器(Maths→Util→Pi)构建两个 0～2π 的区间，分别作为 t 值和 θ 值的区间，然后分别连入 Range 运算器生成系列数，并在第二个 Range 运算器的输出端 R 右击 Graft 将列表数据成组。再调用 3 个 Expression 运算器，输入圆环面的参数方程，生成 X、Y 和 Z 坐标，创建一系列点。接着调用 Interpolate 运算器生成曲线，在 Interpolate 运算器的输出端 C 右击 Flatten 将树形数据拍平为列表数据，最后调用 Loft 运算器生成曲面，算法如图 7 - 15 所示。需要补充说明的是，在 Interpolate 运算器生成的多条曲线中，最后一条曲线与第一条曲线是重合的，在 Loft 成面前，需要调用 Cull Index 运算器(Sets→Sequence→Cull Index)将第一条或最后一条曲线筛除，并且需要在 Loft 运算器的输入端 O 右击 Loft options 选项，将 Closed loft 勾选上才能最终形成一个封闭的圆环面。

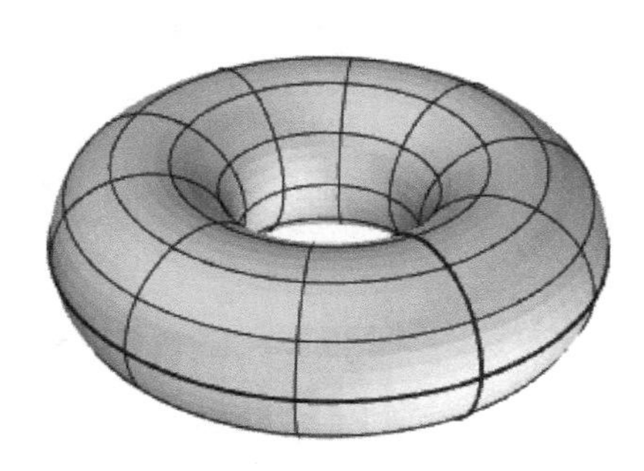

图 7 - 14　圆环面

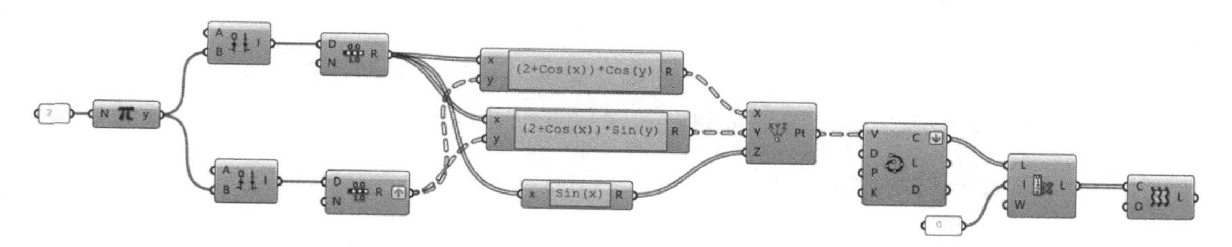

图 7 - 15　圆环面算法

图 7 - 16 是生成单叶双曲面的例子。单叶双曲面的参数方程为

$$\begin{cases} x=\sqrt{1+t^2}\ \cos\theta \\ y=\sqrt{1+t^2}\sin\theta\ , \\ z=2t \end{cases}\qquad -\infty\leqslant t\leqslant+\infty,0\leqslant\theta\leqslant 2\pi$$

创建单叶双曲面的思路与刚才创建圆环面相似，首先调用 Number Slider、Negative 运算器(Maths→Operators→Negative)和 Construct Domain 运算器构建 $-N$ 到 N 的区间(这里 N 设为 1.5)作为 t 值的区间，再次调用 Construct Domain 运算器构建 0～2π 的区间作为 θ 值的区间，然后分别连入 Range 运算器生成系列数，将第二个 Range 运算器的输出端 R 右击 Graft 将列表数据成组，调用三个 Expression 运算器，输入单叶双曲面的参数方程，生成 X、Y 和 Z 坐标，创建一系列点，接着调用 Interpolate 运算器并在输出端 C 右击 Flatten 将树形数据拍

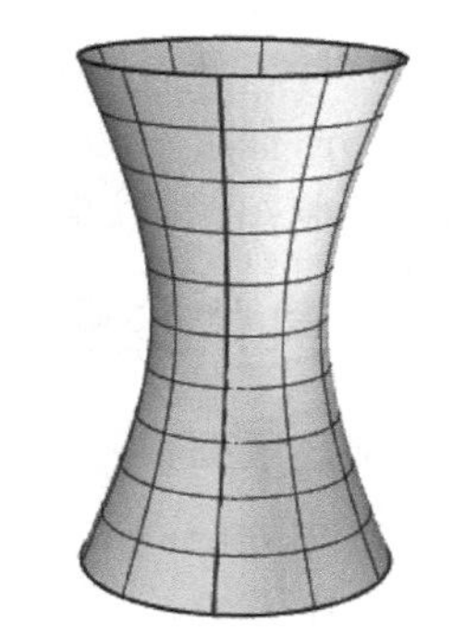

图 7 - 16　单叶双曲面

平为列表数据，生成曲线后调用 Cull Index 运算器筛除第一条或最后一条曲线，最后调用 Loft 运算器，在输入端 C 右击 Flatten 将树形数据拍平为列表数据，在输入端 O 右击勾选 Closed loft 选项，生成完整闭合曲面。整个算法如图 7－17 所示。

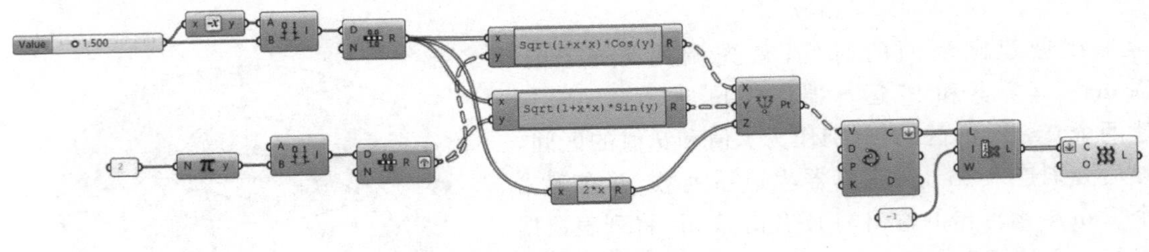

图 7－17 单叶双曲面算法

7.4 案例 7——上海世博会丹麦国家馆

7.4.1 建模思路

2010 年上海世博会丹麦国家馆——丹麦馆的设计方案由丹麦 BIG（Bjarke Ingels Group）公司以及概念策划公司 2＋1 一起创作，展馆外型恰似两个上下重叠而又倾斜的圆环，中央是一个下沉式广场，整体造型的灵感出自莫比乌斯环。我们同样可以利用莫比乌斯环的参数化方程来进行建模操作。

莫比乌斯环由德国数学家莫比乌斯和约翰·李斯丁于 1858 年发现。就是把一根纸条扭转 180°后，两头再黏结起来做成的纸带圈。其参数方程可以表示为

$$\begin{cases} x=\left(1+t\sin\dfrac{\varphi}{2}\right)\cdot\cos\varphi, & t\in\left[-\dfrac{1}{2},\dfrac{1}{2}\right],\varphi\in[0,2\pi) \\ y=\left(1+t\sin\dfrac{\varphi}{2}\right)\cdot\sin\varphi, & t\in\left[-\dfrac{1}{2},\dfrac{1}{2}\right],\varphi\in[0,2\pi) \\ z=t\cos\dfrac{\varphi}{2}, & t\in\left[-\dfrac{1}{2},\dfrac{1}{2}\right],\varphi\in[0,2\pi) \end{cases}$$

要想做出如图 7－18 所示的丹麦馆造型，建模思路如下：先提取莫比乌斯环的边框线，然后施加非等比缩放，以调整形态，对调整后的边框线进行垂直平面等分，并将等分平面的 x 轴统一与世界坐标 z 轴对齐，保证后边绘制的矩形截面是垂直于地面；然后绘制矩形，以矩形放样得到最终造型。

图 7－18 丹麦馆造型示意

7.4.2 具体步骤

1. 创建系列数

调用 Number Slider 和 Construct Domain 运算器生成 0～2π 的区间作为 φ 值的区间，N 设为 100，连入 Range 运算器生成系列数，并在其输出端 R 右击 Graft 将列表数据成组。调用 Number Slider 和 Construct Domain 运算器，在其输入端 A 右击 Expression，在 Expression

Editor 的对话框内输入$-x$,生成-0.5～0.5的区间作为t值区间,N设为1,连入Range运算器生成系列数。

2. 构建点

将两个Range运算器分别连入三个Expression运算器,输入莫比乌斯环的参数方程,调用Construct Point运算器,生成边框线上的202个点。

步骤1和步骤2的算法如图7-19所示。

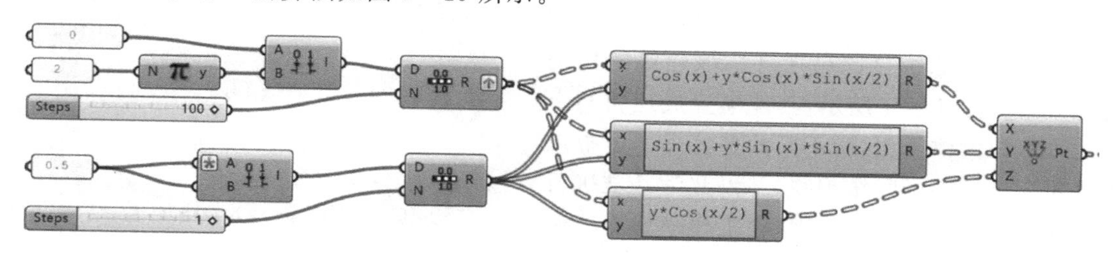

图7-19　步骤1～步骤2算法

3. 生成边框线

调用Flip Matrix运算器(Sets→Tree→Flip Matrix)对点的数据结构进行翻转,然后调用Interpolate运算器并在输出端C右击Flatten将树形数据拍平,连接所有点生成边框线,此时生成了两条曲线,调用Join Curves运算器(Curve→Util→Join Curves)将两条曲线连接为一条完整的边框线。

4. 调整点的坐标

调用Scale NU运算器(Transform→Affine→Scale NU),设X、Y值为20,Z值为17,对边框线生成点的坐标进行放大调整。

5. 生成垂直平面

调用Perp Frames运算器(Curve→Division→Perp Frames),设N值为20,得到20个沿边框线均匀分布的垂直平面,然后调用Align Plane运算器(Vector→Plane→Align Plane)将垂直平面的x轴与世界坐标z轴对齐。

6. 放样生成曲面

调用Rectangle运算器,设X、Y值为10,以垂直面为工作平面绘制矩形,最后调用Loft运算器放样,勾选Closed loft选项生成闭合曲面,得到最终的丹麦馆造型。

步骤3～步骤6的算法如图7-20所示。

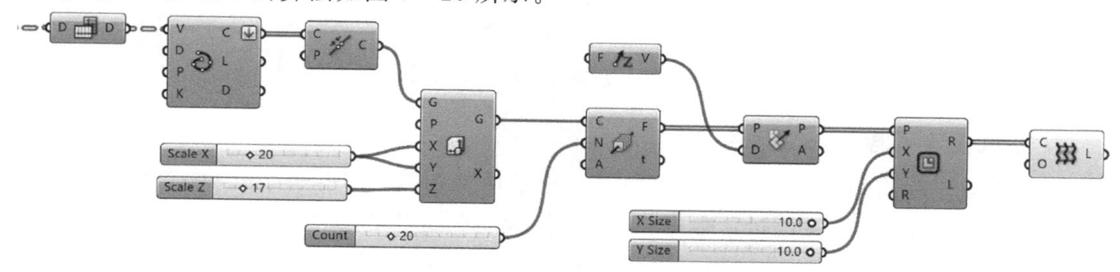

图7-20　步骤3～步骤6算法

7.5 案例 8——北京凤凰传媒中心

7.5.1 建模思路

北京凤凰传媒中心由北京市建筑设计研究院执行总建筑师邵伟平领军设计，其曲线壳体的设计灵感也来源于莫比乌斯环。该建筑的曲面造型大致如图 7－21 所示，其建模生成逻辑与上述的丹麦馆大体类似，所不同的是这里需要提取出莫比乌斯环的中间结构线，并以此为基准进行等分才能得到垂直工作平面，在工作平面上绘制椭圆再进行放样生成最终的曲面形态。

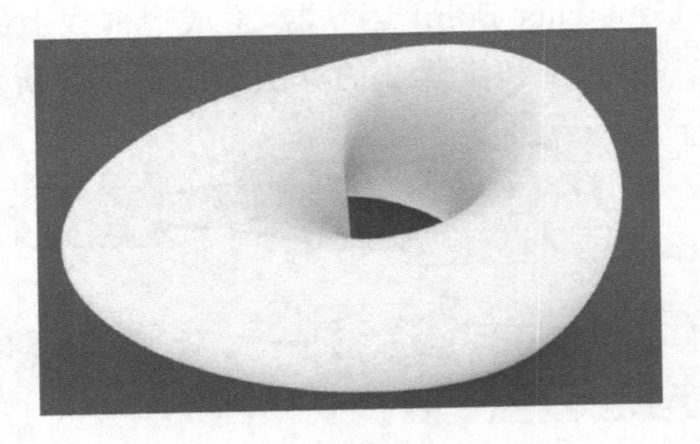

图 7－21 北京凤凰传媒中心造型示意

7.5.2 具体步骤

1. 创建系列数

调用 Construct Domain 运算器生成 0～2π 的区间作为 φ 值的区间，N 设为 50，连入 Range 运算器生成系列数，并在其输出端 R 右击 Graft 将列表数据成组。调用 Construct Domain 运算器，生成－0.5～0.5 的区间作为 t 值区间，N 设为 2，连入 Range 运算器生成系列数；

2. 生成点

将两个 Range 运算器分别连入三个 Expression 运算器，输入莫比乌斯环的参数方程，调用 Construct Point 运算器，生成曲线上的 153 个点；

3. 调整点的坐标

调用 Scale NU 运算器，设 X、Y、Z 值为 47，对曲线生成点的坐标进行放大调整；

步骤 1～步骤 3 的算法如图 7－22 所示。

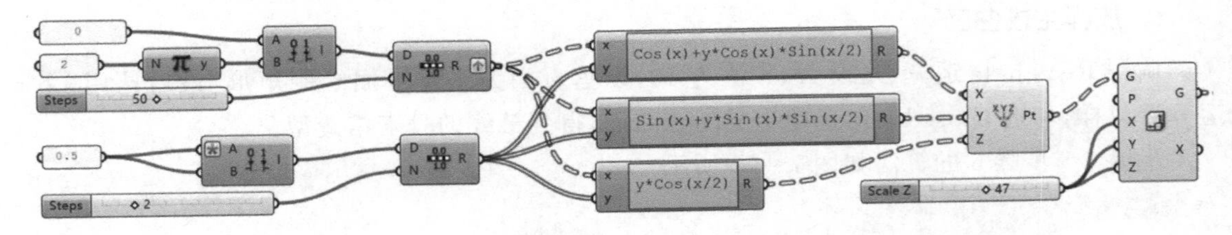

图 7－22 步骤 1～步骤 3 算法

4. 生成垂直平面

调用 List Item 运算器，放大运算器在其输出端单击加号，添加＋1、＋2 两个输出端，三个输出端都右击 Flatten 将三组树形数据拍平为列表数据，分别得到 t＝－0.5、t＝0 和 t＝0.5 时的三组各 51 个点，将第一点和第三组点连入 Line 运算器生成 51 根线段。将第二组点连入 Interpolate 运算器生成曲线，作为最终形体生成的基准线。将 Interpolate 运算器生成的曲线输出端C与Perp Frames运算器的输入端C相连，将Line运算器连入List Length运算器和Subtraction运算器减1后连接Perp Frames运算器的输入端N，得到等分基准线的50个垂直平面，然后调用Align Plane运算器将垂直平面的x轴与Line运算器生成的线段对齐；这时需要注意第一根线段与最后一根线段重合，但其起始点相反，一共有$N+1$(即51)条，而基准线为封闭曲线，其等分平面的数量为N(即50)，因此我们需要调用List Item和Merge运算器额外增加一个等分平面，也就是第一个平面后，再执行Align Plane运算；

5. 放样生成曲面

调用Ellipse运算器，设$R1$为20，$R2$为40，以垂直面为工作平面绘制椭圆，最后调用Loft运算器放样生成曲面。由于第一个椭圆和最后一个椭圆重合，但方向不一致，所以在放样的时候要在Loft options选项中将Closed loft取消。

步骤4和步骤5的算法如图7-23所示。

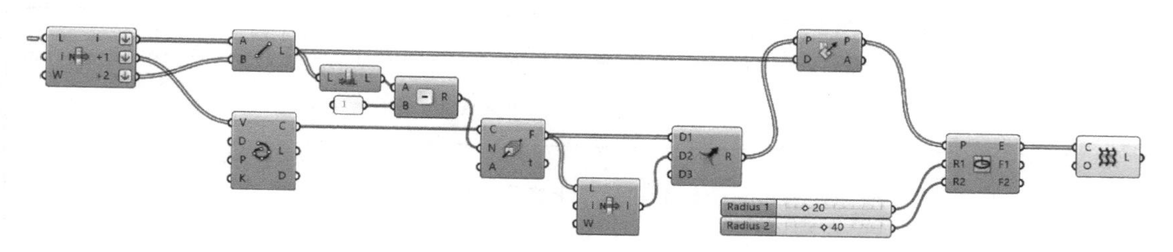

图7-23 步骤4～步骤5算法

习 题

1. 区间、数列、范围对应的运算器分别是什么？
2. Grasshopper中数据匹配的三种方式：长排法、短排法、错排法有何不同？
3. 调用Expression运算器时如何输入运算表达式？
4. 玫瑰曲线是指极坐标表示为$\rho=a*\sin(n\theta)$(a为定长，n为整数)，在平面内围绕某一中心点平均分布整数个正弦花瓣的曲线。请运用本章所学知识绘制出如下的玫瑰曲线图案。

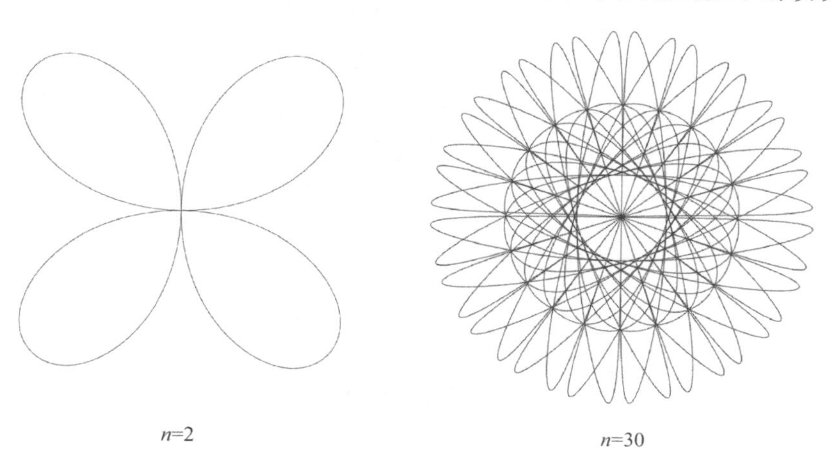

第 8 章　变换和布尔运算

8.1　变　换

在 Grasshopper 的建模过程中，创建几何体之后常常需要对几何体进行移动、缩放等各种变换操作，常用变换操作运算器的位置和功能如表 8-1 所列。

表 8-1　常见的变换运算器及功能

运算器	位　置	功　能
	Transform→Euclidean→Move	以指定向量对几何体进行移动
	Transform→Affine→Scale	将几何体根据指定的中心进行等比例缩放
	Transform→Affine→Scale NU	将几何体根据指定的中心进行三轴可控的缩放
	Transform→Euclidean→Rotate	将几何体根据指定平面进行旋转，角度默认采用弧度制
	Transform→Euclidean→Rotate Axis	将几何体根据指定线段作为旋转轴进行旋转，角度默认采用弧度制
	Transform→Euclidean→Orient	将几何体从原有的平面转换到一个新的平面中

对几何体的变化操作实质是通过对其施加一个 4×4 的变化矩阵来完成的。比如要将某点 $P0(x0,y0,z0)$ 移动到 $P1(x1,y1,z1)$ 处，其变换公式为

$$[x1,y1,z1,1]=[x0,y0,z0,1]\begin{bmatrix}1 & 0 & 0 & 0\\ 0 & 1 & 0 & 0\\ 0 & 0 & 1 & 0\\ Tx & Ty & Tz & 1\end{bmatrix}$$

其中，Tx、Ty、Tz 分别为点 $P0$ 在 x、y、z 坐标轴方向上的平移分量。

在变换运算器的输出端都有一个输出参数 X，其数据类型就是一个矩阵。通过将其与 Transform Matrix 运算器（Transform→Util→Transform Matrix）相连，可以看到其具体的数值。

在 Grasshopper 中，还有一个万能的变换运算器 Transform（Transform→Util→Transform），其输入参数 *T* 即为变换矩阵。我们将上述运算器的 X 输出参数连入 T，Transform 运算器就会执行与之相应的变换操作。如果我们执行了多次变换操作，可依次将各个变换矩阵连入 Compound 运算器（Transform→Util→Compound）的 T 输入参数，其输出参数 X 即为多次变换的变换矩阵。将 X 连入 Transform 运算器的 T 输入参数，Transform 运算器就会执行相应的多次变换操作。

在图 8－1 中所示的变换案例中，调用 Center Box 运算器（Surface→Primitive→Center Box）生成盒子 1，连入 Move 运算器，盒子以系统默认值向上移动了 10 个单位。将移动后的盒子连入 Volume 运算器（Surface→Analysis→Volume），其输出端 C 为盒子的中心点。将 C 端连入 XZ Plane 运算器（Vector→Plane→XZ Plane）创建以盒子中心点为坐标原点的 *XZ* 坐标平面。调用 Rotate 运算器（Transform→Euclidean→Rotate），输入端 P 连接刚才创建的平面作为旋转平面，G 端接盒子，A 端的旋转角度设为 30 并右击 Degree 将数值转换为角度，完成盒子的旋转变换，变为盒子 2。

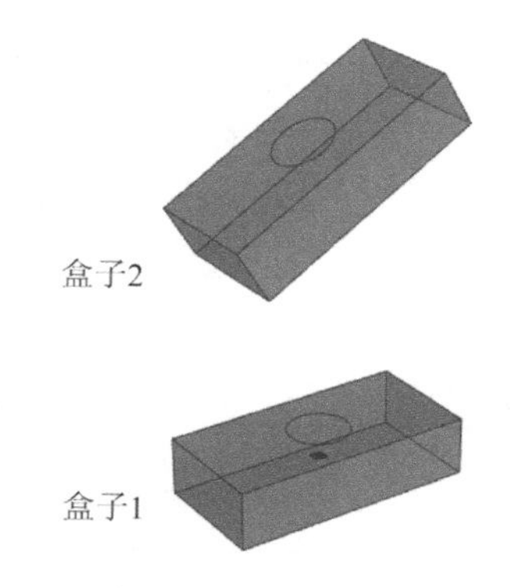

图 8－1　盒子及其上表面圆的两次变换

在上述操作中，经过较为复杂的步骤完成了盒子的移动和旋转，我们也可以通过调用 Compound 运算器一次性完成多种变换，下面以盒子 1 上表面的圆形为例来看一下具体操作。将盒子 1 连入 Deconstruct Brep 运算器（Surface→Analysis→Deconstruct Brep）对盒子进行分解，将其输出端 F 连入 List Item 运算器对分解出的面进行筛选，得到盒子的上表面，连入 Area 运算器（Surface→Analysis→Area），其输出端 C 连入 Circle 运算器的 P 端，将 *R* 值设置为 1，得到以盒子上表面中心点为圆心，半径为 1 的圆。调用 Compound 运算器，将前面的 Move 运算器的 X 输出端连入 Compound 运算器的 T 输入端，然后按住 Shift 键，将 Rotate 运算器的 X 输出端也连入 Compound 运算器的 T 输入端，这样就得到两次变换的变换矩阵。最后调用 Transform 运算器，将 Compound 运算器的 X 输出端连入 Transform 运算器的 T 输入端，将圆连入 Transform 运算器的 G 输入端，这样圆就从盒子 1 的上表面经过向上移动 10 和旋转 30°，来到了盒子 2 的上表面。整个算法如图 8－2 所示。

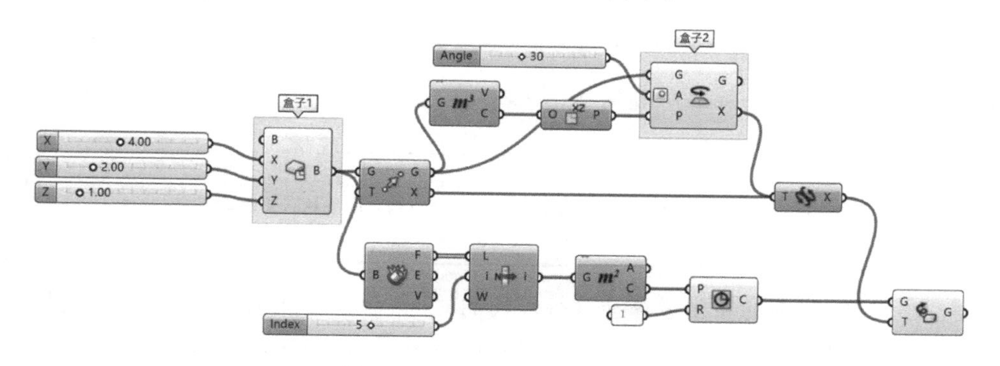

图 8－2　盒子两次变换的算法

8.2　布尔运算

在建模过程中，还有可能对几何体进行布尔运算，如求交点、求交线、求并集、求差集等，常见的布尔操作运算器位于 Intersect 大类下，其具体功能如表 8-2 所列。

表 8-2　布尔操作运算器的具体功能

运算器	位　置	功　能
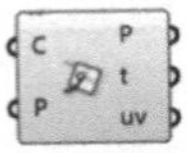	Intersect→Mathematical→Curve|Plane	求曲线和平面的交点
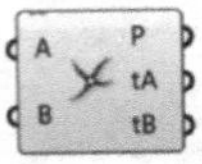	Intersect→physical→Curve|Curve	求两条曲线的交点
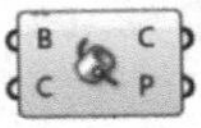	Intersect→physical→Brep|Curve	求 Brep 物体和曲线的交线或交点
	Intersect→Mathematical→Brep|Plane	求 Brep 物体和平面的交线或交点
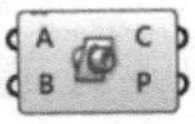	Intersect→physical→Brep|Brep	求两个 Brep 物体的交线或交点
	Intersect→Mathematical→Contour	将 Brep 物体或网格沿给定的方向和距离生成等距断面线
	Intersect→Shape→Solid Union	将一系列 Brep 物体执行并集运算
	Intersect→Shape→Solid Difference	对两个 Brep 物体执行差集运算，用 A 减去 B
	Intersect→Shape→Solid Intersection	对两个 Brep 物体执行交集运算
	Intersect→Shape→Region Union	将一系列曲线执行并集运算
	Intersect→Shape→Region Difference	对两条曲线执行差集运算，用 A 减去 B
	Intersect→Shape→Region Intersection	对两条曲线执行交集运算

需要注意的是，复杂的布尔运算会运行较长的时间，而且可能会出错，所以在建模时优先考虑其他算法，尽量不用或少用布尔运算。如果避免不了，在调用之前最好保存文件，以免运算量太大导致文件的崩溃。另外，还可调用 Data Dam 运算器(Params→Util→Data Dam)，以方便参数的调整。其作用是控制数据通过，一旦数据发生变化，就会停止数据传输。等参数调

整完毕，再单击播放键让数据通过，从而缓解计算压力。

8.3　案例 9——迪拜风中烛火大厦

8.3.1　建模思路

迪拜风中烛火大厦从 54 层～97 层不等，汇集在一起构成舞蹈般的雕塑形象，看上去很像是烛火在闪动，如图 8－3 所示。

这种形体的建模思路是：提取层数和层高，然后确定每层的平面。每层平面都是圆形，其大小从低到高逐渐缩小，其半径可设参数调节。而且每层平面的圆心并不一致，我们将每层平面围绕圆心附近的一个点在 *XY* 平面上旋转来形成这样的效果，旋转的角度也是调整参数之一。如果将得到的每层平面进行 Loft 成面，这样形成的形体是光滑的。要形成棱线，我们可以将圆形等分，然后将等分点连成封闭的多段线，再进行 Loft 成面即可，圆形和棱线形成的形体效果如图 8－4 所示。

图 8－3　迪拜风中烛火大厦

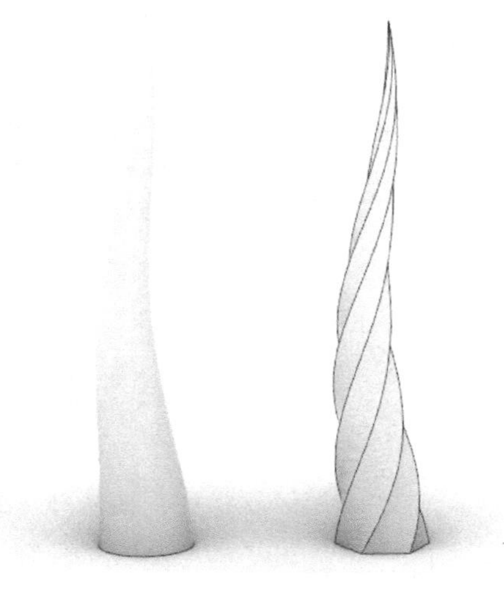

图 8－4　迪拜风中烛火大厦光滑形体（左）和棱线形体（右）

8.3.2　具体步骤

1. 设置各层中心点

调用 Series 运算器，设 *N* 值为 3.3，*C* 值为 77（也就是层高为 3.3，层数为 77－1 层），连入 Construct Point 运算器，得到一系列点作为每层平面的中心点。

2. 设置半径

调用 Construct Domain 和 Range 运算器，设置底层半径和顶层半径（这里设为 22 和 0.119），以在此区间内均匀分布的数值作为各层平面的半径。

3. 绘制圆形

调用 Circle 运算器，连接 Construct Point 和 Range 运算器，以各层平面的中心点为圆心，对应值为半径画圆。

4. 设置旋转角度

调用 Construct Domain、Subtraction 和 Range 运算器，得到从 0～381 的区间内均匀分布的 77 个数值，调用 Radians 运算器将数值转成弧度，作为各层圆形的旋转角度。

5. 旋转各层平面

在 Rhino 中构建一个在底层圆心附近的点并拾取进入 Grasshopper，调用 XY Plane 运算器以此点作为原点建立旋转平面，调用 Rotate 运算器将各层圆形平面旋转对应的角度。

步骤 1～步骤 5 的算法如图 8－5 所示。

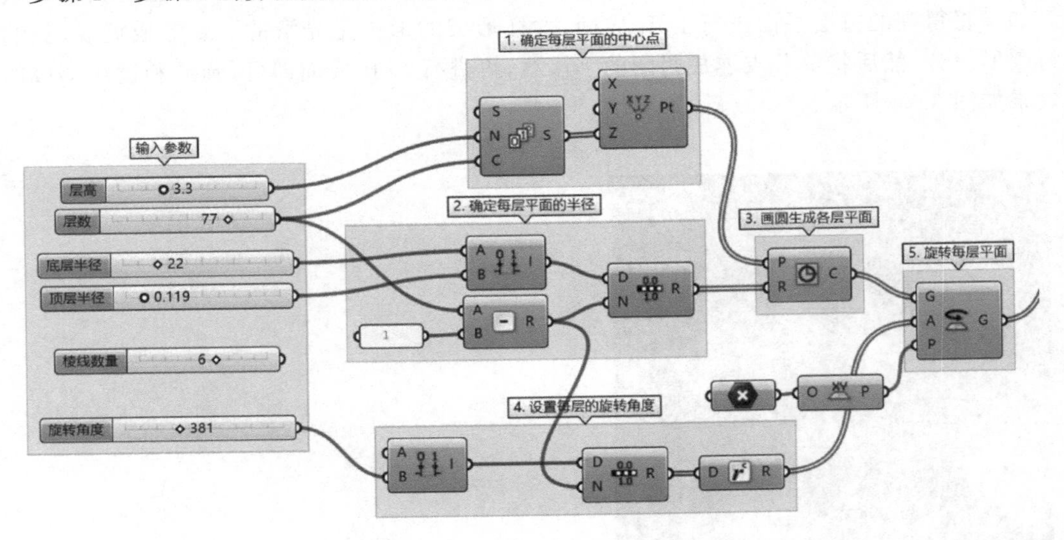

图 8－5　步骤 1～步骤 5 算法

6. 生成曲面造型

调用 Divide Curve，设 *N* 值为 6（此处设置 *N* 值的 Number Slider 运算器距离 Divide Curve 运算器较远，在运算器输入端 *N* 右击 Wire Display 中的 Hidden 选项，隐藏连线），将每层圆形曲线进行 6 等分。调用 Polyline 运算器（Curve→Spline→Polyline），并在输入端 C 右击 Invert，生成封闭的多段线，最后调用 Loft 运算器，并在输入端 C 右击 Flatten 拍平数据，将多段线成面得到最终的风中之烛造型。

步骤 6 的算法如图 8－6 所示。

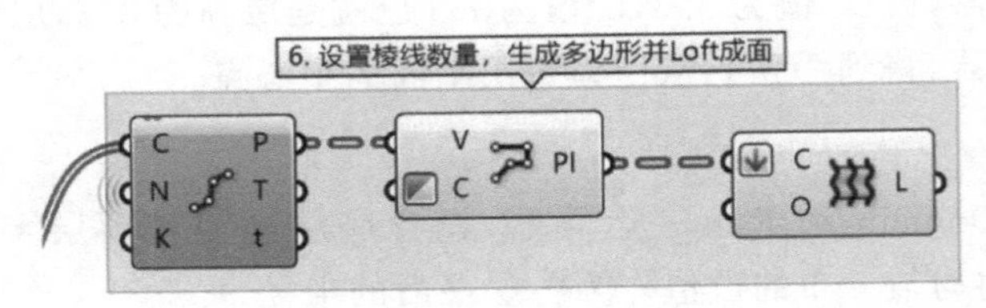

图 8－6　步骤 6 算法

8.4 案例10——艾舍尔之塔

8.4.1 建模思路

BIG建筑事务所设计的艾舍尔之塔由3个塔楼组成，中心塔楼从下到上保持不变，两个外围塔楼在底层和顶层之间变换位置，旋转了90°，这样设计是为了解决景观要求和结构稳定之间的矛盾，形体上也新颖别致。

整个形体在高度上分为3段，只有中部体量对各层的中心线进行了旋转，而上部和下部体量没有旋转，如图8-7所示。这根中心线的长度为L，三个塔楼正方形的边长为$L/2$，从正方形中心到边长的距离是$L/4$。

基于以上分析，该形体总体的建模思路是：首先创建三个塔楼的中心连线，将其长度设为可调参数。接着分别设置下部、中部和上部体量的层高和层数，确定每层的中心线。中部体量的中心线从下到上总共旋转90°，每层中心线围绕中点旋转相等间隔的角度。然后将所有连线按顺序合并，分别取每根连线的起点、中点和终点作为平面的原点，创建正方形，边长的区间为$-L/4 \sim L/4$。最后将得到的三组正方形Loft成面，加盖，再执行布尔并集运算，得到最终形体。

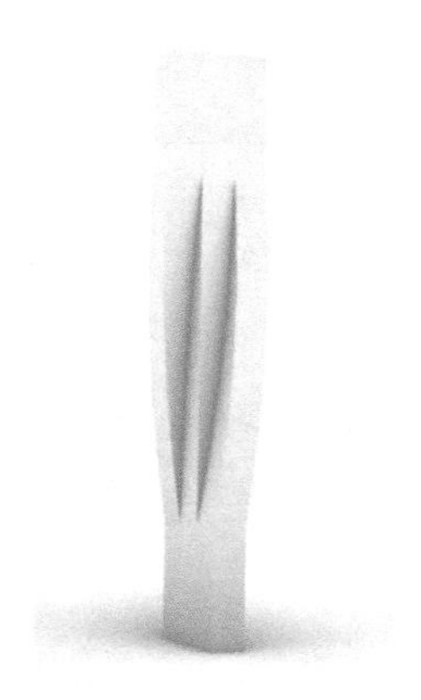

图8-7 艾舍尔之塔

8.4.2 具体步骤

1. 绘制底层中心线

调用Construct Point、Unit X和Line SDL运算器，生成从坐标原点出发往X轴正方向长度为L的线段，作为底层塔楼的中心线。用Number Slider运算器控制L值（这里设为20）。

2. 生成下部各层中心线

调用Series和Unit Z运算器，用Number Slider运算器控制下部体量的层高和层数（这里设层高为3.5 m，层数为10），调用Move运算器将底层塔楼的中心连线向上移动，生成下部体量各层的中心线。

3. 生成中部各层中心线

调用List Item运算器拾取下部体量最高层的中心线，用Number Slider运算器控制中部体量的层高和层数（这里设层高为3.5 m，层数为30），调用Move运算器将其向上移动，生成中部体量各层的中心线。

步骤1～步骤3的算法如图8-8所示。

4. 旋转中部各层中心线

设置区间为$0 \sim \pi/2$，调用Subtraction运算器，输入端A连接中部体量层数30，输入端B连接Panel运算器设值为1，调用Range运算器生成$0 \sim \pi/2$均匀分布的30个数值，作为中部体量各层的旋转角度，调用Point on Curve运算器取默认值0.5，调用Rotate运算器将中部体

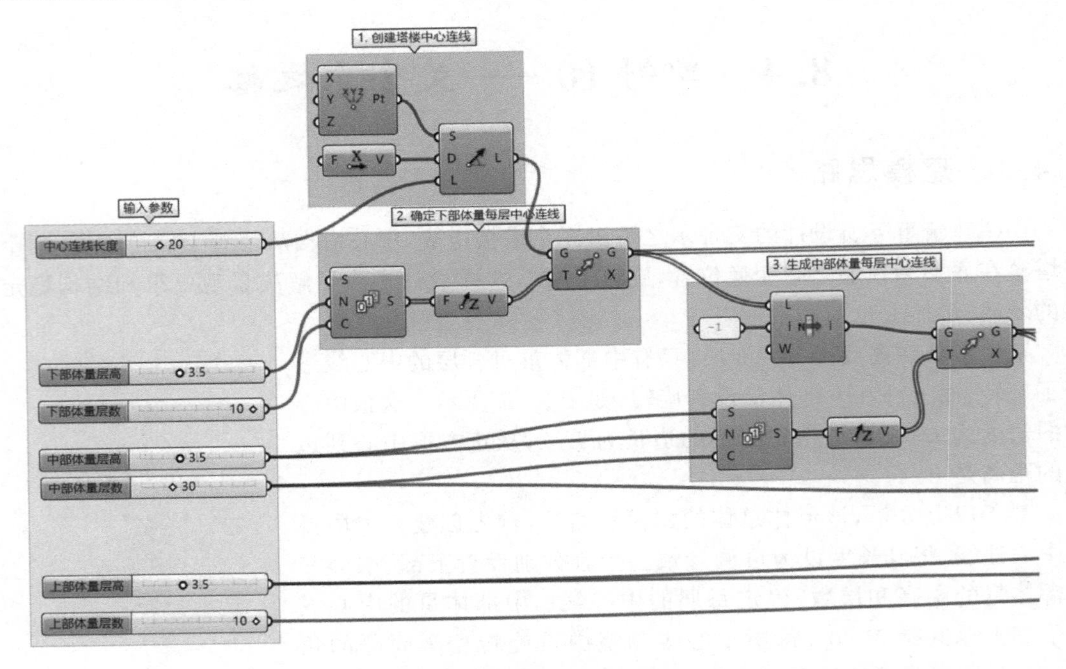

图 8-8　步骤 1～步骤 3 算法

量各层中心线围绕线段中点进行旋转。

5. 生成上部各层中心线

调用 List Item 运算器拾取中部体量最高层的中心线，用 Number Slider 运算器控制上部体量的层高和层数（这里设层高为 3.5 m，层数为 10），调用 Move 运算器将其向上移动，生成上部体量各层的中心线。

步骤 4 和步骤 5 的算法如图 8-9 所示。

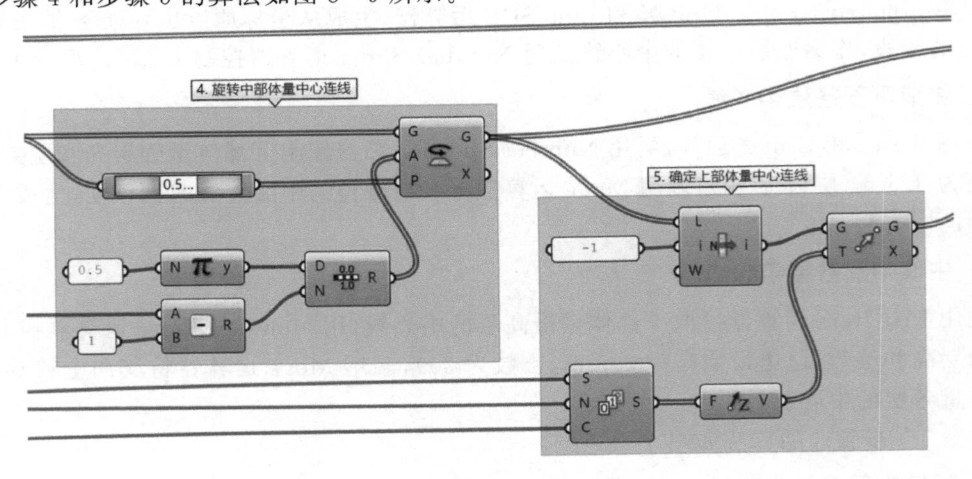

图 8-9　步骤 4～步骤 5 算法

6. 生成多个正方形

调用 Merge 运算器，依次将下部、中部和上部的中心线合并，连入 Evaluate Curve 运算器

(Curve→Analysis→Evaluate Curve)输入端 C，右击 Graft 和 Raparameterize，将合并后的 50 根中心线的列表数据进行成组和重参，同时调用 Range 运算器生成 0～1 区间的三个数值 0、0.5 和 1，连入 Evaluate Curve 运算器的输入端 t，得到每根中心线的起点、中点和终点。调用 Division 运算器，连接中心线长度值 20 和 4，调用 Negative 和 Construct Domain 运算器，生成从－L/4～L/4 的区间，连入 Rectangle 运算器的 X 和 Y 输入端，将 Evaluate Curve 运算器的输出端 P 连入 Rectangle 运算器的输入端 P，得到以各点为平面原点，边长区间为－L/4 到 L/4 的 150 个正方形；

7. 生成最终曲面形体

调用 Flip Matrix 运算器将正方形的数据结构翻转，得到三组各 50 个正方形。调用 Loft 运算器进行放样成面，调用 Cap Holes 运算器(Surface→Util→Cap Holes)加盖并在输出端 B 右击 Flatten 将树形数据拍平，再调用 Solid Union 运算器(Intersect→Shape→Solid Union)执行布尔并集运算，得到最终体形。为保证布尔运算后得到封闭的体形，在执行 Loft 命令时，需右击输入端 O，在 Loft options 中选择 Straight，如图 8－10 所示。

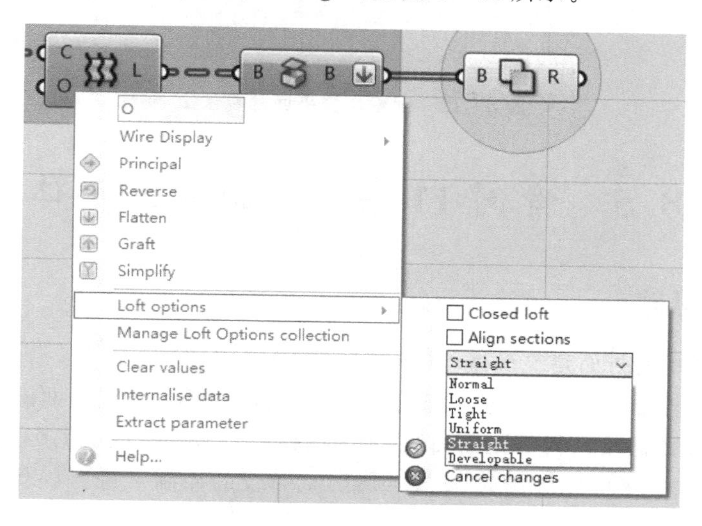

图 8－10　Loft options 菜单

步骤 6～步骤 7 的算法如图 8－11 所示。

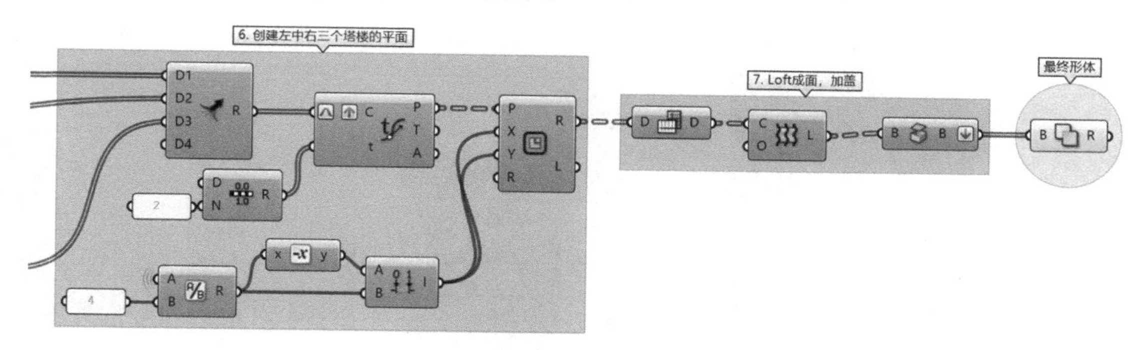

图 8－11　步骤 6～步骤 7 算法

除上述操作外，正方形的生成还可以有另一种做法。得到每根连线的起点、中点和终点后，连入 XY Plane 运算器将其作为原点生成 XY 平面。同样调用 Division、Negative 和 Construct Domain 运算器，生成从－L/4～L/4 的区间，连入 Rectangle 运算器创建一个以坐标原点为中心点的正方形，再调用 Orient 运算器(Transform→Euclidean→Orient)将这个正方形定位到新生成的各个 XY 平面上，其算法如图 8-12 所示。

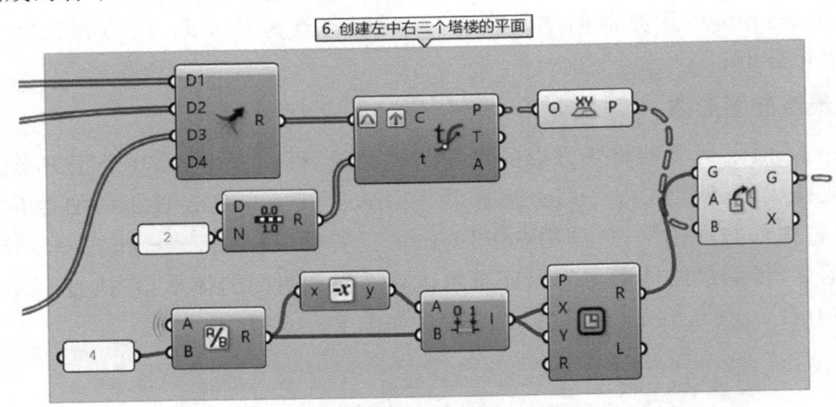

图 8-12 创建塔楼平面的算法 2

8.5 案例 11——折面建筑形体

8.5.1 建模思路

如图 8-13 所示的折面建筑形体，其建模思路：设置建筑的高度 H，沿高度方向画圆，Loft 成面后形成大体的外形，其形体可通过圆的半径变化加以调整；设置折面的层数 N，每层折面的高度为 H/N，以此高度获得等距断面线，将断面线 4 等分，再连接为多段线，得到每层折面的平面轮廓；间隔选取平面轮廓旋转 45°，对每层轮廓线的控制点进行操作，将对应的点连成三角形平面，完成建模。

这里需要注意的是，奇数层和偶数层折面顶点的对应关系是不一样的，如图 8-14 所示，奇数层是地板的 0、1 点对天花的 0 点，天花的 0、1 点对地板的 1 点；偶数层是地板的 0、1 点对天花的 1 点，天花的 0、1 点对地板的 0 点。所以需要对奇数层和偶数层分别进行处理。

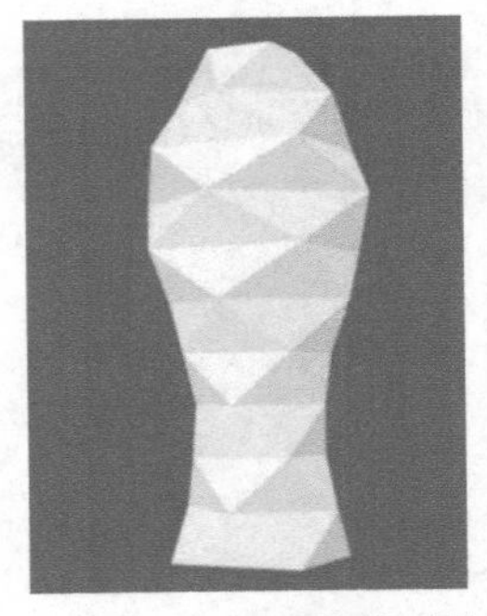

图 8-13 折面建筑形体

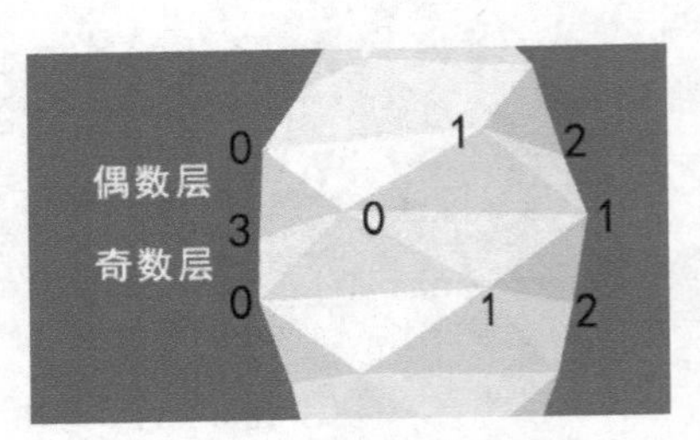

图 8-14 折面顶点的对应关系

8.5.2 具体步骤

1. 生成大概形体

调用 Number Slider 运算器，设置建筑高度 H（这里设为 110），调用 Range 运算器将高度三等分，连入 Construct Point 运算器的输入端 Z，得到 4 个点，调用 Circle 运算器以这 4 个点为圆心画圆，分别调用 4 个 Number Slider 运算器控制每个圆的半径，再 Loft 成面，得到建筑的大概形体；

2. 生成等距断面线

调用 Number Slider 运算器，设置折面层数 N（这里设为 10），调用 Division 和 Contour 运算器（Intersect→Mathematical→Contour），沿 Z 轴方向以 H/N 为距离生成等距断面线；

步骤 1～步骤 2 算法如图 8-15 所示。

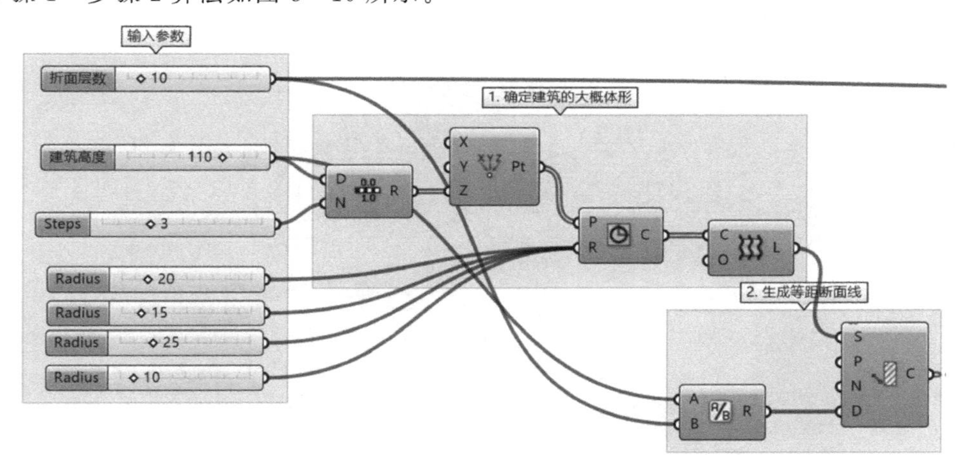

图 8-15 步骤 1～步骤 2 算法

3. 生成多段线

调用 Divide Curve 运算器将等距断面线 4 等分，调用 Polyline 运算器将点连接为多段线，在其输入端 C 右击 Invert，其输出端 PL 右击 Flatten 拍平树形数据，调用 List Item 和 Flip Curve 运算器（Curve→Util→Flip Curve）保证多段线的方向一致；

4. 旋转多段线

调用 dispatch 运算器，在其输入端 L 右击 Flatten 拍平树形数据，将多段线分为 A、B 两组，A 组为原偶数序号的多段线，B 组为原奇数序号的多段线，调用 Rotate 运算器将 A 组多段线旋转 45°，调用 Curve 运算器收集 B 组多段线；

步骤 3～步骤 4 算法如图 8-16 所示。

5. 生成奇偶数层的地板线

若层数 N 为奇数，那么奇数层的数量为$(N+1)/2$，偶数层的数量$(N-1)/2$；若层数 N 为偶数，那么奇数层和偶数层的数量均为 $N/2$。综合起来，奇数层的数量 Lj 为 Floor($(N+1)/2$)，偶数层的数量 Lo 为 Floor($N/2$)。因此奇数层的地板线取旋转后 A 组中 0～Lj-1 的列

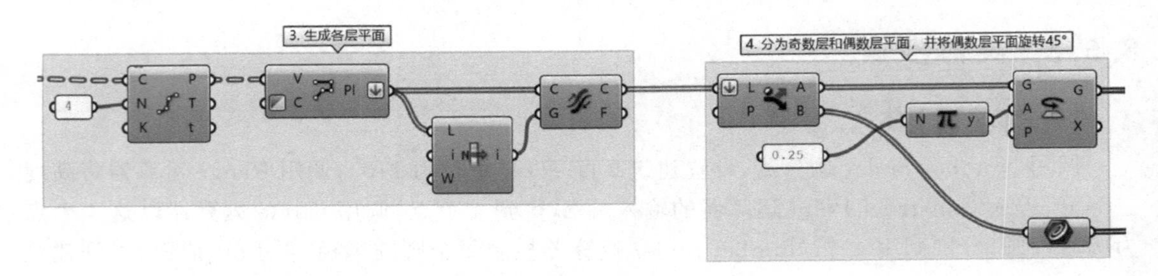

图 8-16　步骤 3～步骤 4 算法

表，天花线取 B 组中 0～Lj－1 的列表。偶数层的地板线取 B 组中 0～Lo－1 的列表，天花线取旋转后 A 组中 1～Lo 的列表。这里先调用 Integer 运算器连接层数 N，连入两个 Expression 运算器，分别输入奇数和偶数层的函数运算式，然后调用 Subtraction、Construct Domain 和 Sub List 运算器分别取得上述 4 组线；

步骤 5 算法如图 8-17 所示。

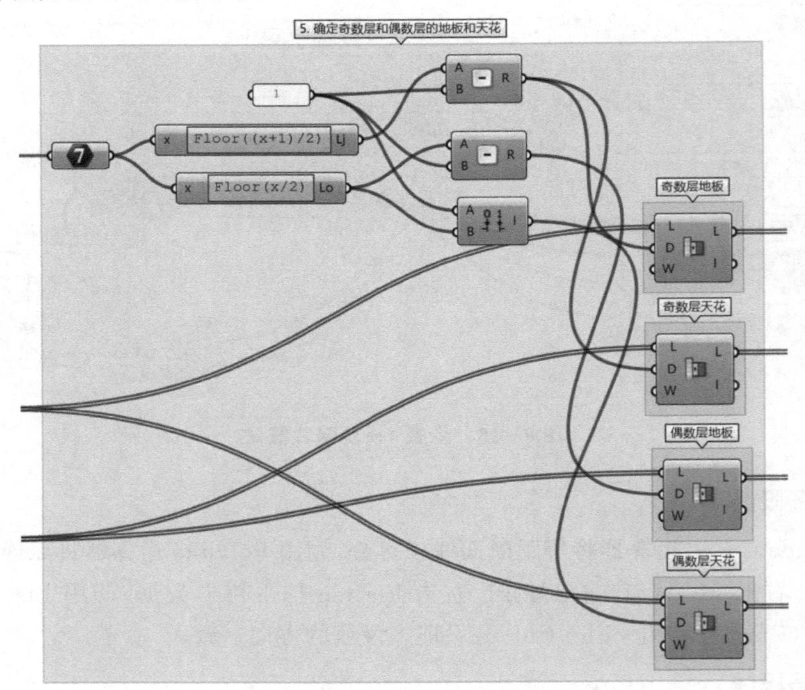

图 8-17　步骤 5 算法

6. 生成控制点

调用 Control Polygon 运算器(Curve→Analysis→Control Polygon)，得到 4 组线的控制点，调用 Cull Index 运算器将重复的最后一个点删除，调用 Shift List 运算器，将列表中的每个点向前偏移一位；

7. 生成三角形平面

调用 4Point Surface 运算器(Surface→Freeform→4Point Surface)，以对应的点连成三角形平面，得到完整形体，完成建模。

步骤 6～步骤 7 算法如图 8 - 18 所示。

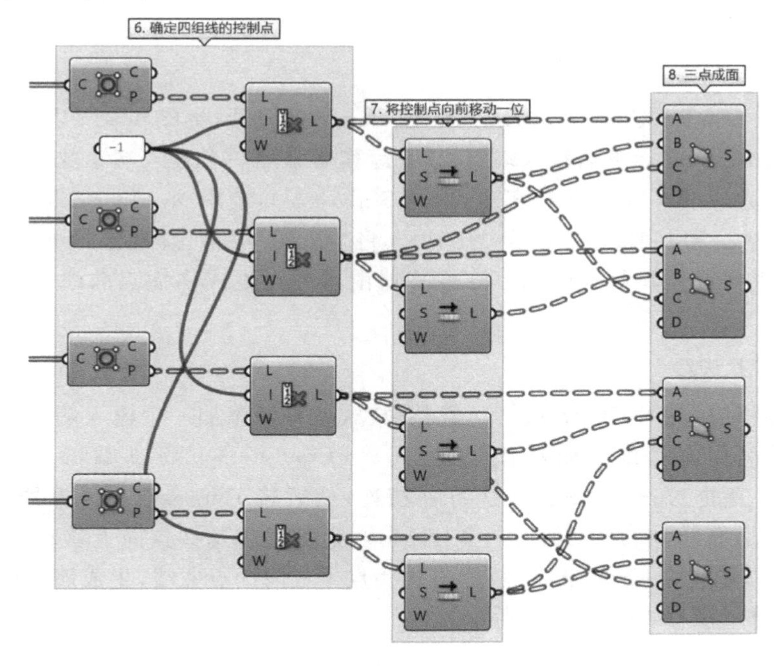

图 8 - 18　步骤 6～步骤 7 算法

8.6　案例 12——曲面砖墙

8.6.1　建模思路

图 8 - 19 为一面抽孔的曲面砖墙，其建模思路：首先确定墙的上部边缘和下部边缘；然后 Loft 成面，形成墙的基本曲面；接下来，用间隔为砖块高度的水平面切割曲面，得到交线；将交线等分，得到以等分点为原点的水平面；间隔选取水平面作为基础平面，创建立方体，得到最终形体。

图 8 - 19　抽孔的曲面砖墙

8.6.2　具体步骤

1. 生成墙体下边缘

调用Number Slider、Construct Domain和Range运算器，生成0～3π之间均匀分布的24个数值，接入Expression运算器输入端X，放大运算器添加一个输入端参数，并右击后将两个输入端更改名称为a和b，输入函数表达式$a*\mathrm{Sin}(b*x)$，调用Number Slider运算器分别定义a值（这里设为2）和b值（这里设为0.851）。将生成的一系列数值与Construct Point运算器相连，生成一系列点。调用Interpolate运算器由这些点生成内插点曲线，生成墙体的下部边缘；

2. 生成墙体上边缘

与上述步骤相似，调用Expression运算器，放大运算器添加一个输入端参数，并右击后将两个输入端更改名称为y和z，输入函数表达式$z*\mathrm{Cos}(y*x)$，将y端和z端分别与步骤1中定义a值和b值的Number Slider运算器相连，然后将Expression运算器的输出端连入Construct Point运算器，生成一系列点，调用Move运算器将这些点向上移动墙体高度H（这里设高度值为3），调用Interpolate运算器由这些点生成内插点曲线，生成墙体的上部边缘；

步骤1～步骤2算法如图8-20所示。

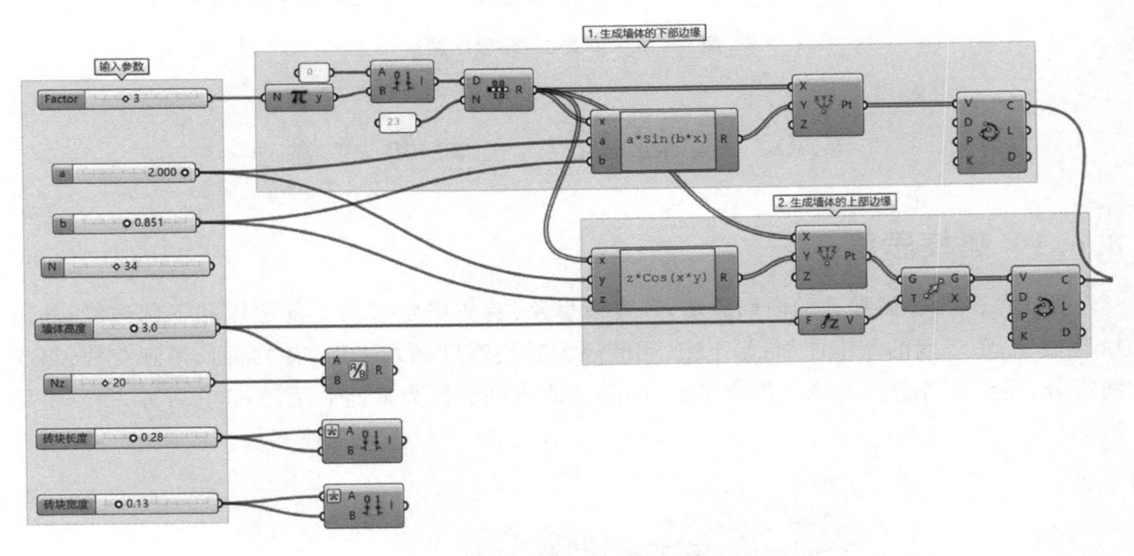

图8-20　步骤1～步骤2算法

3. 放样成面

将墙体上部边缘线和下部边缘线连入Loft运算器，将上下边缘放样成面；

4. 生成等距断面线

调用Contour运算器，沿Z轴方向生成等距断面线。调用Number Slider运算器控制砖块在高度方向的数量Nz，断面线的距离也就是砖块的高度，为H/Nz（这里设H为砖墙高度3，Nz值数量为20，因距离较远采用隐藏连线模式）；

5. 等分等距断面线

调用 Horizontal Frames 运算器(Curve→Division→Horizontal Frames),将等距断面线 N 等分,得到等分点处的水平平面。N 应设置为偶数(这里设 N 为 34,因距离较远采用隐藏连线模式),这样后面间隔选取的平面才会位于错落的位置;

6. 间隔选取水平平面

调用 Cull Pattern 运算器(Sets→Sequence→Cull Pattern),在输入端 L 右击选择 Flatten 按钮,将水平平面的数据结构拍平为列表,调用 Panel 运算器输入 True 和 False 并在运算器上右击选择 Multiline Data 按钮,连入 Cull Pattern 运算器的 P 端,完成水平平面的间隔选取。

7. 生成最终形体

调用 Number Slider 和 Construct Domain 运算器分别控制矩形的长和宽(这里需要在 Construct Domain 运算器的输入端 A 右击选择 Expression 按钮,在对话框内输入－x,从而设置长为－0.28～0.28 的区间,宽为－0.13～0.13 的区间);调用 Rectangle 运算器,将设置好的长和宽分别连入 Rectangle 运算器的 X、Y 输入端(这里因距离较远采用隐藏连线模式),将 Rectangle 运算器的输入端 P 与步骤 6 中 Cull Pattern 运算器的输出端 L 相连,创建矩形;最后调用 Box Rectangle 运算器(Surface→Primitive→Box Rectangle)创建立方体,得到最终形体。

步骤 3～步骤 7 算法如图 8－21 所示。

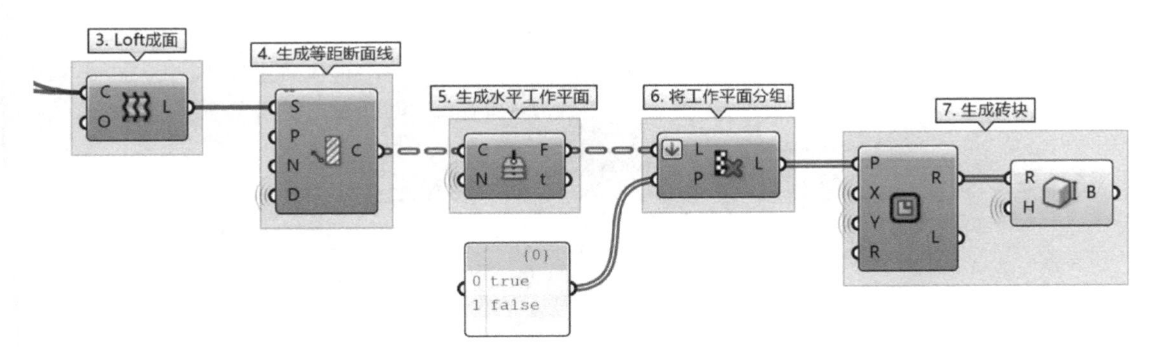

图 8－21　步骤 3～步骤 7 算法

8.7　案例 13——华夫结构

8.7.1　建模思路

图 8－22 为华夫结构的构架,以及平铺在水平面上的拆分构件。其建模思路为给定曲面,设置多个纵横方向的平面,求得各平面和曲面的交线,以交线为中心线,通过拉伸形成高度为 H,宽度为 W 的构件;然后求得交线的交点,以交点为中心创建长宽均为 W,高度为 H 的第一组立方体,再将立方体向上移动 H,形成第二组立方体;将纵横方向的构件分别与两组立方体执行差集运算,得到开槽后的构件;最后创建构件的源平面和平铺的水平面,将构件映射到水平面上,得到平铺的拆分构件。

图 8-22 华夫结构

8.7.2 具体步骤

1. 创建 *YZ* 和 *XZ* 平面

在 Rhino 中绘制曲面并拾取进 Grasshopper，调用 Bounding Box 运算器(Surface→Primitive→Bounding Box)得到包裹该曲面的最小的立方体，调用 Brep Edges 运算器(Surface→Analysis→Brep Edges)抽取长方体的边线，再调用 List Item 运算器得到纵横方向的边线，调用 Divide Curve 运算器分别将两条边线进行 *N*1 等分和 *N*2 等分(这里设 *N*1 为 8，*N*2 为 7)，分别调用 YZ Plane 和 XZ Plane 运算器，以等分点为原点，分别创建 *YZ* 平面和 *XZ* 平面；

步骤 1 算法如图 8-23 所示。

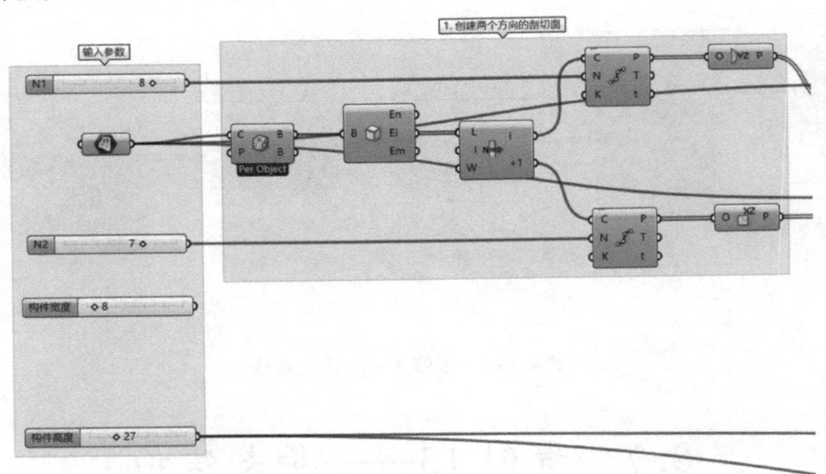

图 8-23 步骤 1 算法

2. 求得平面与曲面的交线

调用 Brep|Plane 运算器(Intersect→Mathematical→Brep|Plane)，得到平面与曲面的交线，因为端点处的平面与曲面可能不会形成交线，这时在 C 输出端会形成空列表，所以需要调用 Clean Tree 运算器(Sets→Tree→Clean Tree)，同时右击输入端 E 并单击选择 Invert 按钮删除空列表。

3. 生成纵向构件

调用 Number Slider 运算器，设置构件的高度 *H* 和宽度 *W*(这里设 *H* 值为 27，*W* 值为

8)，调用 Panel、Division、Unit X 和 Reverse 运算器(Vector→Vector→Reverse)设置移动方向和移动值，与步骤 2 的 Clean Tree 运算器一起连入 Move 运算器，将纵向交线向 $-X$ 方向移动 $W/2$；两次调用 Extrude 运算器(Surface→Freeform→Extrude)以及 Unit Z 和 Unit X，分别将纵向交线向 Z 轴方向拉伸 H 和向 X 轴方向拉伸 W，生成纵向构件；

4. 生成横向构件

与上述操作相类似，将横向交线向 $-Y$ 方向移动 $W/2$，两次调用 Extrude 运算器，分别向 Z 轴方向拉伸 H 和向 Y 轴方向拉伸 W，生成横向构件；

5. 生成第一组立方体

调用 Curve|Curve 运算器(Intersect→Physical→Curve|Curve)，右击输入端 A 单击选择 Flatten 拍平数据，连接步骤 1 由 Brep|Plane 运算器得到的平面曲面交线，得到纵横交线的交点；调用 Center Box 运算器(Surface→Primitive→Center Box)，以交点为中心创建立方体，X、Y 端输入 $W/2$，Z 输入 $H/2$，生成第一组立方体；

6. 生成第二组立方体

调用 Move 运算器和 Unit Z 运算器，将第一组立方体向 Z 轴方向移动 H，生成第二组立方体；步骤 2～步骤 6 算法如图 8－24 所示。

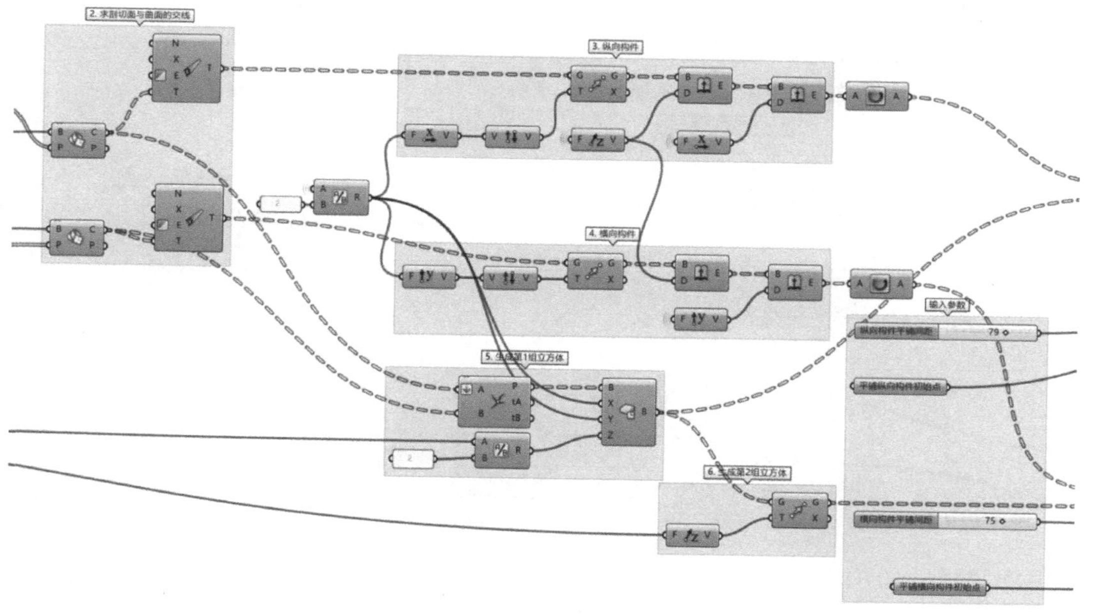

图 8－24　步骤 2～步骤 6 算法

7. 调节纵向构件

调用 Solid Difference 运算器(Intersect→Shape→Solid Difference)，在其输入端 B 和输出端 R 右击选择 Flatten 拍平数据，用纵向构件减去第一组立方体，得到开槽的纵向构件；为方便 $N1$、$N2$、H、W 参数调节，调用 Data Dam 运算器(Params→Util→Data Dam)，对输入 Solid Difference 运算器 A 端的纵向构件数据进行控制；该运算器的作用是像水坝一样对数据进行控制，当输入数据发生改变时，运算器图标呈现为三角箭头，此时需单击该箭头才能把输入数据传至输出数据；

8. 生成纵向构件的源平面

调用 Area 运算器，得到纵向构件的中心点，以此为原点，调用 YZ Plane 运算器创建 *YZ* 平面，作为纵向构件的源平面；

9. 生成水平面

在 Rhino 中绘制一个点拾取进 Grasshopper 作为基点，调用 List Length 运算器连接步骤 7 中的 Solid Difference 运算器，求得纵向构件的数量，调用 Number Slider 运算器设置构件平铺间距为 79，调用 Deconstruct Point 和 Series 运算器控制 *Y* 轴的坐标，调用 Construct Point 运算器生成数量与纵向构件数量相匹配的一系列点，再调用 XY Plane 运算器，生成平铺的水平面；

10. 平铺纵向构件

调用 Orient 运算器(Transform→Euclidean→Orient)，以步骤 8 的生成的平面为源平面，步骤 9 生成的平面为目标平面，将纵向构件平铺到水平面上；

11. 平铺横向构件

类似地，重复步骤 7～步骤 9，将横向构件减去第二组立方体，以横向构件的中心点为原点创建 *XZ* 平面，再拾取 Rhino 中的另一点作为基点创建水平面，最后调用 Orient 运算器将横向构件平铺到水平面上，完成建模。

步骤 7～步骤 11 算法如图 8-25 所示。

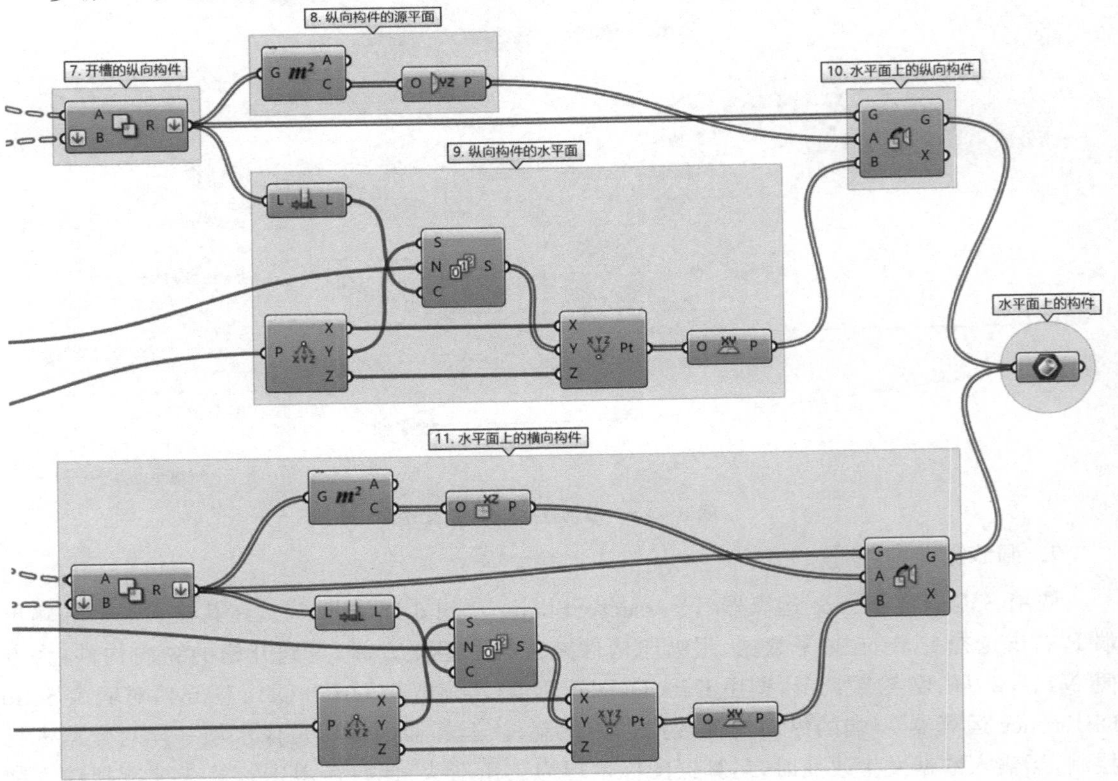

图 8-25　步骤 7～步骤 11 算法

习　题

1. 除移动、缩放等常用运算器外，Grasshopper 中还有一个堪称万能的变换运算器是什么？

2. Grasshopper 中可以进行参数调节、控制数据通过的运算器是什么？

3. 在调用 Loft 运算器对多段线进行成面操作时，为保证得到封闭的形体需要注意些什么？

4. 运用相关运算器将下面左下角的图案放大后映射到网格中生成右图图案。

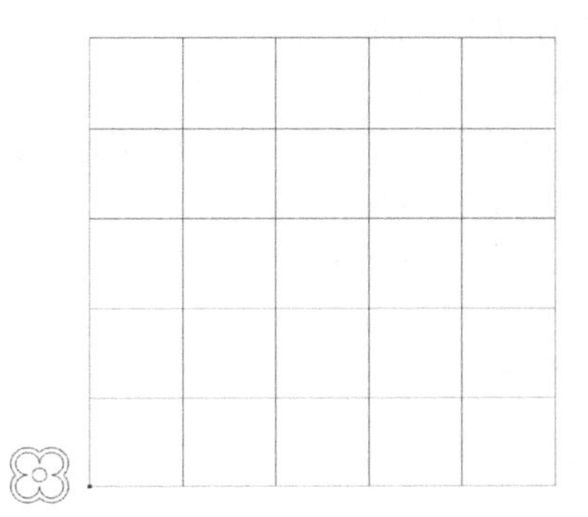

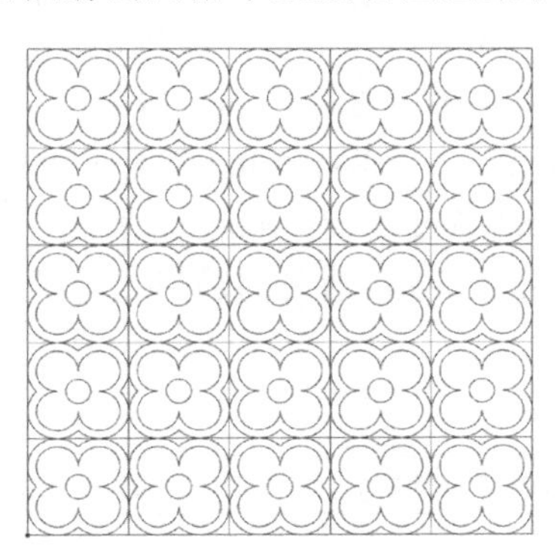

第9章 随 机

9.1 与随机有关的运算器

完全的随机带给人的感觉是混沌，而过于强调秩序又会使人感到乏味。在参数化设计中，往往会在规律性的前提下引入随机性，从而造成有机自然的感觉。

具体的做法通常是生成随机数来引入随机性。在 Grasshopper 中可以调用 Random 运算器（Sets→Sequence→Random）来生成随机数。当然这个随机数并不真的是计算机凭空产生的随机数，而是通过复杂的函数运算而产生的伪随机数。因此，当输入端的 S 值一样时，每次调用 Random 运算器，输出的随机数也是一样的，如图 9-1 所示。

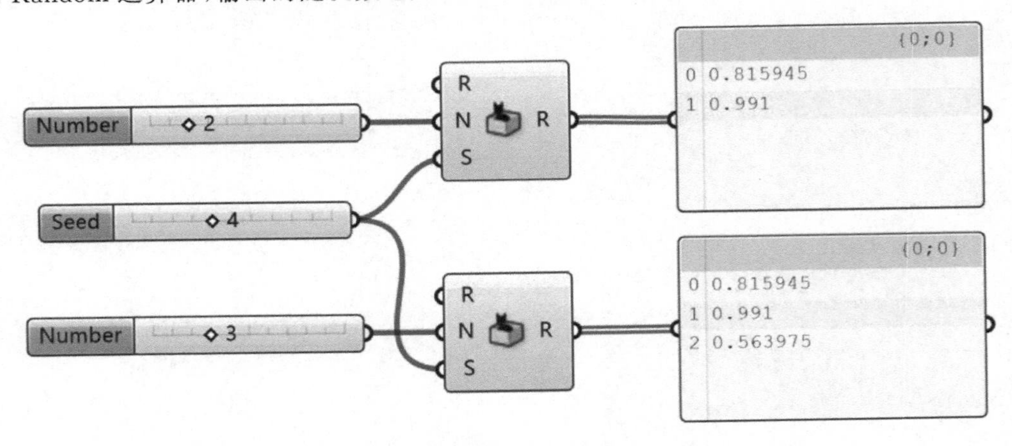

图 9-1 Random 运算器

Random 运算器默认输出的是浮点数，如果要输出整数，我们可以用鼠标右击运算器图标，勾选 Integer Numbers，这时输出的就是随机整数。这里的随机整数是可以重复的，要察看某一随机数重复出现的次数，可以调用 Member Index 运算器（Sets→Sets→Member Index），*S* 端输入随机数，M 端输入要察看的数，其输出端 N 表示的是 *M* 端数据在 *S* 端数据中出现的次数。

如图 9-2 所示，设置随机数的区间为 0～10，随机数数量设为 10 000，右击运算器图标，勾选 Integer Numbers，再调用 Member Index 运算器，*M* 端输入 0～10 的等差数列，并调用 integer 运算器将其取为整数，以保证数据类型统一。通过 Panel 运算器察看 0～10 各个整数出现的数量，可以发现 1～9 出现的次数基本相当，约为 1 000，而 0 和 10 出现的次数则为 500 左右。

如果要 0～10 这 11 个整数出现的次数差不多的话，我们可以将随机数的区间范围设为 0～11，再调用 Round 运算器（Maths→Util→Round）取随机数的地板值，这时这 11 个整数出现的次数相差不大，约为 9 090，如图 9-3 所示。

除了 Random 运算器外，Grasshopper 中与随机有关的运算器还有以下一些，其位置和功能如表 9-1 所列。

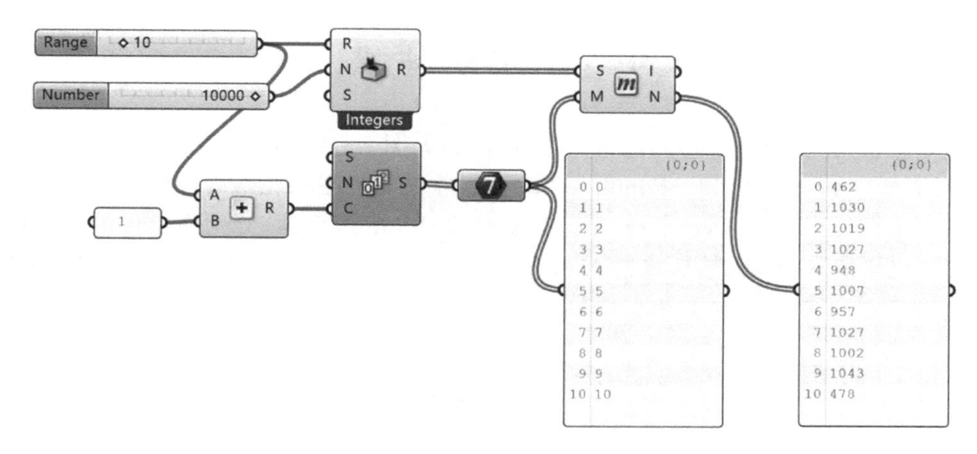

图 9－2　随机整数

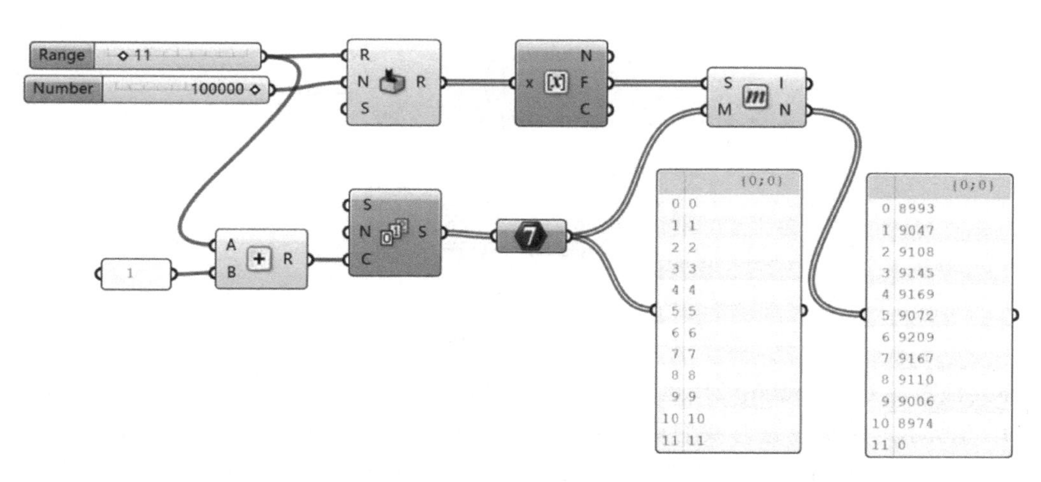

图 9－3　相同概率的随机整数

表 9－1　其他与随机有关的运算器

运算器	位　置	功　能
L R S L	Sets→Sequence→Random Reduce	根据 *R* 输入参数指定的删除数量随机进行删除
R N S P P	Vector→Grid→Populate 2D	在矩形范围内随机生成指定数量的点
R N S P P	Vector→Grid→Populate 3D	在立方体范围内随机生成指定数量的点
G N S P P	Vector→Grid→Populate Geometry	在任意物体表面生成指定数量随机点

9.2 随机点集

要创建随机的二维矩形点阵，通常有两种方法，如图 9－4 所示：方法一是直接调用 Populate 2D 运算器（Vector→Grid→Populate 2D）在某个选定的平面范围内生成点阵；方法二是调用 Deconstruct Rectangle、Deconstruct 运算器和 Random 运算器，分别在矩形的 X 轴区间和 Y 轴区间随机生成 N 个数，然后将这 N 个数分别加上矩形中心点的 X 值和 Y 值，再把这 N 个值分别赋予点的 X 坐标和 Y 坐标，形成数量为 N 的随机点集。

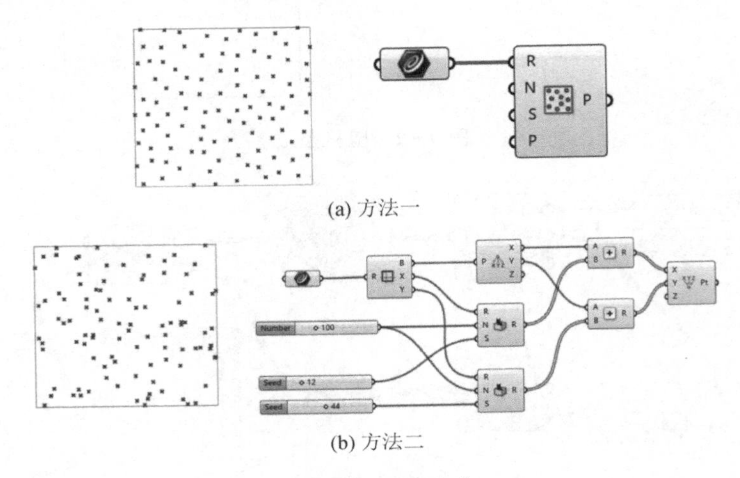

(a) 方法一

(b) 方法二

图 9－4　随机点集

需要注意的是，Populate 2D 运算器只能生成矩形范围内的点集，如果是圆形区域，则会出现图 9－5 所示的情况。这时我们可以引入 Point In Curve 运算器（Curve→Analysis→Point in Curve），再结合 Dispatch 运算器（Sets→List→Dispatch）进行分组，便可得到圆形范围内的点（图 9－5）。

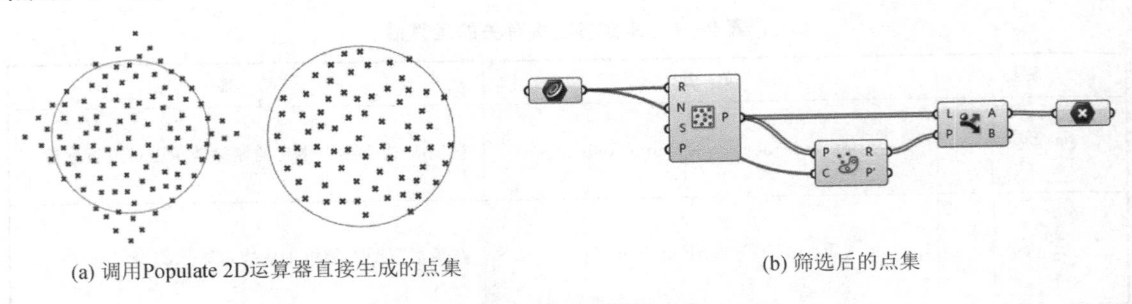

(a) 调用Populate 2D运算器直接生成的点集

(b) 筛选后的点集

图 9－5　圆形区域的点集

在随机分布的基础上，我们还可以尝试施加一些秩序。比如对随机数进行 $f(x)=x^{0.2}$ 的幂函数变化，并调用 Remap Numbers 运算器（Maths→Domain→Remap Numbers）进行映射，再赋予 Y 坐标，从而可以得到上密下疏的分布效果（图 9－6）。

如图 9－7 所示的例子则是将 40 个随机点，调用 Partition List 运算器（Sets→List→Partition List）和 List Item 运算器，将 40 个随机点分为 20 组长度为 2 的列表，调用 Rectangle 2Pt

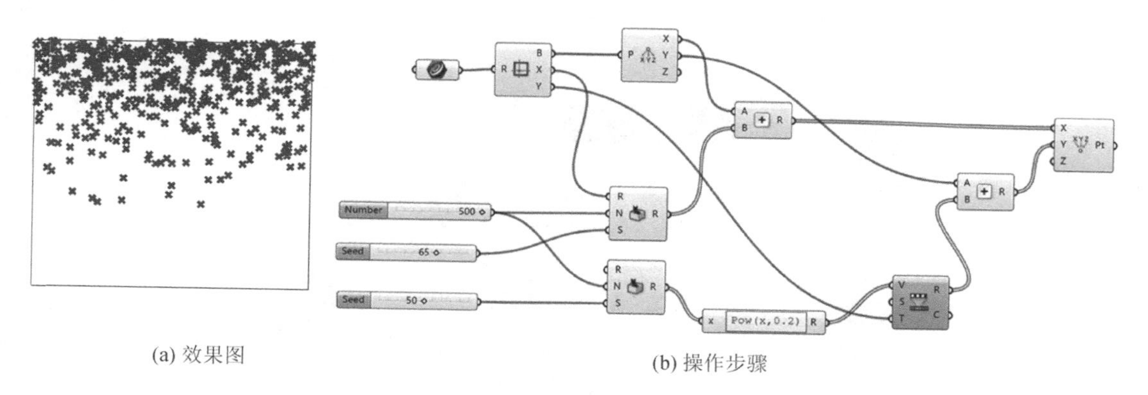

(a) 效果图 (b) 操作步骤

图 9-6 上密下疏的点集

运算器(Curve→Primitive→Rectangle 2Pt)以每组列表中的两点作为角点生成共 20 个矩形，调用 Surface 运算器收集这些矩形。调用 Area 运算器计算每个矩形的面积，调用 Construct Domain、Remap Numbers 和 Gradient 运算器(Params→Input→Gradient)把面积映射为不同明度的颜色，再调用 Custom Preview(Display→Preview→Custom Preview)赋予面进行显示，算法如图 9-8 所示。

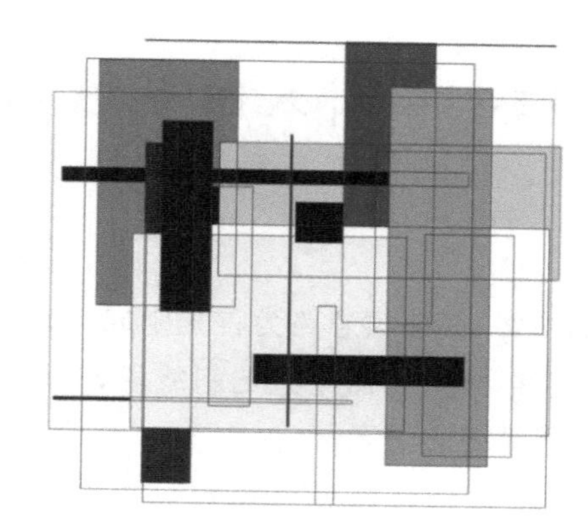

图 9-7 随机矩形

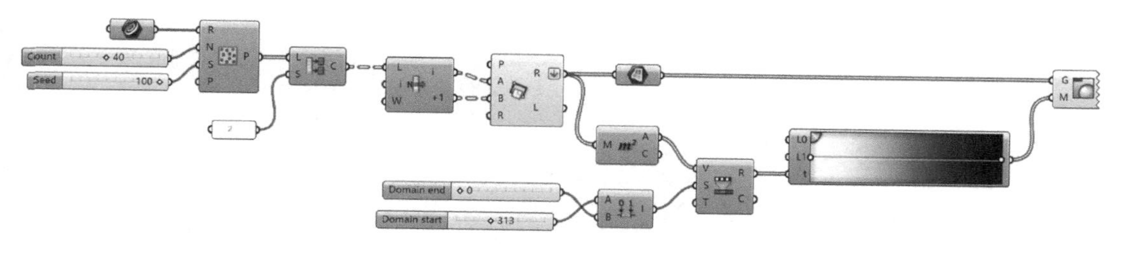

图 9-8 随机矩形算法

上述算法中调用的 Gradient 运算器，其作用是提供渐变色。该运算器的 $L0$ 输入参数为渐变区域的下限，默认为 0，$L1$ 输入参数为渐变区域的上限，默认为 1，t 为参数，输出结果为参数 t 所对应的颜色值。鼠标右击该运算器，在 Presets 中有不同的渐变预设，如图 9-9 所示，用户可根据需要进行选择。

上面列举的都是从随机出发再施加秩序的例子，实际操作中也可以先设定秩序再引入随机性。

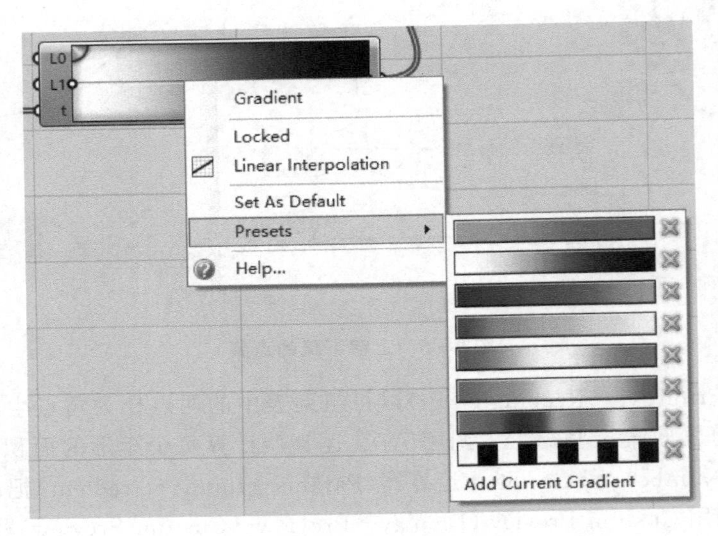

图 9－9　Gradient 运算器

9.3　案例 14——引入随机性的图案设计

9.3.1　建模思路一

要生成如图 9－10 所示的图案，其建模思路为首先生成正方形格网，接着求出每个正方形单元边线的中点，将相邻中点连线，形成两组平行的斜线段，然后这两组线段围绕单元中心随机旋转 0°、90°、180°或 270°，形成最终的图案。

图 9－10　引入随机性的平面图案 1

9.3.2 具体步骤一

1. 生成网格线中点

调用 Square 运算器，生成正方形格网；调用 Explode 运算器炸开单元，得到 4 条边线；调用 Point On Curve 得到每条边线的中点。

2. 生成斜线段

调用 List Item 运算器，放大运算器添加 3 个输出端参数，分别得到序号为 0～3 的 4 组点，调用 Line 运算器将 0 和 1 号点连线，2 和 3 号点连线，形成两组平行的斜线段，再调用 Merge 运算器将这两组线段合并。

3. 求单元中心点

调用 Polygon Center 运算器（Curve→Analysis→Polygon Center），求得每个单元的中心点。

4. 设置旋转角度

调用 Number Slider 运算器设置为 30，调用 List Length 运算器，在输入端右击 Flatten 拍平数据，调用 Random 运算器，设区间为 0～4，数量与单元数量一致；调用 Round 运算器得到随机数的地板值，再将其乘以 π/2，得到随机旋转斜线的角度。

5. 随机旋转

调用 Rotate 运算器，在输入端 A 和 P 右击选择 Graft 将数据成组，将合并后的斜线段绕单元中心点旋转随机的角度，得到最终图案。

将运算器成组并加以注释说明后，最终算法如图 9－11 所示。

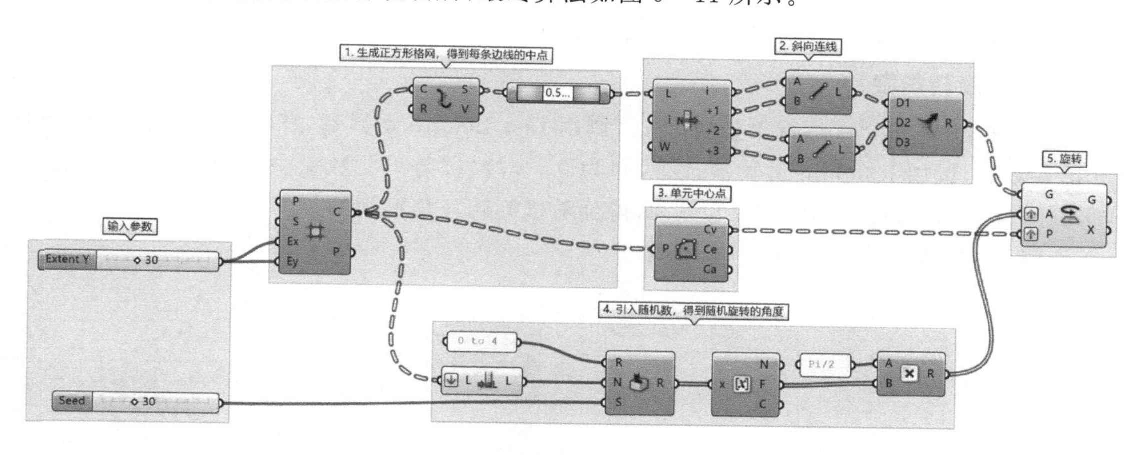

图 9－11 引入随机性的平面图案 1 算法

9.3.3 建模思路二

同样的建模逻辑，如果将上述案例中的斜线段改为弧线，则会形成如图 9－12 所示的图案。除此之外，还可以在正方形格网中生成三角面，随机旋转这些面，并随机赋以黑白灰的颜色，就可以形成如图 9－13 所示的几何图案。生成图 9－13 的具体步骤如 9.3.4 节所示。

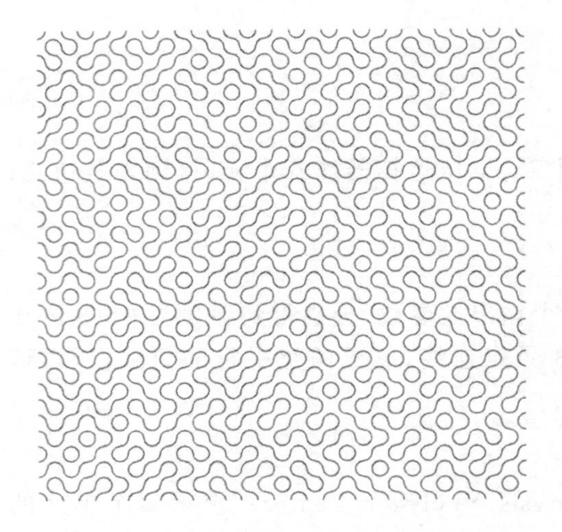

图 9－12　引入随机性的平面图案 2

图 9－13　引入随机性的平面图案 3

9.3.4　具体步骤二

1. 构建三角形面

调用 Square 运算器，生成正方形格网；调用 Explode 运算器炸开单元，得到顶点，调用 List Item 运算器，放大运算器单击输出端下方的"＋"号增添参数，分别得到序号为 0～2 的 3 组点，再调用 4Point Surface 构建三角形面。

2. 求单元中心点

调用 Polygon Center，求得每个单元的中心点。

3. 设置旋转角度

调用 Number Slider 运算器设置为 79，调用 List Length 运算器，在输入端右击选择 Flatten 拍平数据，调用 Random 运算器，设区间为 0～4，数量与单元数量一致；调用 Round 运算器得到随机数的地板值，再将其乘以 π/2，得到随机旋转三角形面的角度。

步骤 1～步骤 4 算法如图 9－14 所示。

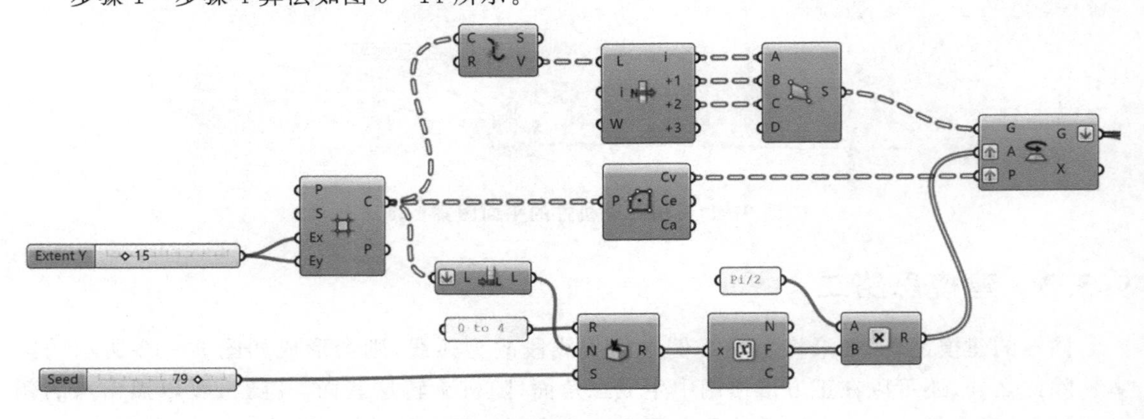

图 9－14　步骤 1～步骤 4 算法

4. 随机旋转

调用 Rotate 运算器，在输入端 A 和 P 右击选择 Graft 将数据成组，将三角形面绕单元中心点旋转随机的角度，在输出端 G 右击选择 Flatten 拍平数据。

5. 提取边线赋色

调用 Brep Wireframe 运算器(Surface→Analysis→Brep Wireframe)，提取步骤 4 中旋转后的三角面的边线，并调用 Colour Swatch 运算器(Params→Input→Colour Swatch)和 Custom Preview 运算器赋予边线黑色；

6. 三角形面赋色

调用 Number Slider、List Length 和 Random 运算器，设置区间为 0～3，数量与三角面数量一致；调用 Round 运算器得到随机数的地板值，再将其乘以 0.5，调用 Gradient 运算器和 Custom Preview 运算器将这些随机值映射为黑白灰的色彩，并赋予三角形面，得到最终的随机几何图案。

步骤 5～步骤 6 算法如图 9 - 15 所示。

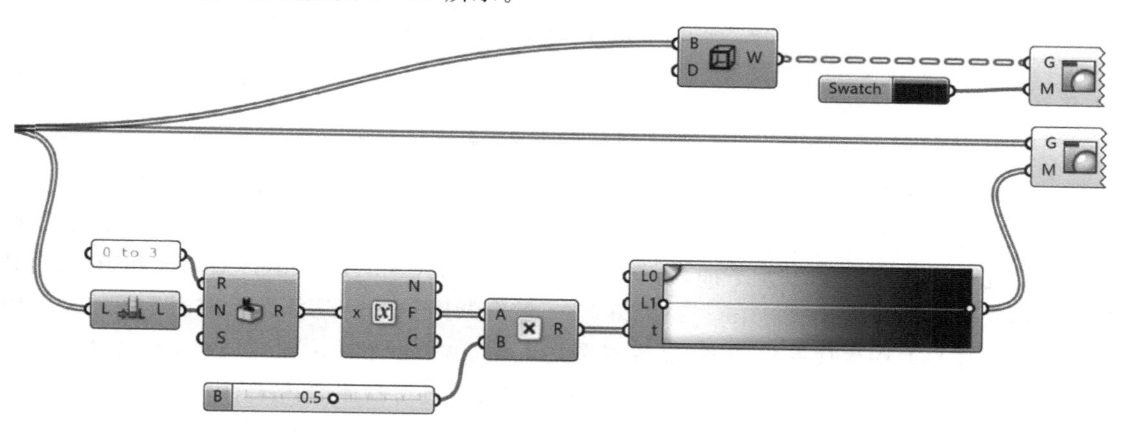

图 9 - 15　步骤 5～步骤 6 算法

除了平面图案，如果单元为立体的，引入随机还能生成具有浮雕效果的立体图案，如图 9 - 16 所示。

图 9 - 16　引入随机性的具有浮雕效果的立体图案

建模过程首先需要建构原始的立体单元，立体单元的建模思路为调用 Construct Domain 运算器生成－0.5～0.5 的区间，调用 Rectangle 运算器绘制正方形，调用 Explode 运算器炸开单元，得到边线和顶点；调用 List Item 和 Curve Middle 运算器得到正方形上边线的中点，调用 Unit Z 和 Move 运算器将其向上移动 0.3；调用 List Item 运算器，放大运算器在输出端点“＋”号增添参数，得到正方形的 4 个角点；调用 Line 运算器将上移后的边线中点分别与第三、第四个角点相连生成两个线段;调用 Arc SED 运算器(Curve→Primitive→Arc SED)和 Unit X 运算器,以 X 轴为方向生成上移中点与第一个角点、第一个角点和第三个角点之间弧线;调用 Edge Surface 运算器(Surface→Freeform→Edge Surface)根据需要将相应的线连接成面,调用 Brep Join 运算器(Surface→Util→Brep Join)将 4 个面连接为整体,生成完整的立体单元。具体的算法如图 9－17 所示。

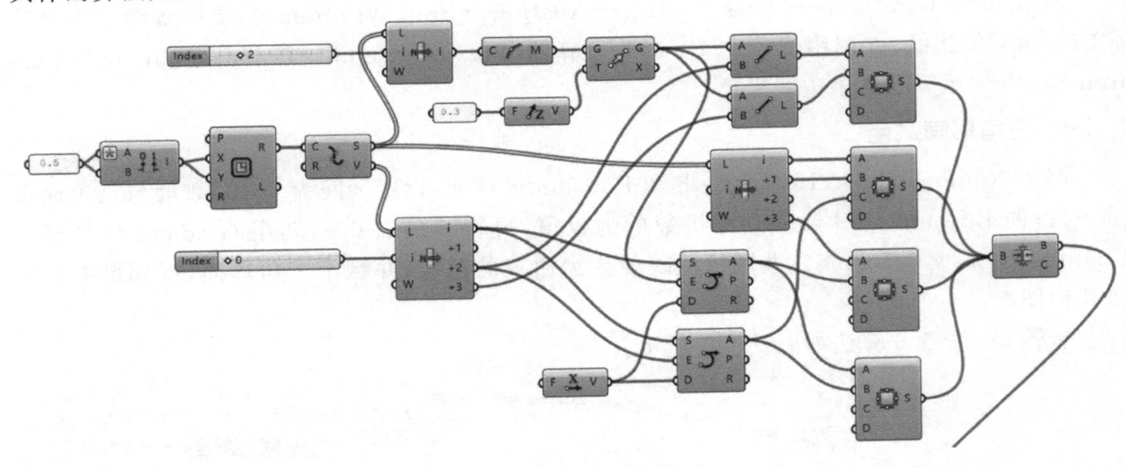

图 9－17　立体单元算法

之后在立体单元的基础上引入随机性就可以形成整个具有浮雕效果的随机图案,这部分的建模思路是首先调用 Square 运算器生成格网,然后调用 Area 运算器和 XY Plane 运算器提取格网单元的中心点构建工作平面,再调用 Construct Domain、Random、Round 和 Rotate 等运算器将工作平面随机旋转 0°、90°、180°和 270°,然后调用 Orient 运算器将前面生成的立体单元定位到工作平面中生成完整图案,最后调用 Colour Swatch 和 Custom Preview 运算器对图案进行赋色,完成建模,得到最终具有浮雕效果的随机图案。具体的算法如图 9－18 所示。

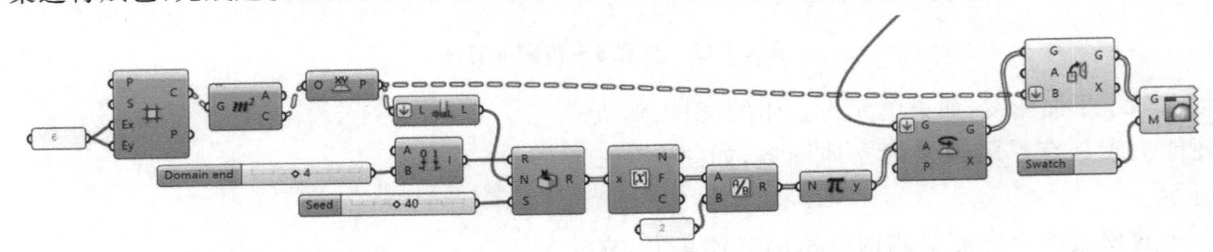

图 9－18　引入随机性的具有浮雕效果的立体图案算法

9.4　案例 15——立面随机出挑

9.4.1　建模思路

如图 9－19 所示的建筑立面,奇数层和偶数层错位出挑,随着层数的增加,出挑的单元越多,出挑的深度也越大,但出挑的具体单元则带有一定的随机性。

图 9-19 立面随机出挑

9.4.2 具体步骤

1. 生成立面

调用 Number Slider、XZ Plane 和 Square 运算器，设置层数为 14，开间为 10，层高为 4 m，生成立面基本划分。

2. 提取奇偶数层格点

调用 Dispatch 运算器，提取奇数层和偶数层的格点，分别调用 Point 运算器进行收集，并调用 Flip Matrix 运算器对奇数层的格点进行数据翻转。

3. 去除顶层格点

建筑总高设为 14 层，为偶数，所以需要先调用 Panel 和 Split Tree 运算器（Sets→Tree→Split Tree）去除奇数层的顶层格点，调用 Split Tree 运算器时可在其输入端 D 右击 Simplify 进行数据简化。

步骤 1～步骤 3 算法如图 9-20 所示。

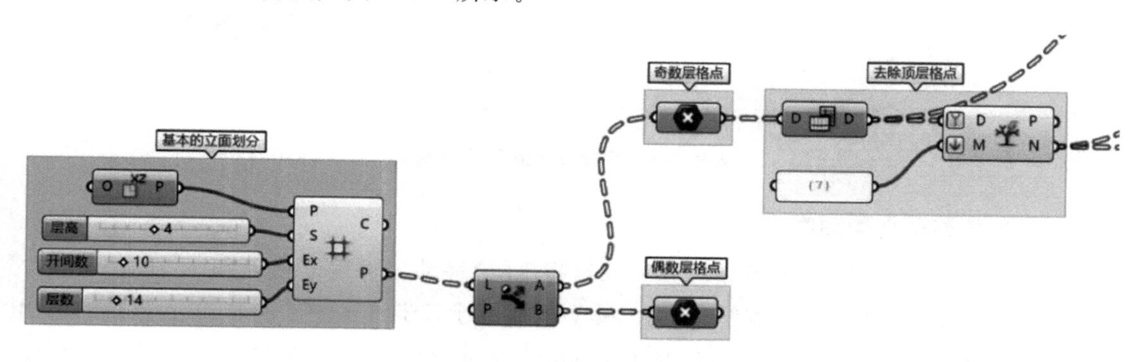

图 9-20 步骤 1～步骤 3 算法

4. 映射格点出挑深度

调用 Dispatch 运算器，其输入端 L 连接步骤 3 中 Split Tree 运算器的输出端 N，然后调用 Cull Index 运算器，其输入端 L 连接 Dispatch 运算器的输出端 A，提取出奇数层的中间间隔出挑格点共 28 个，调用 Point 运算器收集这些格点，调用 Deconstruct 运算器获得各格点的 Z 坐标值，调用 Bounds 运算器(Maths→Domain→Bounds)并在其输入端 N 右击 Flatten 拍平数据，建构从最小到最大格点高度之间的区间；调用 Number Slider 和 Construct Domain 运算器建构 0～3 的区间；调用 Remap Numbers、Unit Y(输出端右击 Expression 输入－x)和 Cull Pattern 运算器(Sets→Sequence→Cull Pattern)，将格点的出挑深度依据高度映射为往－Y 方向挑出 0～3。

5. 选择格点进行出挑

调用 Explode Tree 运算器(Sets→Tree→Explode Tree)连接步骤 4 中的 Point 运算器，调用 List Length 运算器获得生成随机数的数量，以最小到最大格点高度之间的区间为随机数的范围，以 Number Slider 设置 *S* 值(这里设为 21)，调用 Random 运算器引入随机数；调用 Larger Than 运算器(Maths→Operators→Larger Than)将随机数与出挑格点的 *Z* 值进行比较，选出 *Z* 值较大的 13 个格点；将所有 28 个出挑格点连入 Relay 运算器(Params→Util→Relay)，调用 Dispatch 运算器，将 *Z* 值较大的 13 个格点连入 Move 运算器，完成－Y 方向 0～3 m 之间的出挑，得到出挑后的格点。

步骤 4～步骤 5 算法如图 9-21 所示。

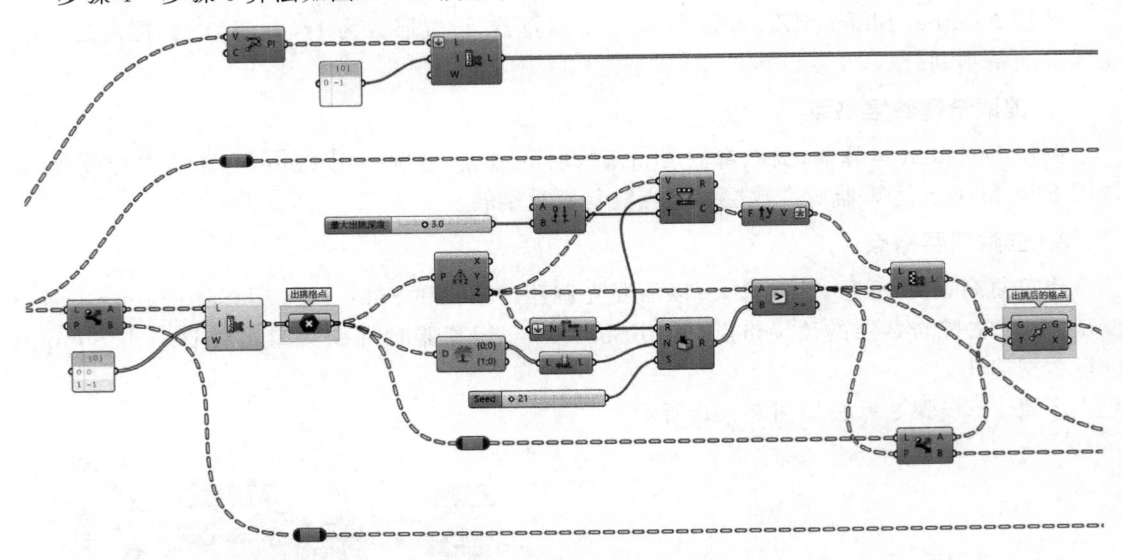

图 9-21　步骤 4～步骤 5 算法

6. 还原奇数层格点顺序

调用 Weave 运算器(Sets→List→Weave)，将 13 个移动出挑后的格点和 15 个 *Z* 值较小未经移动的出挑格点进行数据编织；调用 Relay 运算器连接步骤 4 中 Dispatch 运算器的输出端 B，调用 Point 运算器并在输入端右击选择 Simplify 进行数据简化，之后再次调用 Weave 运算器，将一次数据编织后的格点再与奇数层中间的 35 个非出挑格点进行数据编织；同时调用 Relay 运算器连接步骤 3 中 Split Tree 运算器的输出端 N，然后调用 List Item 运算器筛选出奇数层的 14 个边点，然后调用 Insert Items 运算器(Sets→List→Insert Items)还原奇数层格点顺序。

7. 生成奇数层楼板平面

调用 Polyline 运算器连接步骤 2 中 Flip Matrix 运算器的输出端，将数据翻转后的奇数层格点进行连线，调用 Cull Index 运算器，在其输入端 L 右击选择 Flatten 拍平数据，去除顶层连线；调用 Number Slider、Unit Y 和 Move 运算器将其余连线向 Y 方向移动 10；调用 Polyline 运算器，其输入端 V 连接步骤 6 中 Insert Items 运算器的输出端，同时在 Polyline 运算器的输出端右击选择 Flatten 拍平数据，将还原顺序后的奇数层格点进行连线生成正立面的楼板轮廓线，然后连入 Edge Surface 运算器的输入端 B，同时将 Edge Surface 运算器的输入端 A 与前面 Move 运算器的输出端 G 相连，由楼板轮廓线与移动后的奇数层格点连线共同生成奇数层楼板平面。

8. 生成奇数层体块

调用 Number Slide、Unit Z 和 Extrude 运算器，将奇数层楼板平面 Z 方向拉伸 4，生成奇数层的建筑体块。

步骤 6～步骤 8 算法如图 9－22 所示。

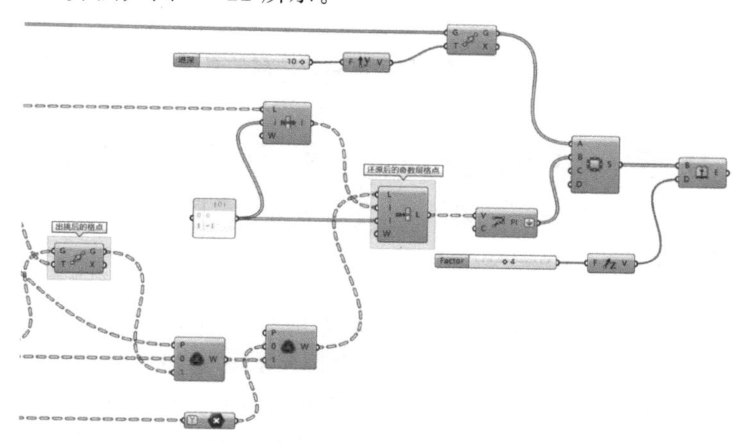

图 9－22　步骤 6～步骤 8 算法

9. 生成偶数层体块

针对偶数层的格点，重复步骤 4～步骤 8。图 9－23 为偶数层出挑格点的算法，图 9－24 为偶数层建筑体块生成的算法。

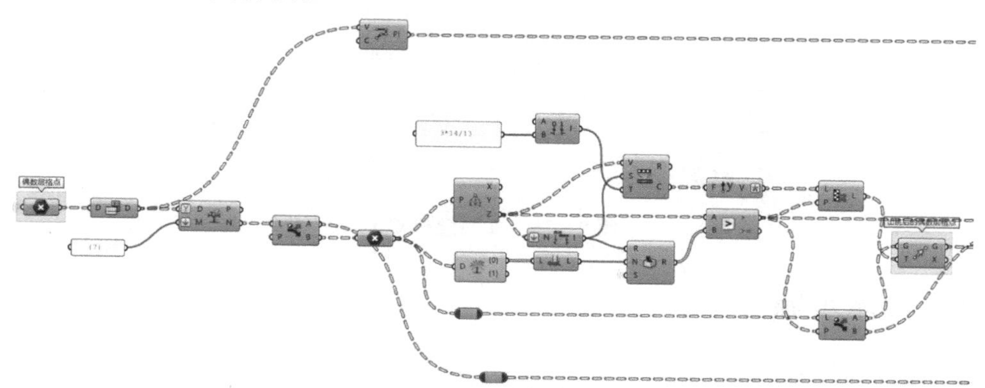

图 9－23　偶数层出挑格点的算法

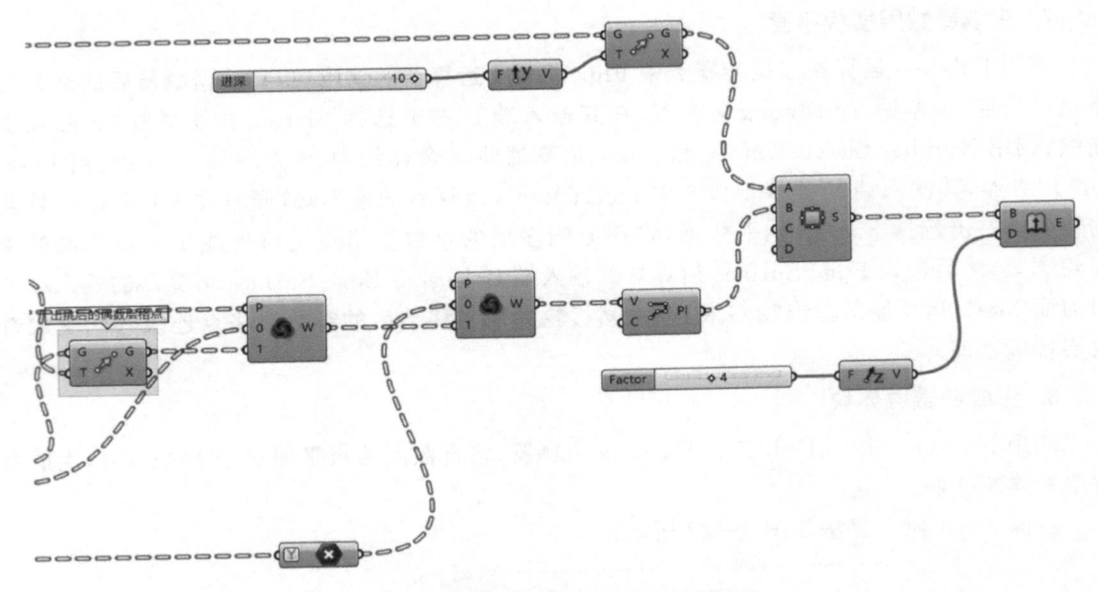

图 9-24　偶数层建筑体块生成的算法

9.5　案例16——立面随机划分

9.5.1　建模思路

如图 9-25 所示的建筑立面，在 X 方向和 Y 方向随机划分 Nx 列和 Ny 行面板，而且面板的颜色随机分为深、浅两种颜色。其建模思路为首先确定立面轮廓，得到立面的宽 W 和高 H；生成 Ny 个随机数，算出其对应的立面高度，再生成 Nx 个随机数，算出其对应的立面宽度，移动立面的左下角点，得到每块面板的工作平面，创建矩形得到面板；最后再随机选取面板，将选中的面板显示为深灰，将剩余的面板显示为浅灰。

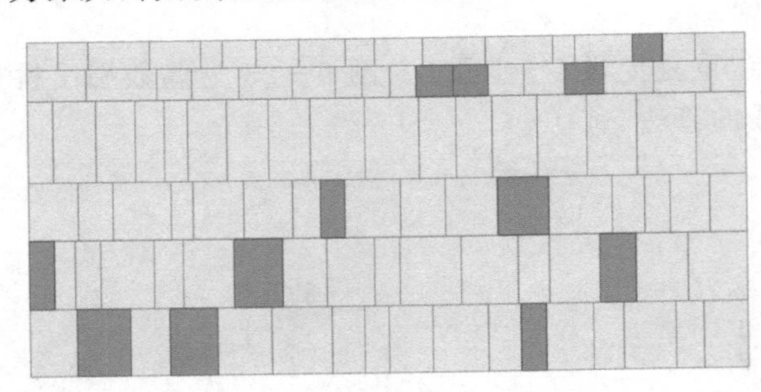

图 9-25　立面随机划分

9.5.2　具体步骤

1. 创建立面轮廓

调用 Rectangle 运算器，创建立面轮廓，调用两个 Slider 运算器分别设置其宽 W 和高 H

（这里设宽为50，高为24）；

2. 设置立面面板层数 *Ny*

调用Number Slider、Construct Domain和Random运算器，以44为种子数，以1～3为取值区间，生成 Ny 个随机数（这里设 Ny 值为6）；

3. 求得每层面板的左上角点

调用Mass Addition运算器（Maths→Operator→Mass Addition）求得随机数的总和 Sy，调用Expression运算器，调整输入端数量及名称，输入函数表达式 $x/S*H$，将立面高度 H 与随机数的总和 Sy 相对应，求得每个随机数 Ry 对应的立面高度 $Ry/S*H$，再次调用Mass Addition运算器将每层立面高度累加，将输出端Pr的数值赋予Construct Point运算器的输入端Y，得到每一层面板的左上角点；

4. 设置立面面板列数 *Ny*

调用Number Slider、Construct Domain和Random运算器，以Series定义S值，以1～3为取值区间，生成 Nx 个随机数（这里设 Nx 值为17）；

5. 求得每列面板的右上角点

调用Mass Addition运算器，求得随机数的总和 Sx，调用Expression运算器，调整输入端数量及名称，输入函数表达式 $x/S*W$，将立面宽度 W 与随机数的总和 Sx 相对应，每个随机数 Rx 对应的立面宽度为 $Rx/S*W$，再次调用Mass Addition运算器将每层立面宽度累加，调用Unit X和Move运算器（在输入端G右击选择Graft将数据成组），将每层面板的左上角点向 X 方向移动每层累加宽度，得到每列面板的右上角点；

步骤1～步骤5算法如图9-26所示。

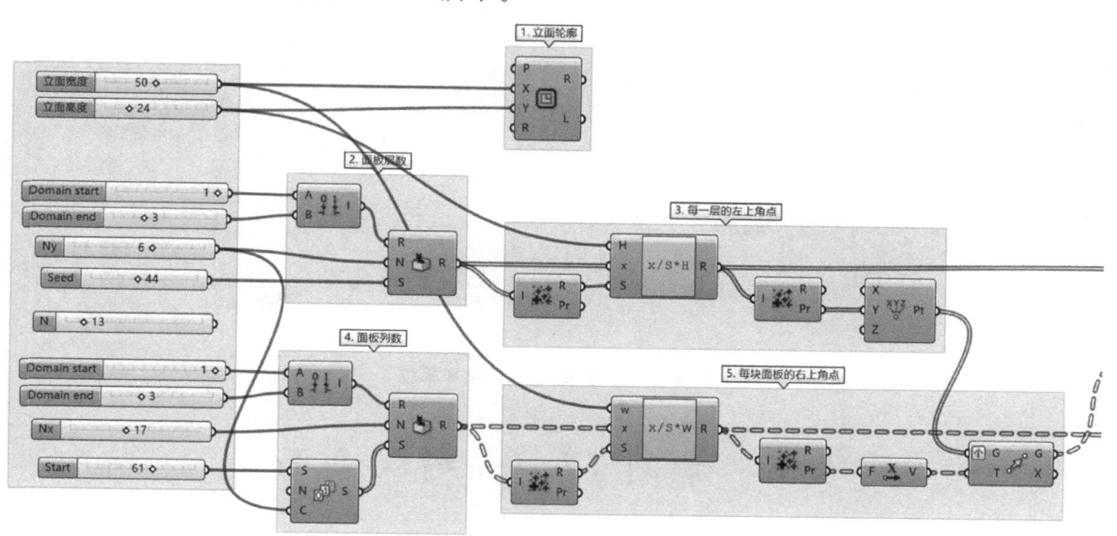

图9-26 步骤1～步骤5算法

6. 生成矩形和面板

调用XY Plane运算器，以求得的每列面板的右上角点创建工作平面，调用Rectangle运算器，以生成的工作平面为基面，以随机数对应的立面高度和宽度经Negative运算后接入

Rectangle 运算器的 Y 和 X 输出端(Y 输出端右击选择 Graft 将数据成组),建构各层的多个四边形,再调用 Boundary Surface 运算器形成面板,并在输出端右击选择 Flatten 拍平数据。这里由于创建矩形是以右上角点为基准的,所以 X 的区间为相应的 $-Rx/S*W\sim0$,Y 的区间为 $-Ry/S*H\sim0$;

7. 部分面板赋色

调用 List Length 运算器求得面板数量 L,调用 Expression 运算器输入函数表达式 X−1,调用 Random 运算器,右击运算器勾选 Integer Numbers 选项,生成 N 个随机整数(这里设 N 为 13,与 Number Slider 运算器距离较远,采用隐藏连线模式),取值区间为 $0\sim L-1$;由于生成的随机整数可能会重复出现,调用 Create Set 运算器(Sets→Sets→Create Set)将相同的整数合并;调用 List Item 运算器选取序号为随机数的面板,再调用 Colour Swatch 和 Custom Preview 将其显示为深灰色;

8. 其他面板赋色

调用 Series 运算器生成所有面板的序号并连入 Integer 运算器,再调用 Set Difference 运算器(Sets→Sets→Set Difference)求出不是上述随机数的序号(这里 Series 运算器生成的数据为浮点数,为保证数据类型一致,需将其转换为整数,再求差集);调用 List Item 运算器选取剩余的面板,最后调用 Colour Swatch 和 Custom Preview 将其显示为浅灰色,生成完整立面图案。

步骤 6～步骤 8 算法如图 9-27 所示。

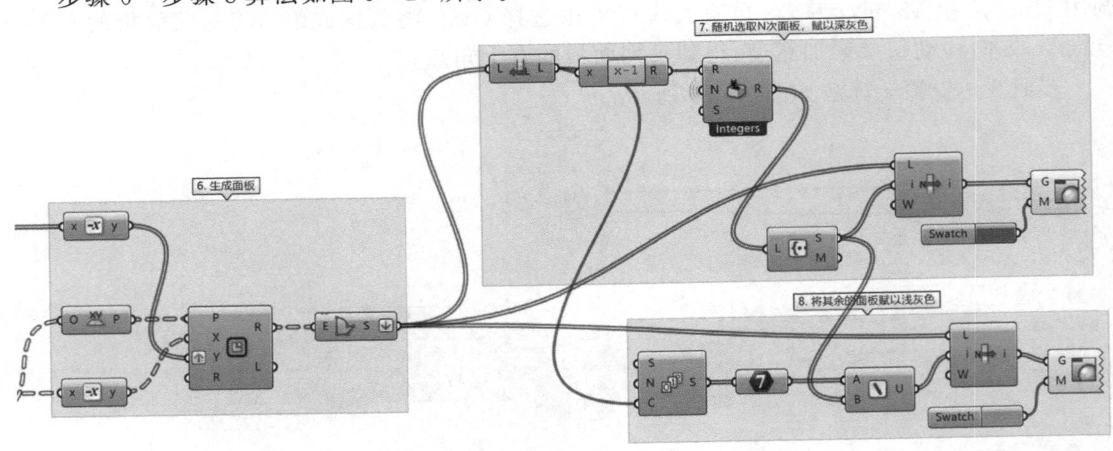

图 9-27 步骤 6～步骤 8 算法

9.6 案例 17——树状立面

9.6.1 建模思路

如图 9-28 所示的树状立面,其建模思路为首先确定立面轮廓,得到立面的宽 W 和高 H;将立面分为 N 层,每层高度随机;将地坪线向上移动到每层位置,从而得到 $N+1$ 条线段;在这 $N+1$ 条线段上生成随机点,点的数量每层不一样,层数越高点数越多;从下层点中寻找离上层中各点的最近点，再将上层点与下层的最近点连线，拉伸成面后形成树状立面。

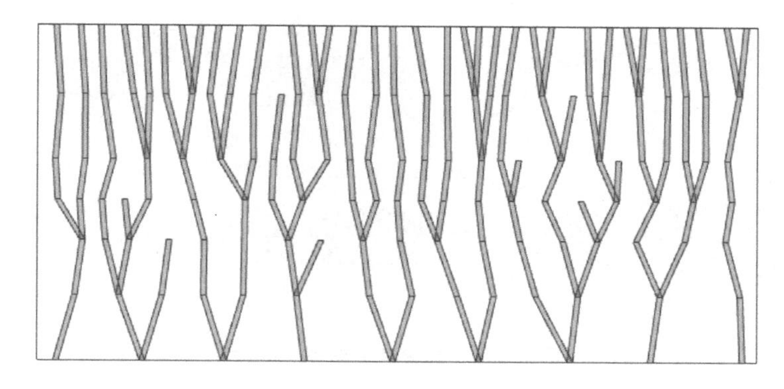

图 9-28 树状立面

9.6.2 具体步骤

1. 创建立面轮廓

调用 Rectangle 运算器创建立面轮廓，其宽 W 和高 H 调用两个 Slider 运算器分别调节（这里设宽 W 为 50，高 H 为 24）；

2. 生成地坪线

调用 Explode 运算器炸开矩形，调用 List Item 运算器取得地坪线，调用 Polygon Center 运算器获得地坪线中点，调用 Scale 运算器（Transform→Affine→Scale）将地坪线向内收进，得到地坪线线段；

3. 生成立面各层线段

调用 Number Slider、Construct Domain 和 Random 运算器生成 N 个随机数（这里 N 设为 6，其取值区间设为 1～3）；调用 Mass Addition 运算器（Math→Operators→Mass Addition）求得随机数的总和，调用 Expression 运算器并调节输入端数量和名称，输入函数表达式 $x/S*H$，将立面高度 H 与随机数的总和 S 相对应，每个随机数 R 对应的立面高度为 $R/S*H$；再次调用 Mass Addition 运算器将每层立面高度累加，调用 Unit Y 和 Move 运算器，将立面地坪线向上移动每层累加高度，得到每层线段；

4. 合并线段

调用 Merge 运算器并调节输入端数量，将步骤 2 生成的地坪线线段与步骤 3 生成的每层线段合并，得到 $N+1$ 条线段；

步骤 1～步骤 4 算法如图 9-29 所示。

5. 生成随机点

调用 List Length、Series 和 Populate Geometry 运算器（Vector→Grid→Populate Geometry）在各线段上生成随机点，数量为一等差数列，初始值和公差用两个 Slider 运算器分别调节，种子值也用等差数列控制，保证随机点在每条线段上的分布呈随机状态（这里距离较远，Series 运算器与图 9-29 中的 Number Slide 运算器之间采用隐藏连线模式）；

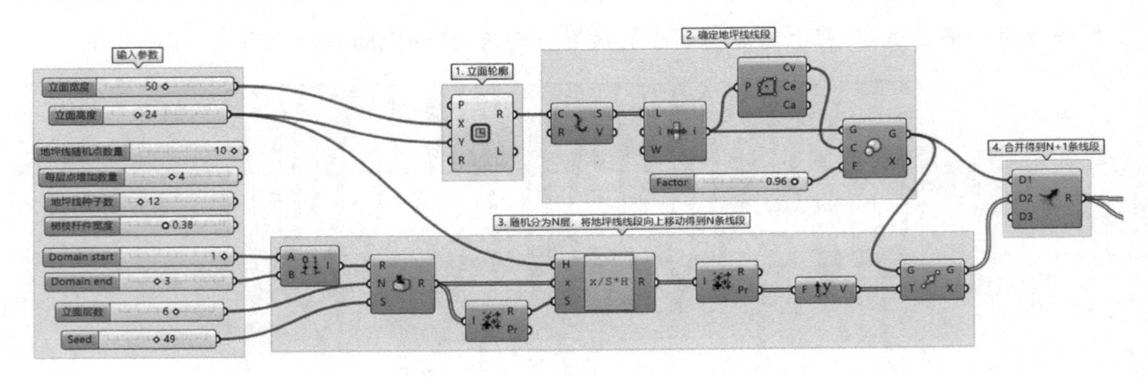

图 9-29　步骤1～步骤4算法

6. 生成上层点和下层点

调用 Tree Statistics 运算器(Sets→Tree→Tree Statistics)得到随机点的路径，调用 Cull Index 运算器分别去掉第一个路径和最后一个路径，再调用 Tree Branch 运算器得到两组点，即为上层点和下层点；

7. 生成完整模型

调用 Closest Point 运算器从下层点中寻找离上层中各点的最近点，再调用 Line 运算器将上层点与下层的最近点连线，调用 Join Curves 运算器，在输入端 C 右击选择 Flatten 拍平数据，组合所有连线为整体，最后调用 Number Slider、Unit X 和 Extrude 运算器(Surface→Freeform→Extrude)将连线往 X 方向拉伸成面，形成完整树状立面的建模(这里距离较远，Unit X 运算器与图 9-29 中的 Number Slide 运算器之间采用隐藏连线模式)。

步骤5～步骤7算法如图 9-30 所示。

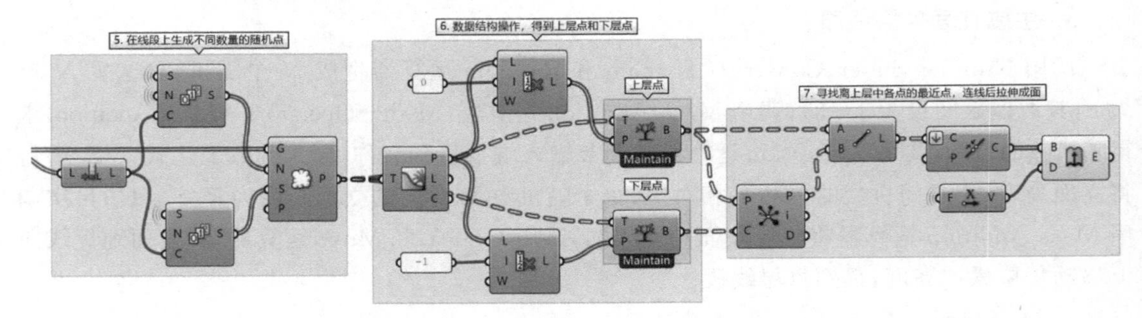

图 9-30　步骤5～步骤7算法

为了表达树枝下粗上细的有机形态，我们还可以将不同高度的点偏移不同的距离，形成如图 9-31 的效果。要构建这种图案，在完成上述案例中的步骤1～步骤6生成上层点和下层点，并调用 Closest Point 运算器从下层点中寻找离上层中各点的最近点后，需要调用 List Length、Division、Series、Unit X、Multiplication、Cull Index 和 Move 运算器(Move 运算器输入端 T 需右击选择 Graft 将数据成组和单击选择 Reverse 进行数据倒序)，将上层点和最近点分别向 X 方向移动不同的距离，并调用 Line 运算器将移动前的点和移动后的点分别连线，最后调用 Edge Surface 运算器(Surface→Freeform→Edge Surface)、Region Union 运算器(Intersect→Shape→Region Union)和 Boundary Surfaces 运算器(Surface→Freeform→

Boundary Surfaces)完成成面操作(注意需在 Edge Surface 运算器输出端 S 右击选择 Flatten 拍平数据),最终得到有机形态的图案,其算法如图 9-32 所示。

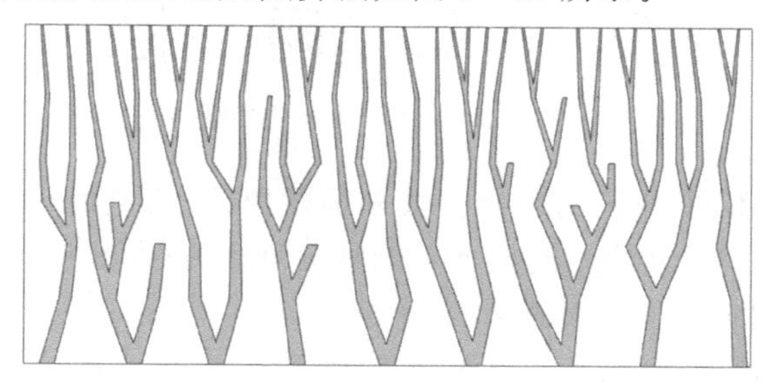

图 9-31 下粗上细的树状立面

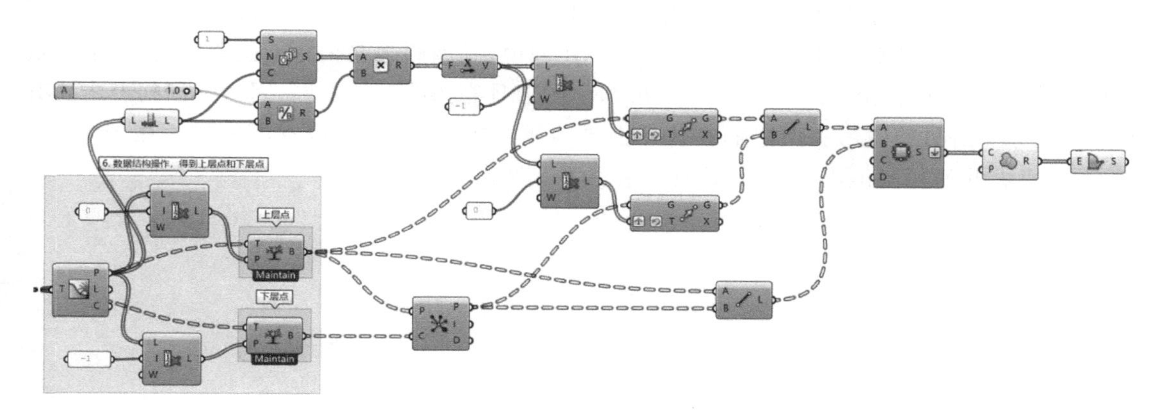

图 9-32 下粗上细的树状立面算法

习 题

1. 在 Grasshopper 中用于生成随机数的常用运算器是什么?

2. 创建随机的二维矩形点阵,有哪两种常用的方法?

3. Grasshopper 中提供渐变色的运算器是什么? 如何对渐变色进行预设?

4. 运用本章所学知识在下列左图平行线的等分点上引入水平方向随机变量生成右图图形。

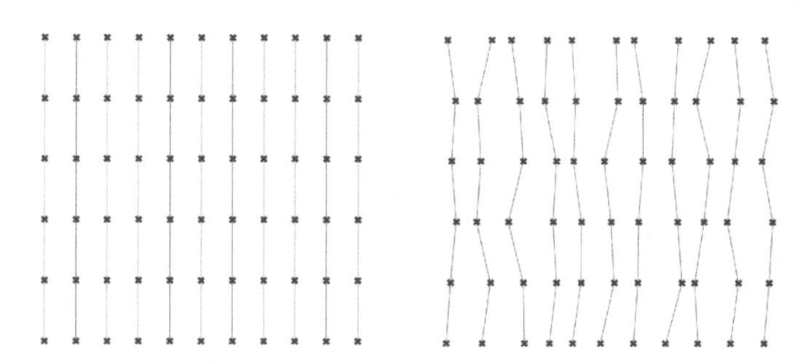

第10章　网　格

网格与Nurbs曲面不同，它不用数学公式来描述曲面，而是由很多点和小面构成。点是网格的基本元素，再由点构成小面。这些面可能是三角形、四边形或六角形的。所有小面合起来构成了整个曲面，共同定义了曲面的形状。

关于网格有两个重要的问题：点的位置和点之间的连接。点的位置与网格的几何形有关，点的连接与网格的拓扑学有关。

几何学涉及物体在空间中的位置，拓扑学则关心它们之间的关系。从数学的角度来讲，拓扑是物体在改变形状后还能保持不变的性质。比如说，圆和椭圆在拓扑上是相同的，其不同仅表现在几何上。在图10－1的a中，*A*和*B*两个图形具有拓扑上的相同，因为它们的点之间有相同的关系（相同的连接）。但它们在几何上是不相同的，因为点的位置不一样。在图10－1的b中，点的几何相同但连接不同，因而拓扑关系不一样。

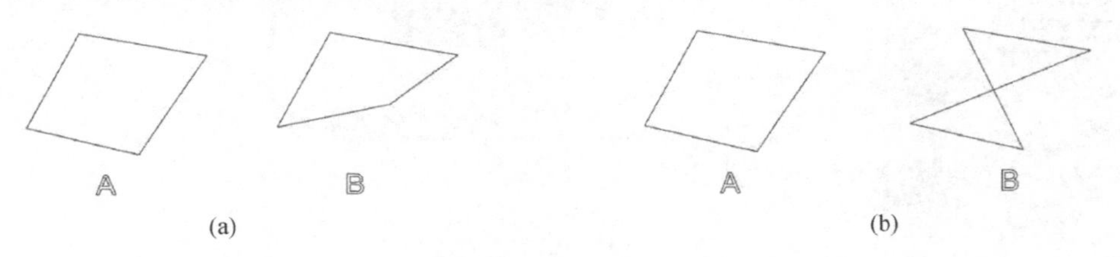

图10－1　几何学与拓扑学

10.1　网格的分解与重构

在Grasshopper中，可以调用Mesh Sphere运算器(Mesh→Primitive→Mesh Sphere)创建一个网格球体，网格边的显示可通过(Display→Preview Mesh Edges)或按Ctrl＋M快捷键进行控制。

调用Deconstruct Mesh运算器(Mesh→Analysis→Deconstruct Mesh)可以将网格分解成点、面、颜色、法线方向等基本元素。我们可以用Panel运算器察看面的信息，可以看到*T*{0;1;20}、*Q*{1;2;22;21}等显示，如图10－2所示。其中*T*表示三角面，*Q*表示四边面，{}中的数字为网格顶点的编号。*T*{0;1;20}就表示由顶点0、顶点1和顶点20连接而成的一个三角面，*Q*{1;2;22;21}表示由顶点1、顶点2、顶点22、顶点21连接而成的一个四边面。这里是通过编

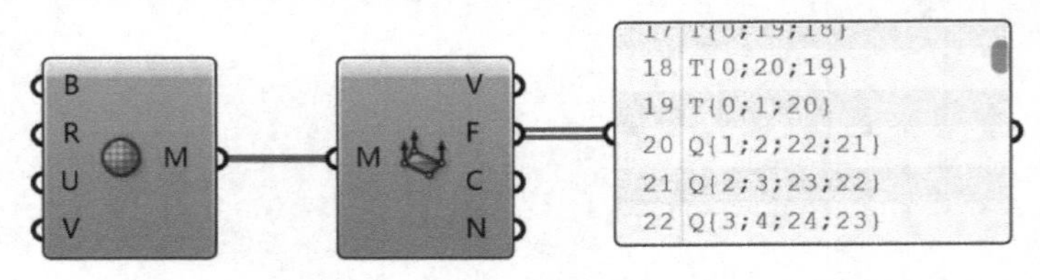

图10－2　Deconstruct Mesh运算器

号而不是坐标值来确定一个点,也就是说这个小面记录的是点的连接关系而不是具体的几何位置。所以当我们移动网格上的顶点时,网格顶点之间的关系并不会改变。

由于网格的这个性质,因此我们在处理网格时,常常将初始网格分解,然后移动网格顶点,再重构网格,形成新的网格。如图 10－3 所示,就是随机选取网格球体的某些顶点,将其向法线方向移动后,再代替原有顶点,进行网格重构后的结果。具体的操作是,先调用 Mesh Sphere 运算器创建网格球体,调用 Deconstruct Mesh 运算器进行分解,调用 List Length 和 Random 运算器引入随机数选取部分顶点,调用 Create Set、List Item、Amplitude 和 Move 运算器将顶点向法线方向移动,再调用 Replace Item 运算器(Sets→List→Replace Item)将移动后的顶点取代原有顶点,最后调用 Construct Mesh 运算器(Mesh→Primitive→Construct Mesh)重新生成网格。

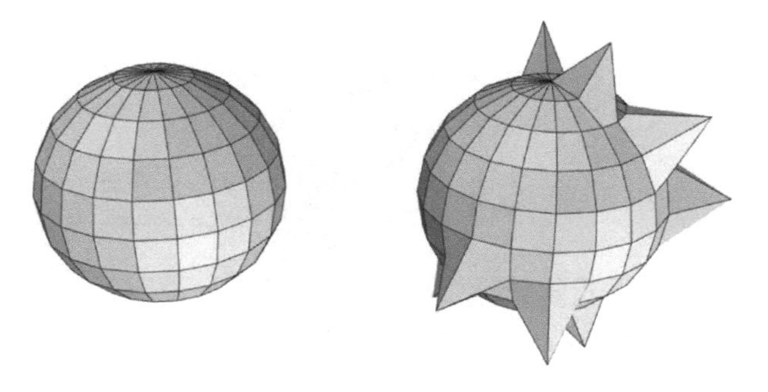

图 10－3　改变顶点位置重构网格

其算法如图 10－4 所示。

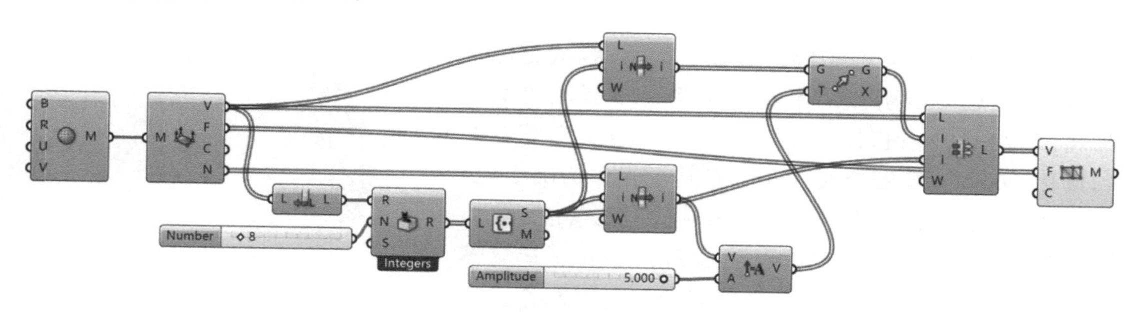

图 10－4　改变顶点位置重构网格算法

在实际的应用中,对地形的处理也常常采用这种方法。

除了改变顶点的位置,我们还可以改变顶点的拓扑关系来重构网格。比如我们可以在 Mesh Sphere 之后调用 Triangulate 运算器(Mesh→Util→Triangulate)将球体网格中的四边面转换为三角面,或者在 Deconstruct Mesh 之后调用 Delaunay Mesh 运算器(Mesh→Triangulation→Delaunay Mesh)以其顶点重新生成德劳内网格(德劳内网格是一种在计算几何中广泛应用的三角剖分或四面体剖分方法,它基于一组离散点生成一个由三角形或四面体组成的网格,具有最大化最小角的性质,能避免生成过于狭长的三角形或四面体,从而提高数值计算的稳定性和准确性。),或者在 Deconstruct Mesh 之后调用 Random Reduce 运算器(Sets→Sequence→Random Reduce)随机删除一定数量的面,之后再调用 Construct Mesh 运算器形成有孔洞的网格。上述调用 Triangulate 运算器、调用 Delaunay Mesh 运算器和调用 Random

Reduce 运算器这 3 种操作的效果如图 10 - 5 所示，其算法如图 10 - 6 所示。

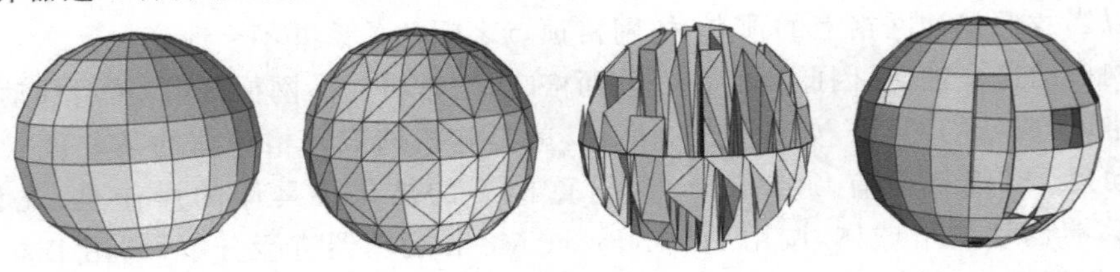

图 10 - 5　改变顶点拓扑关系重构网格

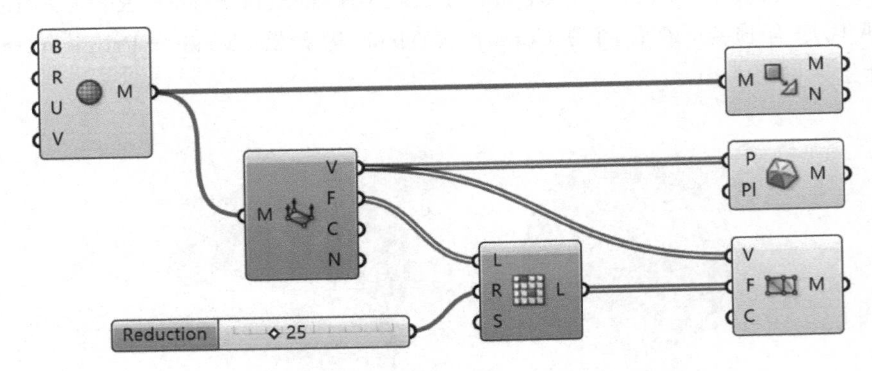

图 10 - 6　改变顶点拓扑关系重构网格算法

10.2　网格的着色

网格可以进行着色处理。图 10 - 7 所示，就是球体网格根据顶点与吸引点的不同距离赋予不同颜色的结果，在调用 Mesh Sphere 和 Deconstruct Mesh 运算器之后，调用 Point 运算器拾取 Rhino 里某个点作为吸引点，调用 Distance 运算器获得球体上各顶点与该点的距离，然后调用 Bounds、Remap Numbers 和 Gradient 运算器取得颜色，最后调用 Construct Mesh 运算器对网格进行着色。其算法如图 10 - 8 所示。

图 10 - 7　网格着色

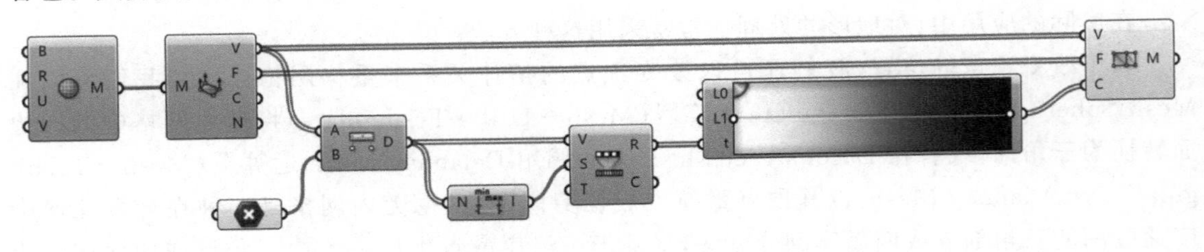

图 10 - 8　网格着色算法

利用网格的着色特性，可以对有关数据进行形象化地显示，比如场地分析图的绘制。图 10 - 9 就是对场地坡度的可视化分析。其建模过程为在 Rhino 中绘制一组曲线，调用 Curve 运算器拾取该组曲线进 Grasshopper，调用 Loft 运算器将曲线成面后连入 Mesh Brep

运算器(Mesh→Util→Mesh Brep),将曲面转化为网格;调用 Number Slider 和 Settings(Custom)运算器(Mesh→Util→Settings(Custom))对曲面转化为网格的相关参数进行设置(这里需要得到纵横比接近 1 的四边形网格,因此将 aspect ration 设为 1,最小边长和最大边长设为相同),然后调用 Deconstruct Mesh 运算器对网格进行分解;调用 Surface Closest Point 运算器(Surface→Analysis→Surface Closest Point)得到顶点在曲面上的 UV 坐标,再调用 Evaluate Surface 运算器(Surface→Analysis→Evaluate Surface)得到顶点处的法向量,接着调用 Unit Z 和 Angle 运算器(Vector→Vector→Angle)求得法向量与 Z 轴的角度,即为顶点处的坡度;调用 Bounds 和 Remap Numbers 运算器将坡度值映射为 0～1 区间,再调用 Gradient 运算器并右击调整 Presets 取得颜色值;调用 Construct Mesh 对网格进行着色。通过(Display→Preview Mesh Edges)或 Ctrl+M 可以显示完整网格。

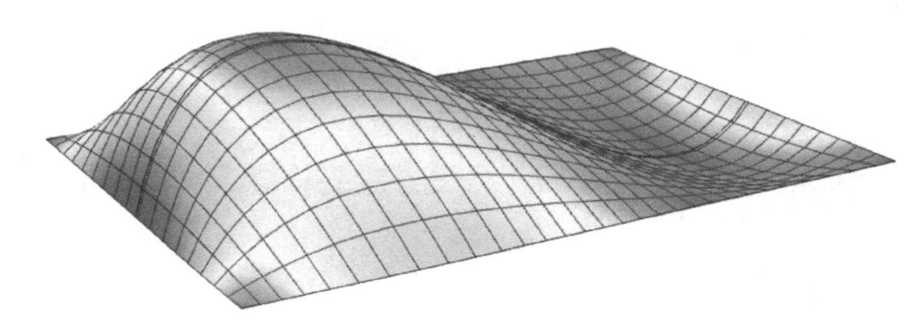

图 10-9　坡度分析

其算法如图 10-10 所示。

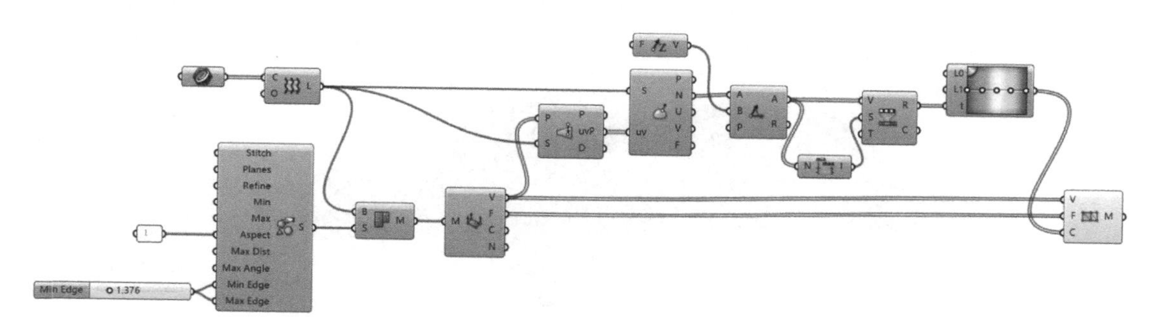

图 10-10　坡度分析算法

除了坡度分析,场地设计中还常常用到高程分析。其建模逻辑是在 Deconstruct Mesh 运算器之后调用 Deconstruct 运算器,提取顶点的 Z 坐标,然后调用 Bounds、Remap Numbers、Gradient 和 Construct Mesh 运算器,将坐标映射为不同的颜色并对网格进行着色,结果如图 10-11 所示,算法如图 10-12 所示。

另外,还可以对网格面的平整度进行分析,如图 10-13 所示。其建模过程为:在 Mesh Brep 之后需要调用名为 Mesh Explode 运算器将曲面进行分解,然后再接入 Deconstruct Mesh 运算器得到每个网格面的 4 个顶点;调用 List Item(放大运算器在输出端单击“+”号增添参数),调用 Plane 3Pt 运算器(Vector→Plane→Plane 3Pt)提取其中三个顶点构成平面;再调用 Pull Point 运算器(Vector→Point→Pull Point)求得第四个顶点与平面的距离,距离越大表明网格面越不平整;调用 Bounds 运算器(右击输入端单击选择 Flatten 拍平数据),调用

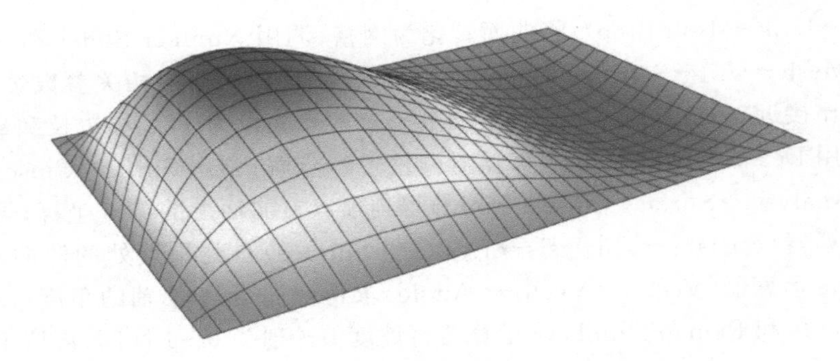

图 10 - 11　高程分析

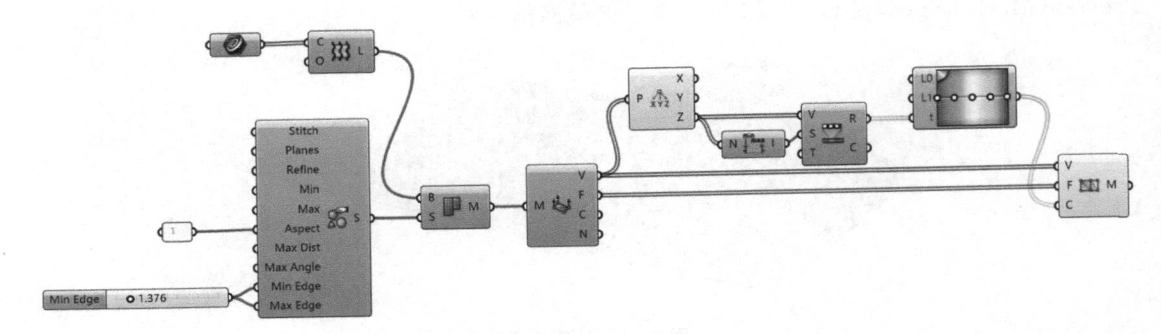

图 10 - 12　高程分析算法

Remap Numbers 运算器将平整度映射为 0～1 区间，再调用 Gradient 运算器取得颜色值，最后调用 Construct Mesh 对网格进行着色。整个算法如图 10 - 14 所示。

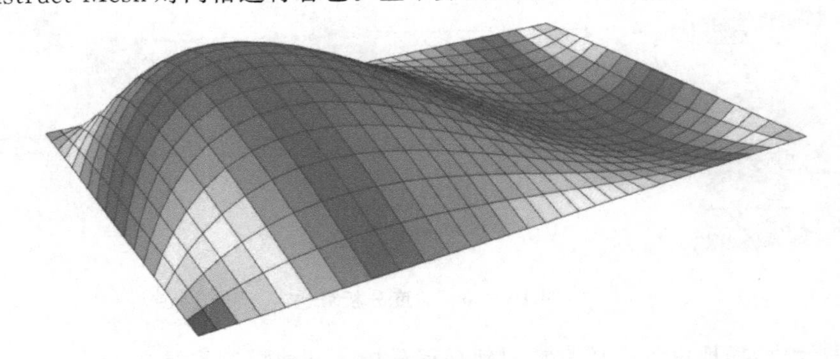

图 10 - 13　平整度分析

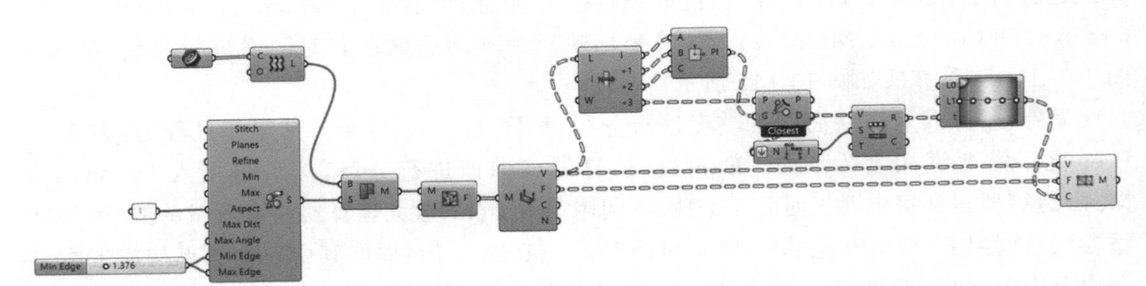

图 10 - 14　平整度分析算法

这里需要注意的是，因为一个网格面的平整度是一个值，在着色时，四个顶点的颜色应一样，所以这时不能进行网格的整体着色，而只能对每个网格面进行单独着色，以保证每个网格面呈现单一的颜色。因此需要用到 Mesh Explode 运算器（Mesh→Analysis→Mesh Explode），这个运算器来自 MeshEdit 插件，对 Mesh 的操作经常要用到 MeshEdit 插件，该插件可从 https://www.food4rhino.com/en/app/meshedit 下载，在 Grasshopper 中，选择（File→Special Folders→Components Folder），将下载好的 gha 文件复制到该文件夹，然后重启 Rhino 即可使用 MehEdit 插件里的所有运算器。

10.3　网格的组合和焊接

网格的组合是将几个网格组合为一个网格，组合后的网格，其顶点和面是原有网格的累加，效果如图 10－15 所示。建模操作的步骤大致是：调用 Number Slider 和 Mesh Plane 运算器（Mesh→Primitive→Mesh Plane）生成宽、高均为 5 个单元的网格，调用 Panel 运算器可以看到原有网格顶点数为 36，面数为 25；调用 Unit X 和 Move 运算器将原网格往 X 方向移动 20 生成新的网格，调用 Merge 和 Mesh Join 运算器（Mesh→Util→Mesh Join，来自 MeshEdit 插件）将两个网格组合为一个网格，这时 panel 显示顶点数为 72，面数为 50；再调用 NakedVertices 运算器（kangaroo2→Mesh→NakedVertices）得到其裸点（没有被面包围的点）数量为 40；如果我们用 Mesh WeldVertices 运算器（Mesh→Util→Mesh WeldVertices，来自 MeshEdit 插件）将这个网格的顶点焊接，网格的顶点数变成了 66，也就是说原有相邻的 6 个顶点焊接后进行了合并；再求其裸点，数量变成了 30，因为原来相邻的裸边变成了内边，导致裸点的数量减少了 10。算法如图 10－16 所示。

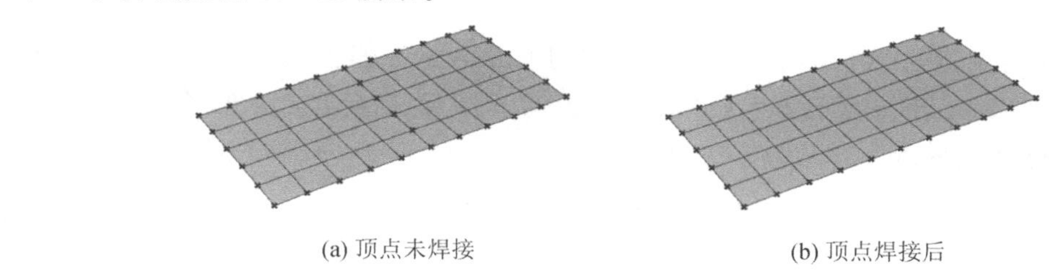

(a) 顶点未焊接　　　　　　　　(b) 顶点焊接后

图 10－15　网格的组合与焊接以及网格的裸点

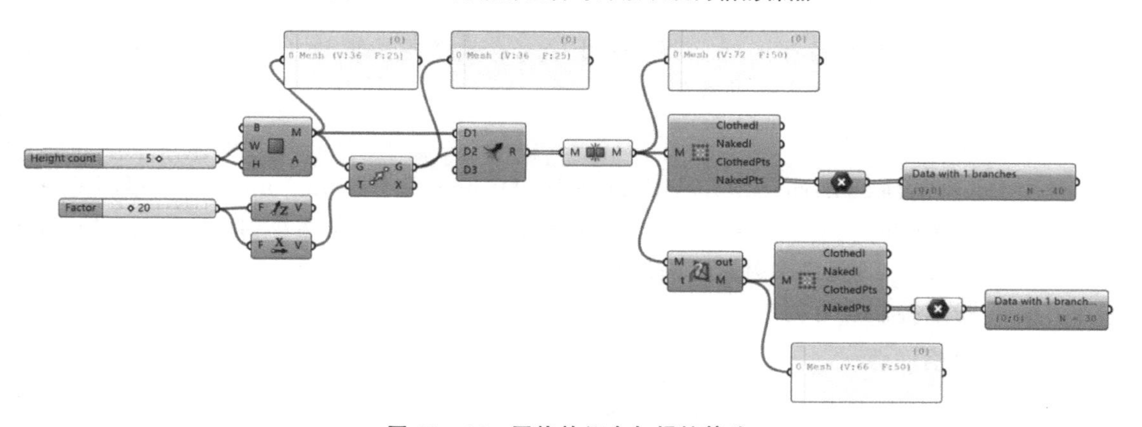

图 10－16　网格的组合与焊接算法

10.4 案例 18——浮雕图案

10.4.1 建模思路

要生成如图 10-17 所示的浮雕图案，我们可以采用这样的建模思路：首先生成平面网格，再提取网格的顶点，依据网格顶点与图案曲线的最近距离，对该距离进行重映射，得到网格顶点在 Z 轴方向的偏移值，再用偏移后的顶点重构网格，将网格平滑后生成具有浮雕效果的图案。

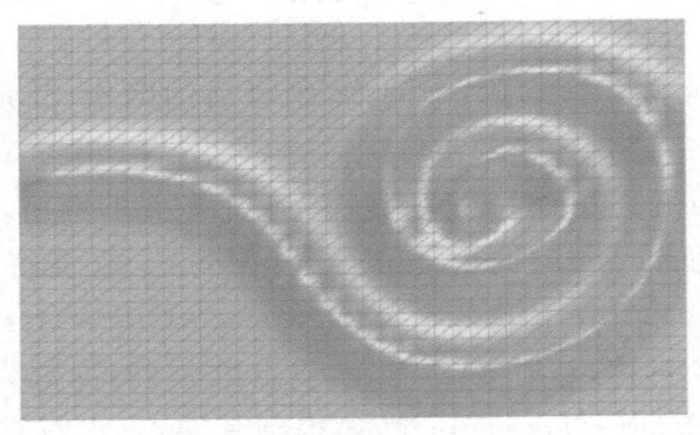

图 10-17 浮雕图案

10.4.2 具体步骤

1. 生成网格

在 Rhino 中绘制宽约 80、高约 50 的矩形，调用 Curve 运算器拾取进 Grasshopper；调用 Number Slider 和 Mesh Plane 运算器生成宽度方向为 37 个单元、高度方向为 30 个单元的网格；

2. 求得三角面的顶点

调用 Triangulate 运算器将网格中的四边面转换为三角面，调用 Deconstruct Mesh 运算器得到每个三角面的顶点；

3. 求得顶点与曲线距离

在 Rhino 中绘制类涡卷形状曲线，调用 Curve 运算器拾取进 Grasshopper；调用 Pull Point 运算器求得三角面顶点与曲线的距离；

4. 距离映射

调用 Bounds、Deconstruct Domain、Construct Domain 和 Remap Numbers 依据网格顶点与图案曲线的最近距离，对该距离进行重映射；调用 Graph Mapper 运算器（Params→Input→Graph Mapper）以曲线函数映射器对曲线进行调节（右击运算器在 Graph Types 选项里单击选择 Bezier，拉动控制点可调节曲线）；

5. 生成网格顶点

再次调用 Remap Numbers 运算器并以 Construct Domain 重新定义区间；调用 Unit Z 和 Move 运算器偏移原三角面的顶点得到构成浮雕图案的网格顶点；

6. 重构网格平滑显色

调用 Construct Mesh 以偏移后的顶点重构网格，调用 Number Slider 和 Smooth Mesh (Mesh→Util→Smooth Mesh)运算器进行平滑后生成具有浮雕效果的图案，最后调用 Colour Swatch 和 Custom Preview 进行显色。

整个算法如图 10－18 所示。

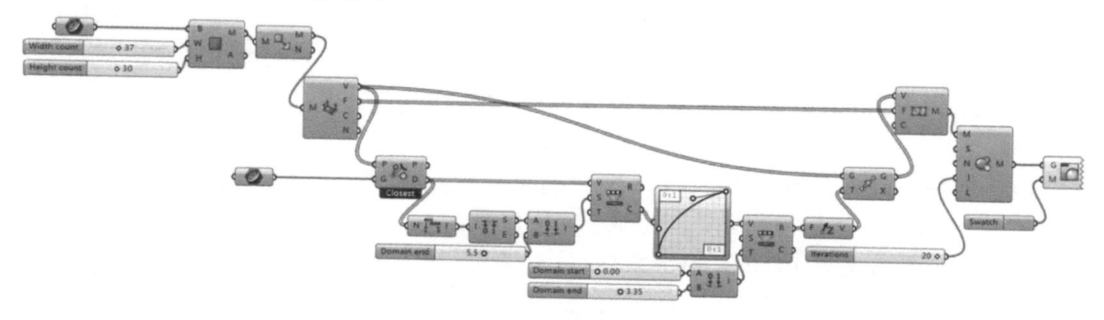

图 10－18　浮雕图案算法

10.5　案例 19——冯洛诺伊图在建筑表皮中的应用

冯洛诺伊图也称为泰森多边形，是一组由连接两邻点线段的垂直平分线组成的连续多边形。一个泰森多边形内的任一点到构成该多边形的控制点的距离小于到其他多边形控制点的距离。在 Grasshopper 中，Voronoi 运算器(Mesh→Triangulation→Voronoi)就是用来生成泰森多边形的。其输入端和输出端的含义和数据类型如表 10－1 所列。

表 10－1　Voronoi 运算器输入端、输出端的含义和数据类型

参数名称		参数含义	数据类型
输入端	P	点	Point
	R	单元半径，可选	Number
	B	边界，可选	Rectangle
	Pl	工作平面	Plane
输出端	C	求得的冯洛诺伊图	Curve

冯洛诺伊图在建筑中的应用十分广泛，在东京空域、水立方、御本木大厦等案例中都有应用(图 10－19)。

(a) 东京空域

(b) 水立方

(c) 御本木大厦

图 10－19　冯洛诺伊图在建筑中的应用

10.5.1　建模思路一

图 10－20 即为应用冯洛诺伊图生成的一种建筑表皮。其建模思路为首先调用 Rectangle 运算器创建矩形作为冯洛诺伊图的边界，调用 Polulate 2D 运算器在矩形范围内生成随机点集，然后调用 Voronoi 运算器构建冯洛诺伊图；调用 Area 运算器得到曲线中心点，调用 Number Slider 和 Scale 运算器将得到的曲线进行缩放，调用 Explode 运算器将缩放后的曲线炸开得到顶点；调用 Nurbs Curve 运算器（Curve→Spline→Nurbs Curve）以顶点作为控制点重新生成 NURBS 曲线，在输出端 C 右击选择 Flatten 拍平数据，最后调用 Boundary Surfaces 运算器进行封面处理。整个算法如图 10－21 所示。

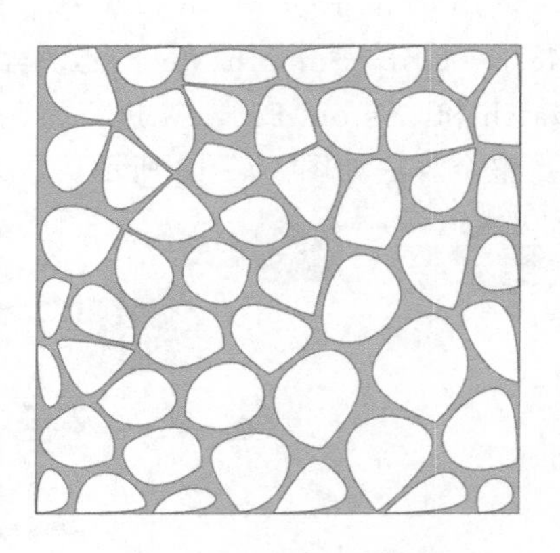

图 10－20　应用冯洛诺伊图生成的建筑表皮

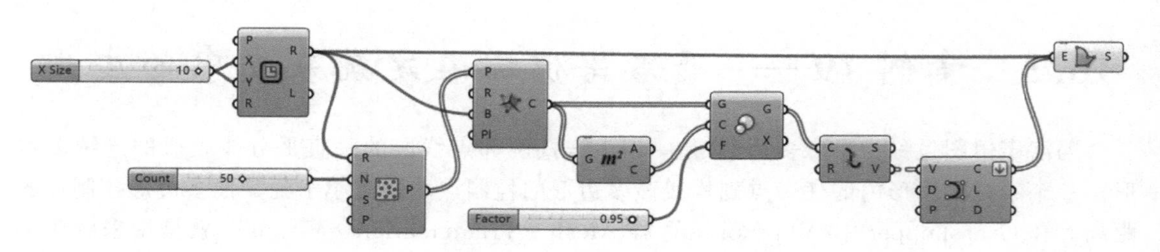

图 10－21　应用冯洛诺伊图生成的建筑表皮算法

在此基础上，我们还可以将生成的表皮流动到整个建筑上，形成无缝连接，如图 10－22 所示。

图 10－22　无缝连接的冯洛诺伊表皮

10.5.2 具体步骤一

1. 生成建筑形体

调用 Number Slider 和 Rectangle 运算器生成矩形，调用 Unit Z 和 Extrude 运算器向上进行拉伸一定高度生成建筑形体(这里设为 100)；为保证生成的曲面为单一曲面，需要给矩形设置一个较小的半径值(这里设为 0.01)；

2. 生成矩形

调用 Length 和 Rectangle 运算器生成矩形，*X* 区间为建筑的高度，*Y* 区间为建筑平面矩形的周长；

3. 生成冯洛诺伊图

调用 Number Slider 和 Populate 2D 运算器生成随机点集，调用 Voronoi 运算器生成冯洛诺伊图；

步骤 1～步骤 3 算法如图 10－23 所示。

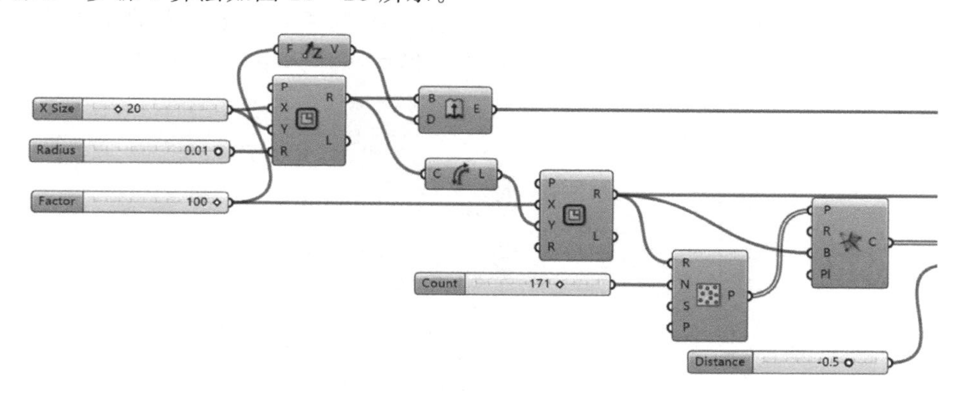

图 10－23 步骤 1～步骤 3 算法

4. 操作曲线

调用 Number Slider 和 Offset Curve Loose 运算器(Curve→Util→Offset Curve Loose)将步骤 3 生成的冯洛诺伊图曲线向内偏移 0.5，调用 Boundary Surface 运算器对曲线进行封面，再调用 Area、Smaller Than 和 Dispatch 运算器将面积小于 0.5 的曲线筛除；

5. 生成表皮图案

调用 Fillet 运算器(Curve→Util→Fillet)对曲线矩形进行倒角处理，调用 Cull Nth 运算器(Sets→Sequence→Cull Nth)在输入端 L 右击选择 Flatten 拍平数据，将第偶数个曲线筛除；再次调用 Boundary Surface 运算器在输入端右击选择 Flatten 拍平数据，对原矩形和筛选后的曲线进行封面，形成表皮图案；

6. 关联表皮图案和形体

调用 Copy Trim 运算器(Surface→Util→Copy Trim)将封面后生成的表皮图案流动到步骤 1 生成的建筑形体上。

步骤 4～步骤 6 算法如图 10－24 所示。

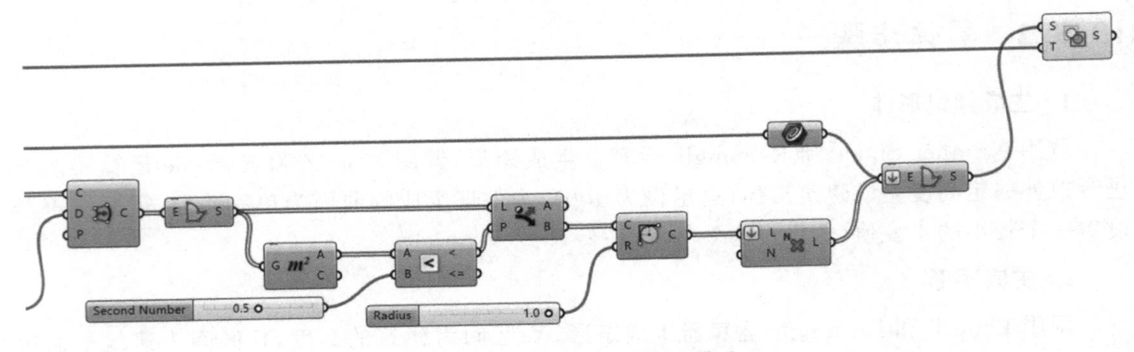

图 10－24　步骤 4～步骤 6 算法

10.5.3　建模思路二

建筑立面设计中对冯洛诺伊图的应用除了上述方式，还可以在冯洛诺伊图的基础上引入吸引点，创造如图 10－25 所示的立面效果。其建模思路为首先确定立面轮廓，在此范围内随机生成点，以这些点生成冯洛诺伊多边形；引入吸引点，将随机点和吸引点的距离映射为缩放的比例；以多边形形心为中心进行缩放，最后以多边形面积作为条件，筛选面积较大的多边形形成洞口。

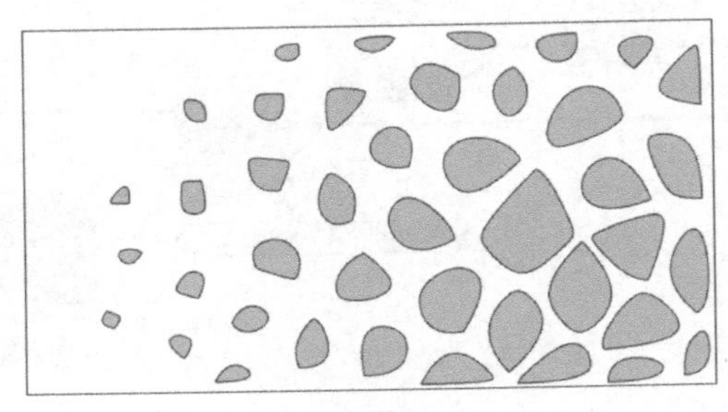

图 10－25　立面随机开洞

10.5.4　具体步骤二

1. 生成冯洛诺伊多边形

在 Rhino 中绘制矩形并调用 Curve 运算器拾取进 Grasshopper，调用 Populate 2D 运算器在矩形区域内生成随机点，调用两个 Number Slider 运算器分别控制随机点的数量和种子值（这里设为 50 和 51）；调用 Voronoi 运算器生成冯洛诺伊多边形；

2. 求得中心点

调用 Polygon Center 运算器求得冯洛诺伊多边形的中心点；

3. 拾取吸引点

调用 Point 运算器拾取 Rhino 中某点作为吸引点；调用 Distance 运算器求出该吸引点与步骤 1 中生成的随机点的距离；调用 bounds 和 Remap Numbers 运算器将距离值映射为缩放比例，调用 Construct Domain 和两个 Number Slider 运算器控制缩放比例的区间（这里设在 0.08～0.95）；

步骤 1～步骤 3 算法如图 10－26 所示。

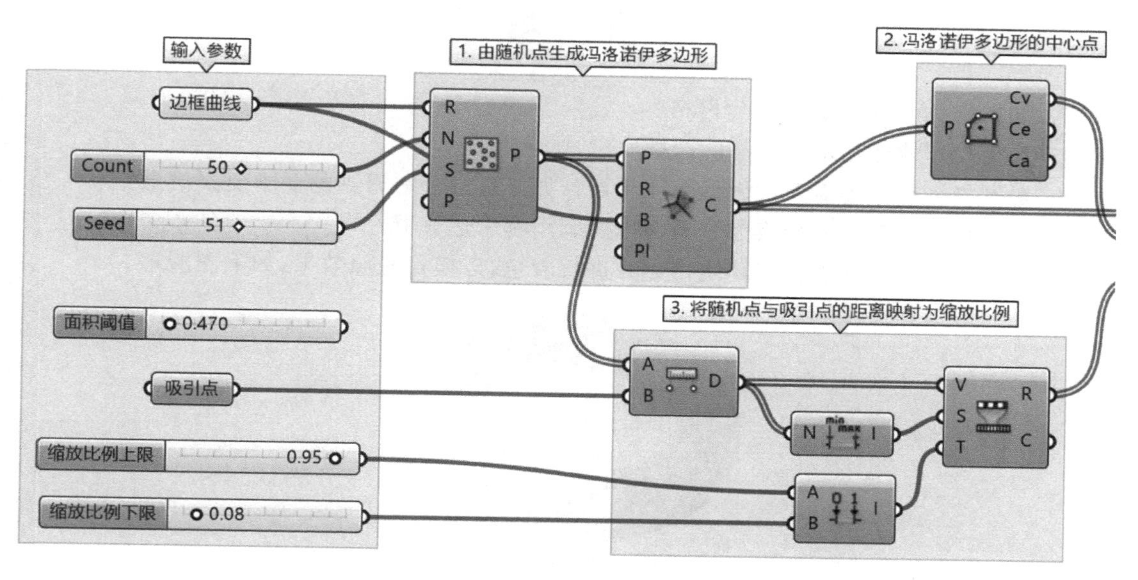

图 10－26 步骤 1～步骤 3 算法

4. 缩放多边形

调用 Scale 运算器以步骤 3 中映射得到的比例对步骤 1 生成的冯洛诺伊多边形以其形心为中心进行缩放；

5. 求得多边形面积

调用 Number Slider 运算器设置面积阈值（这里设为 0.470），调用 Area 运算器求得多边形的面积，调用 Larger Than 运算器将多边形面积与面积阈值进行比较（这里距离较远，与图 10－26 中的 Number Slide 运算器之间采用隐藏连线模式）；

6. 筛选多边形

调用 Cull Pattern 运算器，将较小面积的多边形删除。

7. 获得圆滑效果

调用 Control Polygon 运算器求得多边形的控制点，再调用 Nurbs Curve 运算器由控制点生成 Nurbs 曲线，在其输出端 C 右击选择 flatten 拍平数据，最后调用 Boundary Surfaces 运算器对曲线进行封面，得到完整图案。

步骤 4～步骤 7 算法如图 10－27 所示。

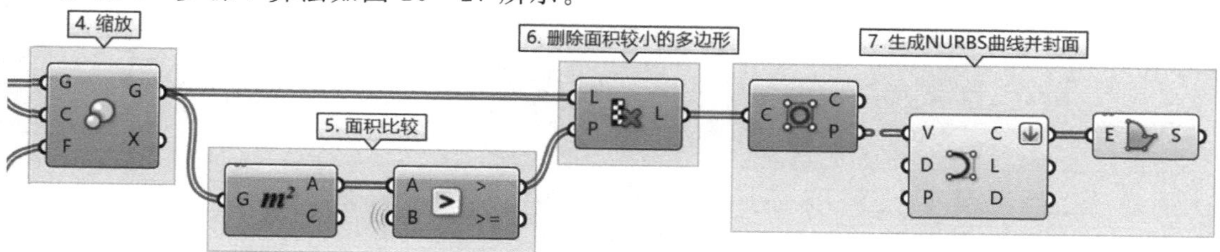

图 10－27 步骤 4～步骤 7 算法

习　题

1. 如何将 Nurbs 曲面转化为网格？
2. 如何操作才能显示出完整的网格？
3. 对网格进行分解需要调用哪个运算器？如何观察分解得到的基本要素信息？
4. 将网格中的四边面转换为三角面需要调用哪个运算器？
5. 运用本章所学知识将圆环网格化并进行着色，以模拟光照效果，如下图所示。

第 11 章　图　像

11.1　与图像有关的运算器

在参数化设计中常常会用到图像映射的手法，就是从图像中提取颜色信息，对其他几何体进行着色，或在颜色信息与几何物体的参数之间建立某种关联，比如穿孔板将图像的色彩明度映射为孔的半径，或在建筑立面上将色彩的明度与开窗的大小相关联，还可以将明度映射为楼板出挑的深度，从而对图像进行抽象处理，取得一种“似与不似之间”的视觉感受(图 11－1)。

(a) 穿孔板立面　(b) Aqua大厦

(c) VMCP酒店　(d) YAMAHA大厦

图 11－1　建筑中的图像映射

要进行图像映射，首先要对图像进行取样，即提取图像某一像素的色彩信息。在 Grasshopper 中，Image Sample 运算器(Params→Input→Image Sampler)就起到这种作用。其输入端常用点，以确定图像中的特定像素，输出结果则是该像素的颜色信息。双击该运算器，会弹出 Image Sampler Settings 对话框，如图 11－2 所示。单击 File path 栏后面的下拉列表框选择图像文件将其载入，在左侧方框中就会显示该图像。图像默认的 X 区间和 Y 区间都为 0～1，单击区间右侧的蒙娜丽莎头像，X 区间变为 1 到 X 方向的像素数，Y 区间变为 1 到 Y 方向的像素数。在 Channel 栏从左到右可选择 RGBA 通道、R 通道、G 通道、B 通道、Alpha 通道、H 通道、S 通道和 B 通道，选择哪个通道，其输出结果就为该通道的值。

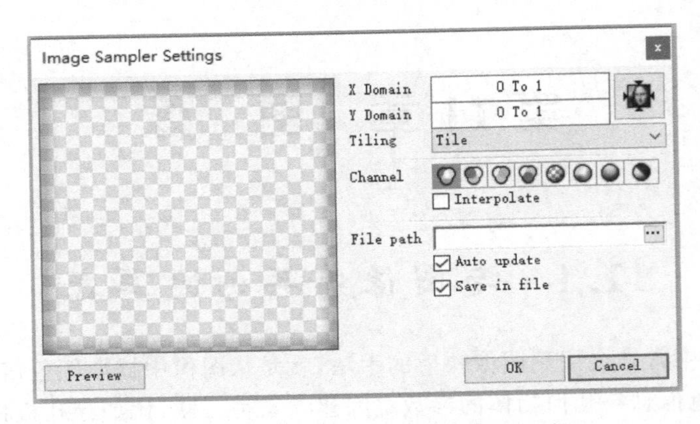

图 11-2　Image Sampler Settings 对话框

Grasshopper 中常用的和图像有关的运算器还有 Import Image(Params→Input→Import Image)。其功能是导入指定路径的图片，将其生成一个着色网格。

下面我们通过一些案例来看图像映射的具体应用。

11.2　案例 20——图像映射

11.2.1　建模思路一

如图 11-3 所示的穿孔板，其建模思路为首先确定穿孔板的大小，将穿孔板细分，得到细分点的位置和 UV 坐标，然后用 UV 坐标对应参考图像进行采样，得到明度值，再将明度值映射为孔洞半径，以细分点为圆心画圆，然后去掉边线上的圆，并成面形成最终图案效果。

图 11-3　图像映射穿孔板

11.2.2　具体步骤

1. 创建矩形

调用 Number Slider 运算器控制矩形即穿孔板的边长，调用 Rectangle 运算器创建矩形，并调用 Boundary Surfaces 成面；

2. 细分矩形

调用 Divide Surface 运算器对穿孔板进行细分，用 Number Slider 运算器控制细分数量。为保证输出的 *UV* 坐标与图像的 *XY* 区间一致，右击 Divide Surface 运算器的 *S* 输入端，选择 Reparameterize，将其 *UV* 坐标区间映射为 0～1；

3. 载入参考图像

调用 Image Sampler 运算器，双击运算器在 File Path 位置载入参考图像，在 Channel 位置单击选择 Colour Brightness，因为需要提取颜色的明度值来控制孔洞半径的大小，所以尽量选取明暗对比强烈的参考图像；

4. 孔洞半径映射

调用 Number Slider、Division、Multiplication 和 Construct Domain 运算器定义区间，调用 Remap Numbers 运算器将明度映射为孔洞半径，半径区间可由两个 Number Slider 运算器进行控制。如果想要穿孔板的圆孔不相交，那么孔洞半径最大为“边长/细分数量/2”。我们可以调用两个 Number Slider 运算器控制比例系数，将其与最大半径相乘来调整半径的取值区间；

5. 绘制圆形

调用 Circle 运算器以细分点为圆心，明度映射后的数值为半径画圆；

6. 保留穿孔板内部的圆

调用 Tree Statistics 运算器得到路径，调用 Panel 运算器、Cull Index 和 Tree Branch 运算器将第一和最后一条树枝删除，再次调用 Cull Index 运算器将剩余树枝的第一个和最后一个元素删除，这样就把边线上的圆删除了，只保留位于穿孔板内部的圆；

7. 形成最终图案

调用 Boundary Surfaces 运算器将穿孔板内部的圆成面，形成最终图案。

将运算器成组并加以注释说明后，最终算法如图 11 - 4 所示。

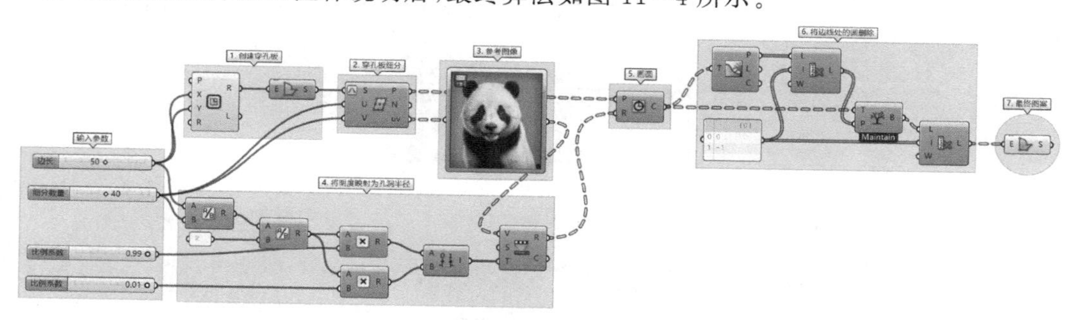

图 11 - 4　图像映射穿孔板算法

11.2.3　建模思路二

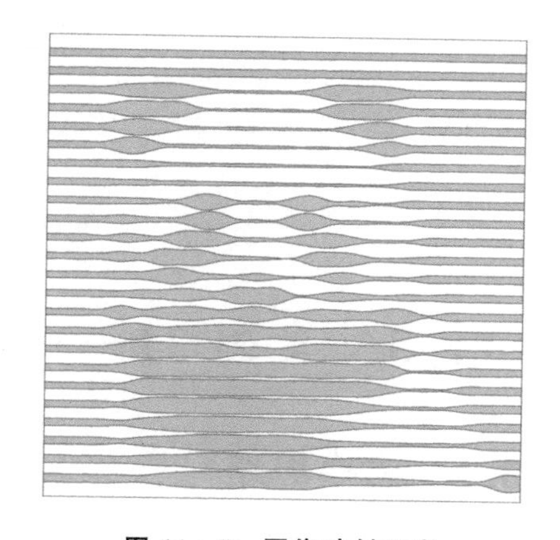

图 11 - 5　图像映射开窗

图 11 - 5 也是基于图像映射的立面开窗效果，其思路和穿孔板差不多，只是在后续处理的时候将不同大小的圆孔变成了水平向宽窄变化的条窗。前面 5 步的做法和穿孔板类似，需要注意的是曲面 V 方向的细分数量代表了窗户的层数，这个数量最好和建筑的层数一致。

从第 6 步开始，其具体的做法如下：

6. 确定圆的最高和最低点

调用 Point On Curve 运算器得到圆的 1/4 和 3/4 点，也就是圆的最高点和最低点；

7. 生成内插点曲线

调用 Flip Matrix 运算器将树形结构翻转，再调用 Interpolate 运算器生成内插点曲线；

8. 形成立面开窗

调用 Panel 和 Cull Index 运算器(输入端 L 右击选择 Flatten 拍平数据),将第一根和最后一根曲线删除,再调用 Ruled Surface 运算器(Surface→Freeform→Ruled Surface)将上下曲线生成曲面,形成立面的完整开窗。

步骤 1～步骤 4 算法如图 11－6 所示,步骤 5～步骤 8 算法如图 11－7 所示。

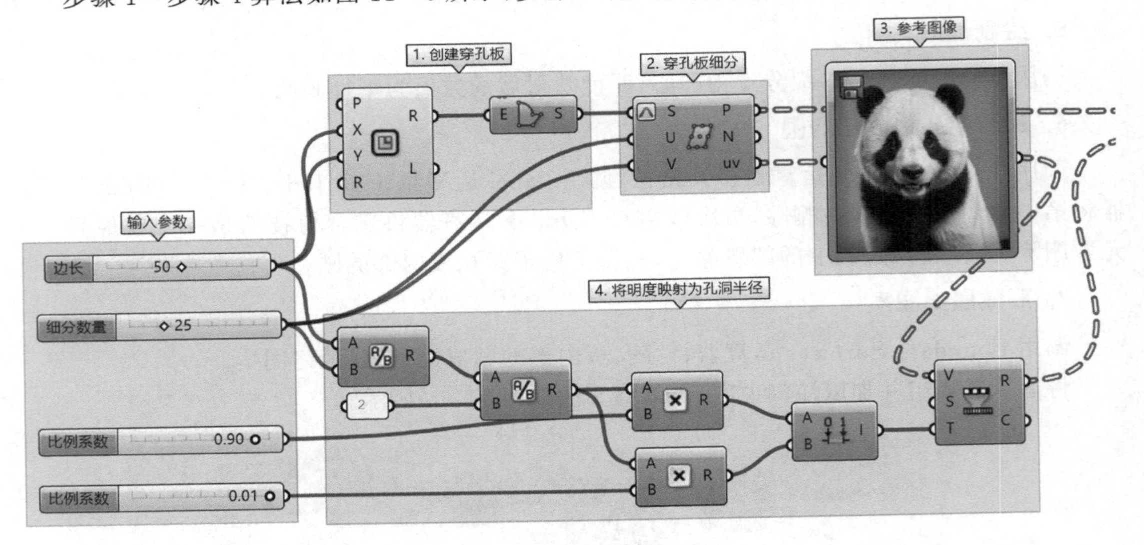

图 11－6　步骤 1～步骤 4 算法

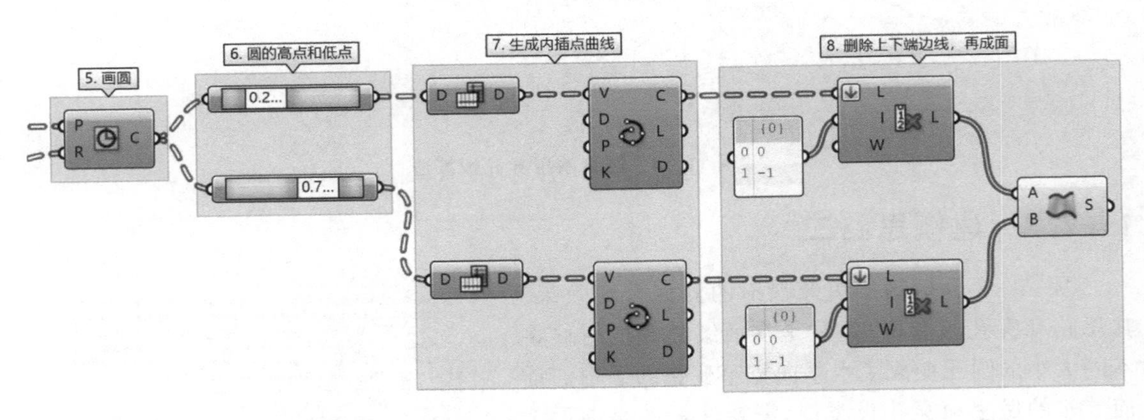

图 11－7　步骤 5～步骤 8 算法

11.3　案例 21——引入随机性的图像映射立面

11.3.1　建模思路

图 11－8 为引入随机性的图像映射立面,其建模思路为首先建立立面网格,然后引入随机数,将网格高度与随机数比较,分为大于随机数(较高)的一组和小于随机数(较低)的一组;将较高的网格改为透明玻璃,较低的网格则依据参考图案改变网格颜色,形成最终立面。

11.3.2　具体步骤

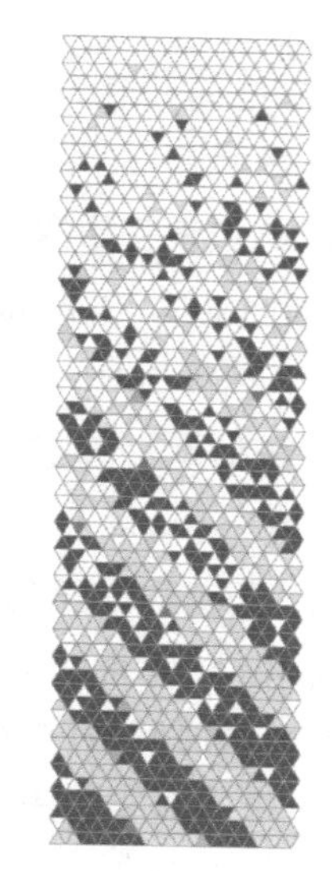

图 11－8　引入随机性的图像映射立面

1. 生成网格

调用 Number Slider 和 Triangular 运算器（Vector→Grid→Triangular）创建三角形单元格网，然后调用 Simple Mesh 运算器（Mesh→Util→Simple Mesh）将三角形单元生成网格，在其输入端 B 右击选择 Flatten 拍平数据；

2. 提取中心点

调用 Mesh Area 运算器（Mesh→Analysis→Mesh Area）得到每个网格的中心点，再调用 Deconstruct 运算器提取中心点的 Y 坐标值；

3. 生成随机数

调用 Bounds 运算器得到 Y 坐标值的区间，调用 Number Slider、List Length 和 Random 运算器在这个区间内生成随机数；

4. 网格划分

调用 Larger Than 和 Dispatch 运算器比较中心点的 Y 值与随机数的大小，以此为条件将网格分为较高的一组网格和较低的一组网格；

步骤 1～步骤 4 算法如图 11－9 所示。

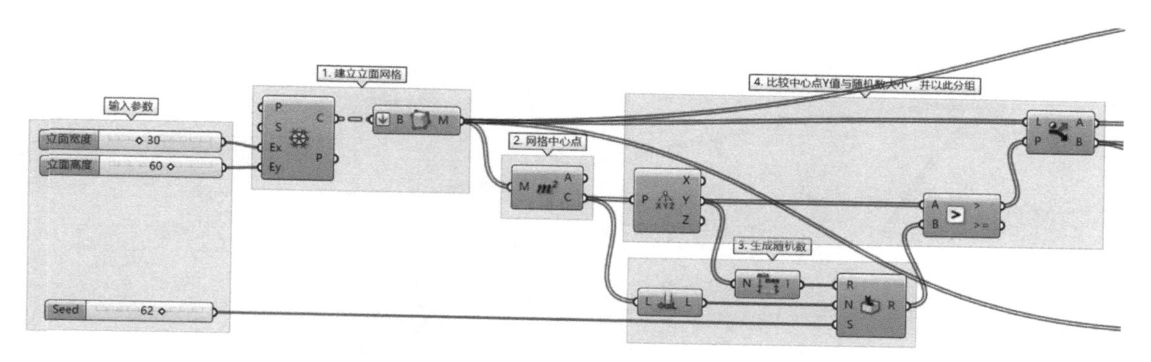

图 11－9　步骤 1～步骤 4 算法

5. 较高网格显色

对于较高的网格，从 Dispatch 运算器的输出端 A 连入 Custom Preview 运算器，同时调用 Colour Swatch 运算器，将较高的网格显示为透明的蓝色；

6. 生成 Box

调用 Bounding Box 运算器，输入端 C 连接步骤 1 中的 Simple Mesh 运算器，生成一个能包裹立面网格的最小 Box。右击该运算器，选择 Union Box，生成包裹所有网格的一个 Box。因为立面网格是平面的，所以输出的 Box 也是平面的，可看成一个曲面；

7. 生成 UV 坐标

对于较低的网格，从 Dispatch 运算器的输出端 B 连入 Mesh Area 运算器得到其中心点，再调用 Surface Closest Point 运算器得到网格中心点的 *uv* 坐标。为保证输出的 *uv* 坐标与图像的 *XY* 区间一致，右击 Surface Closest Point 运算器的输入端 S，选择 Reparameterize，将其 *uv* 坐标区间映射为 0～1；

8. 载入参考图像

调用 Image Sampler 运算器，双击后从 File Path 载入参考图像，得到较低网格中心点对应像素的颜色信息；

9. 较低网格显示

调用 Custom Preview 运算器，将较低的网格按取样颜色进行显示；

10. 网格边线显色

调用 Mesh Edges 运算器(Mesh→Analysis→Mesh Edges)，连接步骤 1 中 Simple Mesh 运算器生成的网格，提取网格边线，调用 Custom Preview 和 Colour Swatch 运算器将其显示为灰色，得到完整图案。

步骤 5～步骤 10 算法如图 11－10 所示。

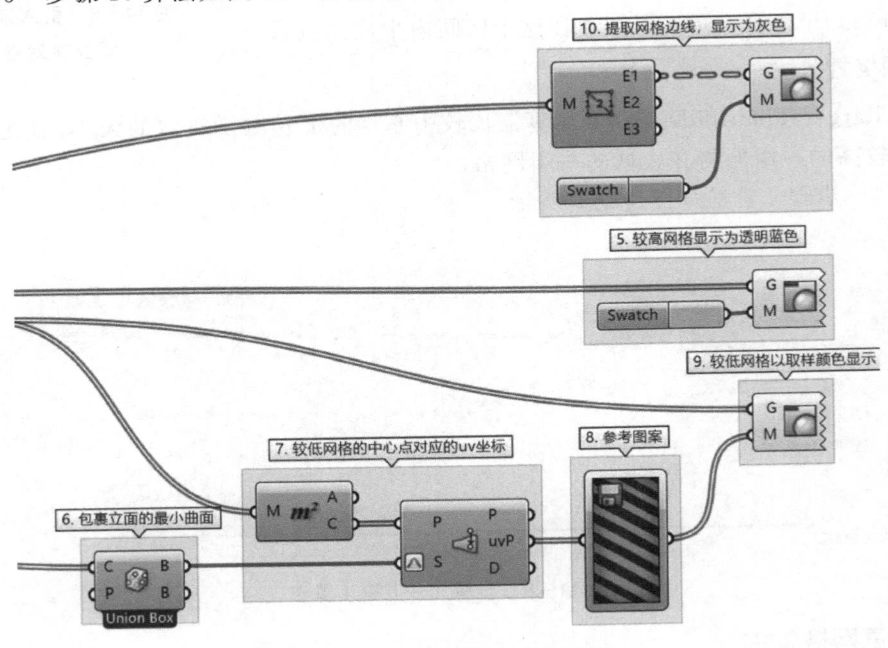

图 11－10　步骤 5～步骤 10 算法

11.4　案例 22——基于剪影图像的装饰画

11.4.1　建模思路

在 Grasshopper 中对图 11－11(a)的剪影图像进行处理后可以得到如图 11－11(b)所示的装饰画。要获得这种装饰画的效果，其建模思路是首先建立随机点集，然后依据明度选取剪影内的点，再以这些点构建德劳内网格，接着将网格转化为多边形，将周长较长的多边形筛出，将剩余的多边形按面积排序，再将面积映射为不同明度的颜色，赋予多边形围成的面。

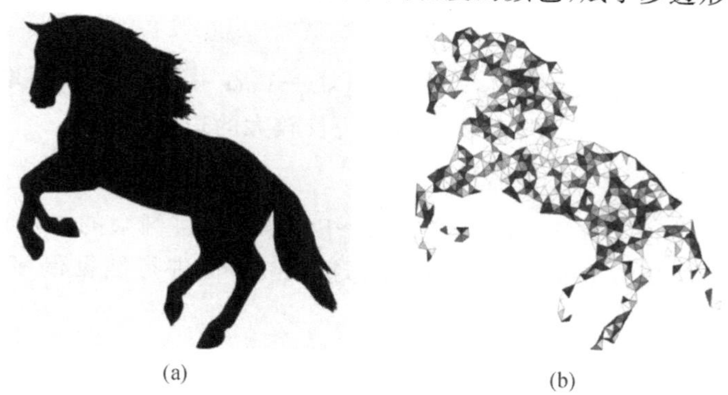
(a)　(b)

图 11-11　基于剪影图像的装饰画

11.4.2　具体步骤

1. 输入参考图像

调用 Import Image 运算器（Params→Input→Import Image），右击输入端 F 选择 Select one existing file，选择文件导入参考剪影图像；

2. 生成随机点集

调用 Number Slider 和 Populate Geometry 运算器生成随机点集；

3. 获得参数

调用 Mesh Closest Point 运算器（Mesh→Analysis→Mesh Closest Point）得到这些点在图像网格上的参数；

4. 获得颜色信息

调用 Mesh Eval 运算器（Mesh→Analysis→Mesh Eval）获取图像上这些点的颜色信息，调用 Split AHSV 运算器（Display→Colour→Split AHSV）将颜色按照 HSV 通道模式进行分解，调用 Larger Than 和 Dispatch 运算器筛除明度值 V 较大的点；

步骤 1～步骤 4 的算法如图 11-12 所示。

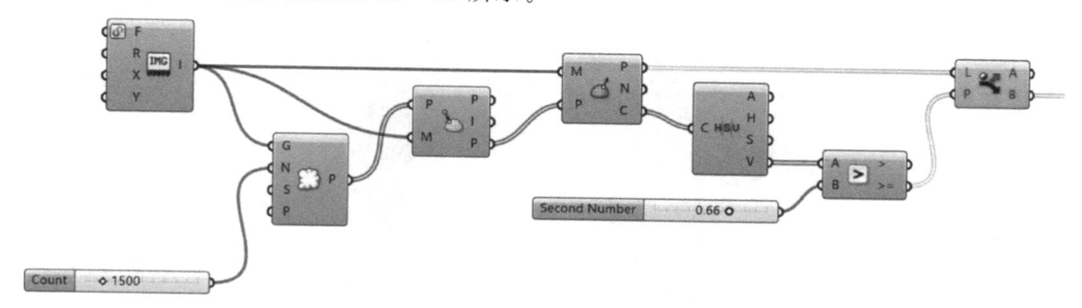

图 11-12　步骤 1～步骤 4 算法

5. 构建德劳内网格

调用 Delaunay Mesh 运算器（Mesh→Triangulation→Delaunay Mesh）以较暗的点构建德

劳内网格；

6. 提取多边形

调用 Face Boundaries 运算器(Mesh→Analysis→Face Boundaries)提取网格面的多边形；调用 Larger Than 和 Dispatch 运算器将多边形边长较大的边筛除；

7. 多边形排序

调用 Area 和 Sort List 运算器(Sets→List→Sort List)将剩余的多边形按面积由大到小进行排序，在 Sort List 运算器输出端 A 右击选择 Reverse 进行数据倒序，再调用 Boundary Surfaces 运算器进行封面；

8. 色彩生成

调用 List Length、Subtraction 和 Range 运算器构建相应的数值范围，连入 Gradient 运算器生成由浅到深的颜色，调用 Custom Preview 依次赋予排好序的面进行显示。

步骤 5～步骤 8 的算法如图 11－13 所示。

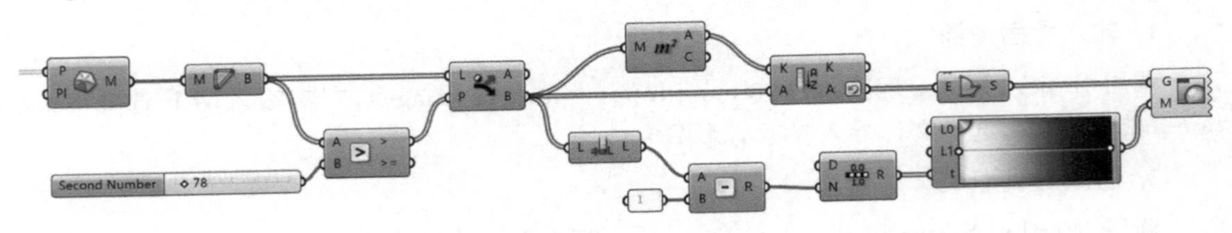

图 11－13　步骤 5～步骤 8 算法

习　题

1. 在 Grasshopper 中对图像进行取样需要用到哪个运算器？
2. 在对图像进行取样时如何设置图像的像素数？
3. 如何获取图像上各点的颜色信息并将颜色按照 HSV 通道等特定模式进行分解？
4. 运用本章所学知识将左图图像通过映射操作生成如右图所示的马赛克效果。

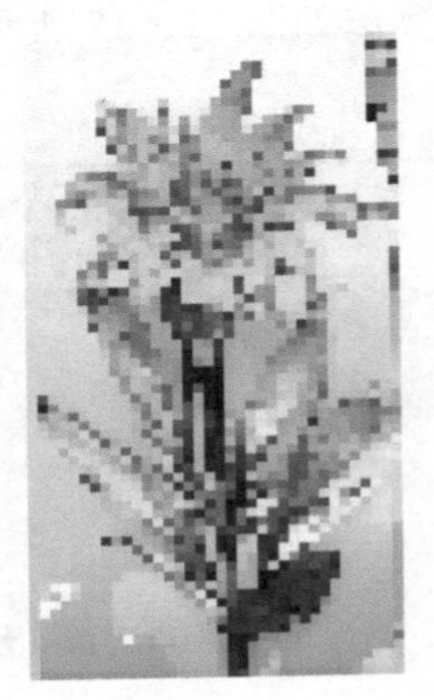

第 12 章 循 环

12.1 谢尔宾斯基三角形的循环

在高级程序语言中，一般都会有循环语句。而原本的 Grasshopper 中的数据流动通常是按连线顺序从左到右进行的，这样我们需要重复调用某些运算器时，就需要多次重复连线，整个 GH 文件就会显得臃肿而不简洁。在引入循环操作之前，我们可以先看一下用这种重复连线的方式建构谢尔宾斯基三角形的例子。

谢尔宾斯基三角形如图 12－1 所示，是分形的一种经典图形，其几何构成方式如下：取一个实心的等边三角形，沿三边中点的连线，将它分成四个小三角形，去掉中间的那一个小三角形，对其余三个小三角形不断重复步骤 1 得到具有分形特征的图案。

图 12－1 谢尔宾斯基三角形

以重复连线方式建构谢尔宾斯基三角形的建模思路为在 Rhino 中绘制一个正三角形，调用 Curve 运算器拾取三角形进 Grasshopper，调用 Explode 运算器炸开三角形，得到三角形的顶点和边；调用 Point On Curve 运算器得到各条边的中点；调用 Panel、Cull Index 和 Shift List 运算器对顶点和中点的数据结构进行操作，调用 Merge 运算器，放大运算器在输入端单击“＋”号增添参数，将顶点和相邻的两个中点的数据结构成组、简化后依次组合；调用 Polyline 运算器（右击输入端 C，在 Set Boolean 里勾选 True）得到三个三角形；重复步骤 2～步骤 5 三次；调用 Boundary Surface 运算器将三角形成面，最终得到具有分形特征的图案。

整个算法如图 12－2 所示。这里我们看到步骤 2～步骤 5 重复了三次，比较复杂，如果有循环语句，整个算法将被大为简化。

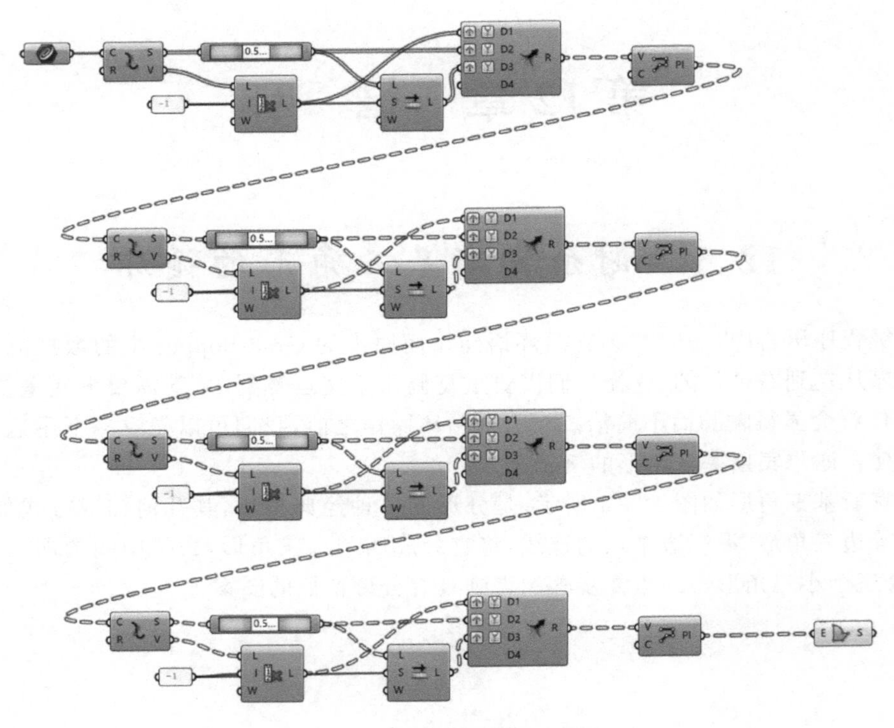

图 12-2　谢尔宾斯基三角形算法

12.2　ANEMONE 插件

Grasshopper 本身不带循环运算器，但我们可以借助插件来实现循环的功能，比如 ANEMONE 插件。该插件可从 https://www.food4rhino.com/en/app/anemone 下载。在 Grasshopper 中，选择(File→Special Folders→Components Folder)，将下载好的 gha 文件复制到该文件夹，然后重启 Rhino 即可使用。

ANEMONE 提供了两个主要的运算器：Loop Start 运算器(Anemone→Cla...→Loop Start)和 Loop End 运算器(Anemone→Cla...→Loop End)。在使用时，将 Loop Start 运算器的>输出和 Loop End 运算器<输入相连以建立循环。循环体则在两个运算器之间，分别与 Loop Start 运算器和 Loop End 运算器的 *D*0 端相连。Loop Start 运算器的输入参数 *N* 为循环重复的次数，*T* 为是否重启循环开关，*D*0 为要循环的初始数据。Loop End 运算器的输出端 D0 为执行完循环后的数据结果。如果需要记录每次循环的计算结果，可以用鼠标右击 Loop End 运算器并勾选 Record Data 选项。图 12-3 为应用了 ANEMONE 插件生成谢尔宾斯基三角形的算法。具体操作为调用 Curve 运算器从 Rhino 中拾取等边三角形，调用 Number Slider 运算器控制循环次数，调用 Boolean Toggle 运算器(Params→Input→Boolean Toggle)控制重启循环，调用 Loop Start 运算器，连入需要循环的操作(这部分操作包括如上述案例中的调用 Explode、Point On Curve、Cull Index、Shift List、Merge 和 Polyline 运算器找点和生成三角形的整个过程)，将 Polyline 运算器连入 Loop End 运算器，最后调用 Boundary Surface 将三角形成面生成完整图案。

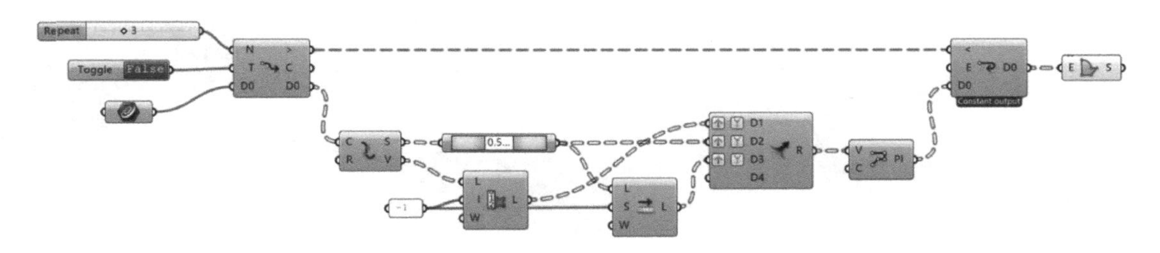

图 12-3 谢尔宾斯基三角形算法(应用 ANEMONE 插件)

利用 ANEMONE 插件,不仅可以设置循环的次数,还可以设置中途退出循环的条件。

如图 12-4 所示的多边形图案,其建模过程为调用 Number Slider 和 Polygon 运算器生成外围的矩形作为初始图形接入 Loop Start 运算器,设置循环次数为 30,以 Button 运算器(Params→Input→Button)控制重启循环;调用 Explode 运算器将矩形炸开,调用 Evaluate Curve 运算器(输入端 C 右击选择 Reparameterize)取每边 $t=0.1$ 处的点,调用 Polyline 运算器(输入端 C 右击选择 Invert)重新构建多边形,接入 Loop End 进行循环,如此重复 30 次,形成最终图形。

如果需要在循环中途,比如说当多边形的周长小于 4 的时候退出循环,可以调用 Length 运算器计算多边形的长度,调用 Smaller Than 运算器将多边形长度与 4 比较大小后连入 Loop End 运算器的输入端 E,一旦多边形的周长小于 4,将直接退出循环。如果退出条件不满足,循环将进行 N 次后退出。此时的图形和算法分别如图 12-5 和图 12-6 所示。在图 12-6 中,设置的循环次数 N 为 30,然而调用 Panel 运算器可以看到 Loop Start 运算器输出端 C 只输出了 14,说明在循环中途触发了退出条件,多边形只完成了 14 次循环。

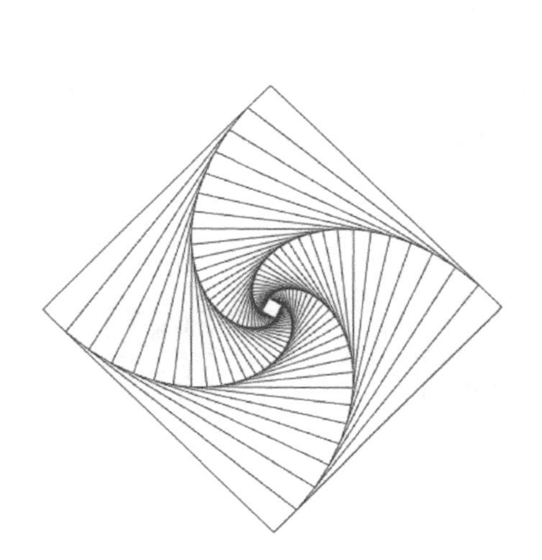

图 12-4 多边形图案(迭代 30 次)

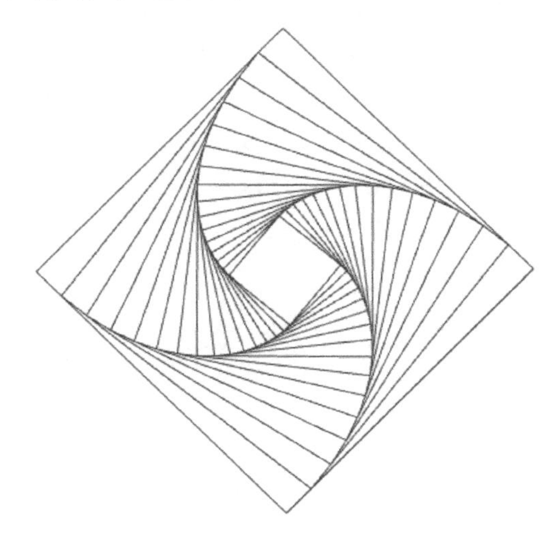

图 12-5 多边形图案(设置退出条件)

需要补充说明的是,在上述的多边形循环案例中,需要右击 Loop End 运算器并勾选 Record Data 选项记录每次循环的计算结果,才能呈现出完整的循环图案。

另外,参与循环的变量也可以不止一个。如需要生成图 12-7 所示的二叉树,就涉及到两个循环变量,这里设置的层数为 6,第一层树枝长度为 10,逐层减 1。此时参与循环的变量有

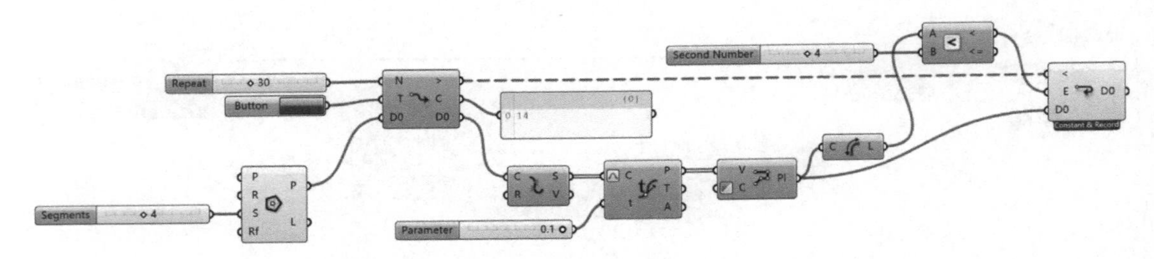

图 12 - 6　多边形图案(设置退出条件)算法

两个,一是表示树枝的曲线,二是树枝长度。我们可以通过两种方式来进行多个循环变量的设置。

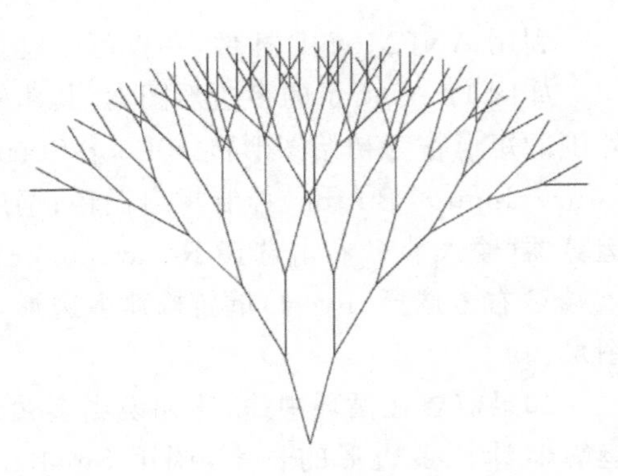

图 12 - 7　二叉树

思路一是:我们可以通过滚轮将 Loop Start 和 Loop End 运算器放大,单击 *D*0 右侧的加号,就可以增加参与循环的变量。具体操作为:在 Rhino 中绘制线段后调用 Curve 运算器拾取进 Grasshopper 作为树枝循环的初始图案;调用 Loop Start 运算器,以 Number Slider 运算器控制循环次数,以 Button 运算器控制重启循环,放大 Loop Start 运算器在输入端 D0 下单击"+"号添加输入端 D1;调用 End Points 和 Point 运算器(在其输入端右击选择 Graft 将数据成组)控制顶点,调用 Unit Z、Number Slider、Negative 和 Rotate 运算器(Vector→Vector→Rotate)控制旋转轴、旋转方向和角度(输入端 V 右击选择 Graft 将数据成组,输入端 A 右击选择 Degrees),调用 Line SDL 重新绘制线段,连接 Loop End 的 D0 输入端进行循环;调用 Panel 和 Subtraction 运算器控制线段长度,放大 Loop End 运算器,在输入端 *D*0 下单击"+"号添加输入端 D1,将 Subtraction 运算器连入 D1 输入端进行循环;连接 Loop Start 的输出端＞和 Loop End 的输入端＜构建循环,右击 Loop End 运算器勾选 Record Data 记录每次迭代结果,调用 Curve 运算器收集完成的曲线。

其具体算法如图 12 - 8 所示。

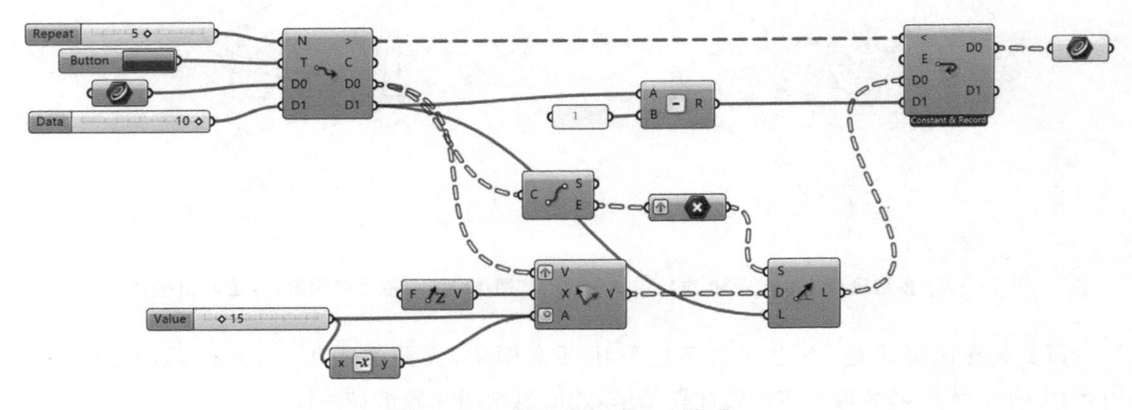

图 12 - 8　二叉树算法(两个变量)

思路二是:因为这里树枝的层数与循环的次数相对应,所以也可以直接利用 Loop Start

运算器的输出端 C(Counter)来控制树枝的长度，此时就不需要新增循环变量了。

具体操作为在 Rhino 中绘制线段并调用 Curve 运算器拾取进 Grasshopper 作为树枝循环的初始图案；调用 Loop Start 运算器，以 Number Slider 运算器控制循环次数，以 Button 运算器控制重启循环；调用 End Points 和 Point 运算器(在其输入端右击选择 Graft 将数据成组)控制顶点，调用 Unit Z、Number Slider、Negative 和 Rotate 运算器(Vector→Vector→Rotate)控制旋转轴、旋转方向和角度(输入端 V 右击选择 Graft 将数据成组，输入端 A 右击选择 Degrees)；调用 Subtraction 运算器控制线段长度，将 *A* 设为 10，*B* 连接 Loop Start 的输出端 *C*，将 Subtraction 的输出端 R 连入 Line SDL 的输入端 L，重新绘制线段后连接 Loop End 的 D0 输入端进行循环；连接 Loop Start 的输出端>和 Loop End 的输入端<构建循环，右击 Loop End 运算器勾选 Record Data 记录每次迭代结果，调用 Curve 运算器收集完成的曲线。

其具体算法如图 12-9 所示。

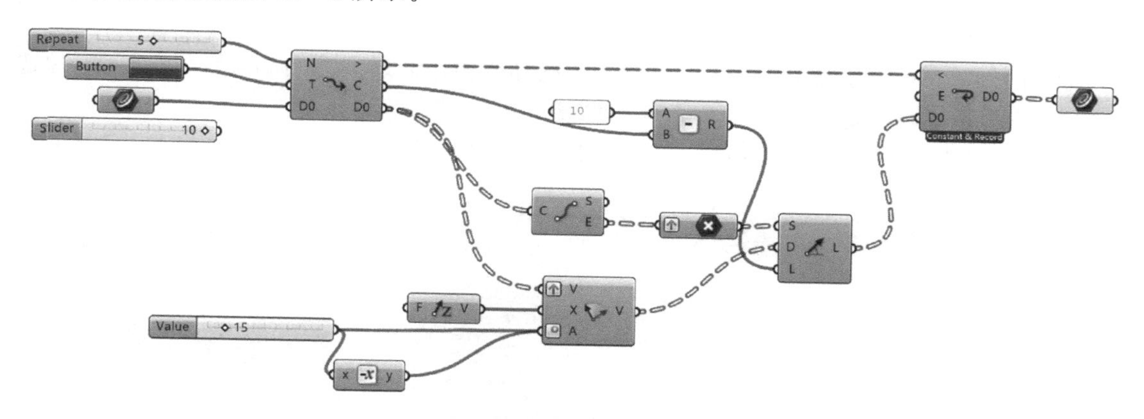

图 12-9 二叉树算法(利用 Counter 输出端)

12.3 案例 23——立体的树

12.3.1 建模思路

与前面案例不同的是，图 12-10 是立体的树，这种树的生成逻辑为先生成树干，然后在树干末端生成多边形并沿树干生长方向移动，再将多边形的顶点与树干末端连线，形成第 1 级树枝，最后将每根树枝重复步骤 2 和步骤 3*N* 次，形成 *N*+1 级树枝。

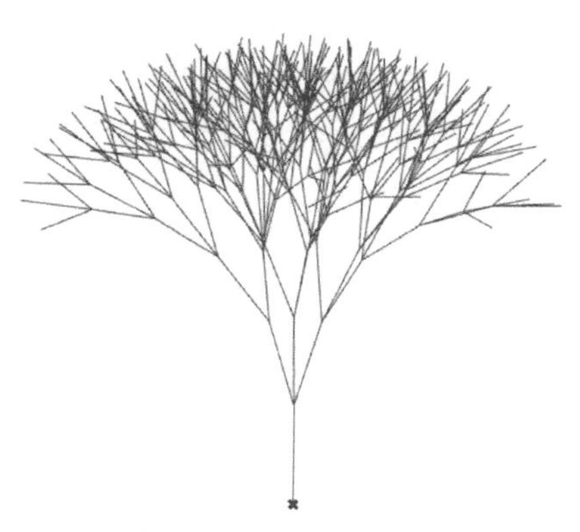

图 12-10 立体的树

12.3.2 具体步骤

1. 生成树干

以 Construct Point、Unit Z 和 Number Slider 运算器控制输入参数，调用 Line SDL 运算器生成树干，连入 Loop Start 的输入端 D0，以 Number Slider 运算器控制循环次数，Button 运算器控制

重启循环；

2. 创建多边形

调用 Curve 运算器收集曲线，调用 Perp Frame 运算器(Curve→Analysis→Perp Frame)在树干末端生成工作平面，调用 Polygon 运算器以此平面为基础平面创建多边形，再调用 Move 运算器将其向树干生长方向移动，调用 Length、Multiplication、Vector 和 Amplitude 运算器移动距离，用树干长度乘以调整系数来控制；

3. 得到多边形的控制点

调用 Control Points 运算器(Curve→Analysis→Control Points)求得多边形的控制点，调用 Cull Index 运算器去掉重复点；调用 End Points 运算器求得树干端点，调用 Line 运算器(在其输入端右击选择 Graft 将数据成组)将多边形控制点与树干端点连线，形成树枝；

4. 构建循环

调用 Loop End 运算器，以步骤 2、步骤 3 为循环体构建循环，右击 Loop End 运算器，勾选 Record Data 记录每次迭代结果。

将运算器成组并加以注释说明后，最终算法如图 12-11 所示。

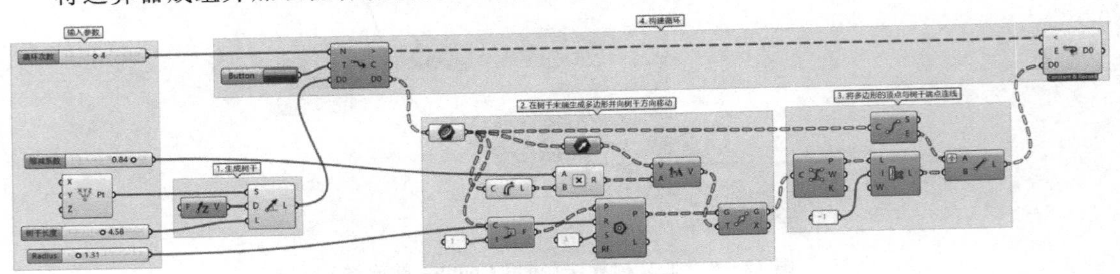

图 12-11　立体的树算法

习　题

1. 可以借助什么插件来实现循环功能，如何安装这种插件？

2. 在 ANEMONE 中需要通过哪两个运算器来实现循环功能？

3. 如何设置中途退出循环？

4. 在调用 Loop End 运算器实现循环功能时，要记录每次循环结果、呈现完整的循环图案需要注意什么？

5. 科克曲线(Koch curve)是一种典型的分形曲线，是以下步骤的无限重复结果：① 三等分一条线段；② 用一个等边三角形两条边替代第①步划分三等分的中间部分；③ 在每一条线段上重复第②步。运用本章所学知识以左图原始曲线为基础进行循环操作，生成循环后的右图科克曲线。

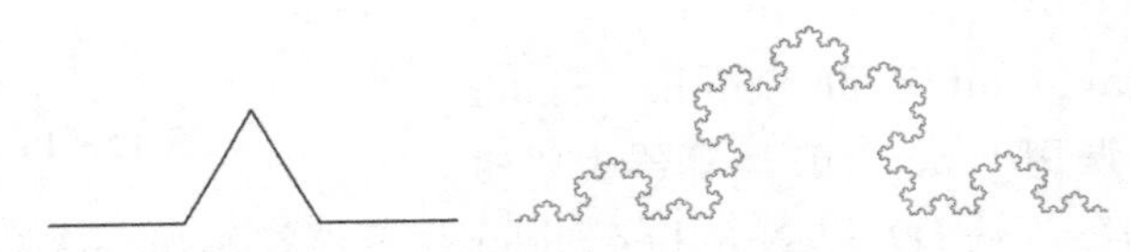

第 13 章 遗传算法

13.1 遗传算法及其相关运算器

13.1.1 遗传算法

遗传算法是模拟达尔文生物进化论的自然选择和遗传学机理的生物进化过程的计算模型，是一种通过模拟自然进化过程搜索最优解的方法。遗传算法的基本运算过程如下：

1. 初始化

设置进化代数计数器 $t=0$，设置最大进化代数 T，随机生成 M 个个体作为初始群体 $P(0)$。

2. 个体评价

计算群体 $P(t)$中各个个体的适应度。

3. 选择运算

将选择算子作用于群体。选择的目的是把优化的个体直接遗传到下一代或通过配对交叉产生新的个体再遗传到下一代。

4. 交叉运算

将交叉算子作用于群体。所谓交叉是指把两个父代个体的部分结构加以替换重组而生成新个体的操作。

5. 变异运算

将变异算子作用于群体。即是对群体中的个体串的某些基因值作变动。群体 $P(t)$经过选择、交叉、变异运算之后得到下一代群体 $P(t+1)$。

6. 终止条件判断

若 $t=T$，则以进化过程中所得到的具有最大适应度个体作为最优解输出，终止计算。

13.1.2 模拟退火算法

与遗传算法相类似的还有模拟退火算法，该算法来源于固体退火原理。将固体加温至充分高，再让其徐徐冷却，加温时，固体内部粒子随着温度的升高变为无序状，内能增大，而徐徐冷却时粒子渐趋有序，最后在常温时达到基态，内能减为最小。模拟退火算法的基本运算过程如下：

1. 初始化

设置初始温度 T(充分大)，初始解状态 S，以及每个 T 值的迭代次数 L。

2. 函数新解

由一个产生函数从当前解产生一个位于解空间的新解 S'。

3. 函数差计算

计算与新解所对应的目标函数差。

4. 新解判断

判断新解是否被接受，判断的依据是一个接受准则，最常用的接受准则是 Metropolis 准则：若 $\Delta T<0$ 则接受 S'作为新的当前解 S，否则以概率 $\exp(-\Delta T/T)$接受 S'作为新的当前解 S。当新解被确定接受时，用新解代替当前解。而当新解被判定为舍弃时，则在原当前解的基础上继续下一轮试验。

5. 终止条件判断

如果满足终止条件则输出当前解作为最优解，结束程序。否则 T 值减少，重复步骤 2～步骤 5。

13.1.3　Galapagos 运算器

在 Grasshopper 中与遗传算法和模拟退火算法最为相关的运算器是 Galapagos 运算器，Galapagos 运算器位于 Params 大类 Util 子类下，全名 Galapagos Evolutionary Solver 运算器。它的主要功能是根据 Fitness 端输入值的极值设置，通过遗传算法或者模拟退火算法，对 Genome 端的变量进行取值，查找出极值状态下对应的 Genome 端参数值。

13.2　Galapagos 运算器的使用方法

13.2.1　Galapagos 运算器的特殊性

相较于其他运算器，Galapagos 运算器的特殊之处在于它的颜色为玫红色，有一个输入端位于下侧，连线需要先单击 Galapagos 运算器本身的端，反向链接到输入端运算器。

13.2.2　Galapagos 运算器的工作原理

下面，我们通过一个实例来说明一下 Galapagos 运算器的基本工作原理和具体使用方法。

如图 13－1，已知一个五边形和其中的一个点 P，如何通过点 P 画一条直线将五边形分为面积相等的两个部分？

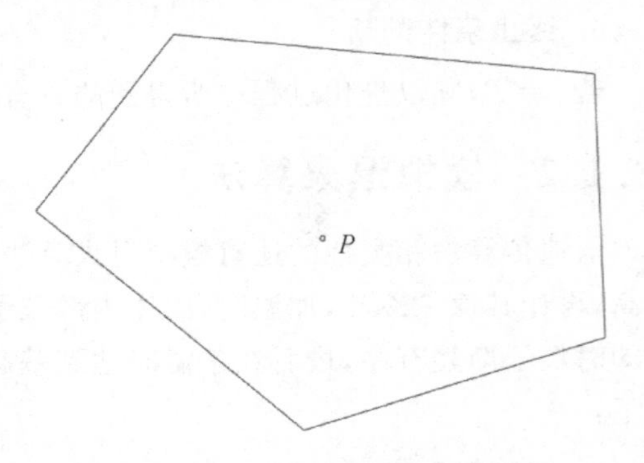

图 13－1　等面积划分问题

要解决上述等面积划分问题，Grasshopper 的建模思路为先在 Rhino 中绘制点和五边形。调用 Point 运算器从 Rhino 中拾取点进 Grasshopper 作为起点，调用两个 Number Slider 运算器和 Vector XYZ 运算器来控制向量的方向，然后调用 Line SDL 运算器画一条线段，调用 Length 运算器和 Extend Curve 运算器

(Curve→Util→Extend Curve)将这条线段延伸足够长的距离以确保与五边形相交，接着调用 Unit Z 和 Extrude 运算器将这条线段向上拉伸；调用 Curve 运算器从 Rhino 中拾取五边形放进 Grasshopper，调用 Split Brep 运算器(Intersect→Shape→Split Brep)连接前面的 Extrude 运算器用拉伸过的线段将五边形切割为两个部分，调用 List Item、Mesh Area、Subtraction 和 Absolute 运算器(Math→Operators→Absolute)分别得到这两个部分的面积并求其面积差的绝对值，如果这两个部分的面积差为 0，则两部分面积相等。

要达到这样的目的，我们需要面积差的绝对值越小越好。因此我们调用 Galapagos 运算器，把面积差值的绝对值连接到 Fitness，把控制向量的两个 Number Slider 运算器连接到 Genome，然后双击 Galapagos 运算器，进入编辑界面，如图 13-2 所示。我们希望面积差的绝对值越小越好，所以在 Generic 标题下的 Fitness 栏中单击左侧的“－”号，设为 Minimize。在 Generic 标题下还可以设置适应度的 Threshold 值，以及最大优化时长。除此之外，还可以对遗传算法和模拟退火算法的有关参数进行设置。

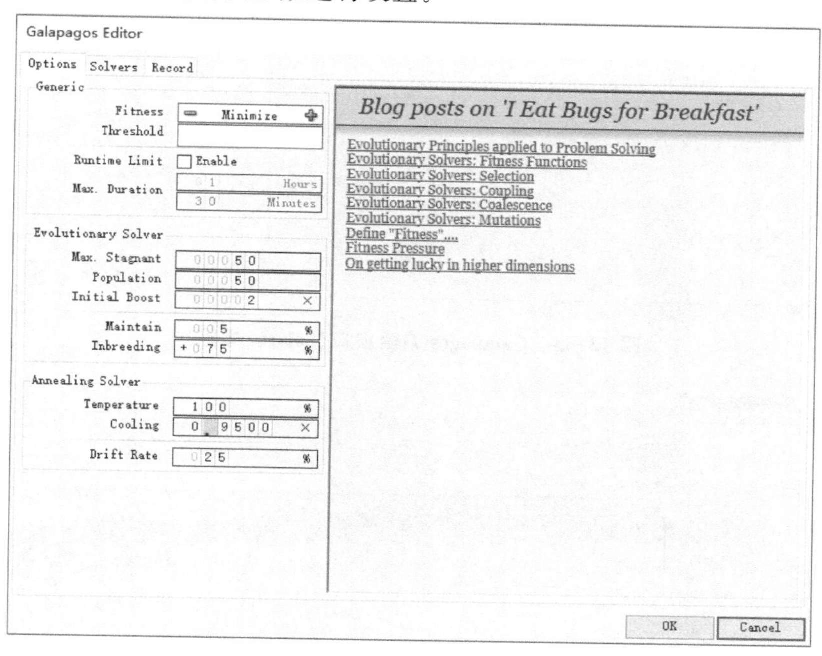

图 13-2　Galapagos 编辑窗口(Options 标签)

然后单击 Solvers 标签，出现图 13-3 所示的窗口，在此有两种算法可供选择，图标为遗传算法，图标为模拟退火算法。我们保持默认的遗传算法，接着单击 Start Solver，Number Slider 运算器的值就开始自行变化进行模拟优化了。右侧的三个图标分别表示在 Rhino 视图中显示所有解、显示较优解以及不显示解。在一些复杂的项目中不显示解可以加快优化的速度。我们还可以选择在 Galapagos Editor 窗口中显示解的数量，Display 右边的 4 个图标，分别表示全部显示、显示 50％的最优解、显示 25％的最优解和显示 10％的最优解。优化时 Galapagos Editor 窗口中右下角的数值(面积差的绝对值)也在不断变化修正。经过多次演算优化到达终止条件时，优化会自动停止，我们也可以单击 Stop Solver 停止优化。然后选择窗口右下角面积差最小的数值，单击 Reinstate。这时 Number Slider 运算器的取值就停留在极值所对应的数值上。如图 13-4 所示，当 X 坐标取值 0.88，Y 坐标取值 0.62 时，两部分的面积差为0.187 07。

整个算法如图 13－5 所示。最终直线的位置如图 13－6 所示。

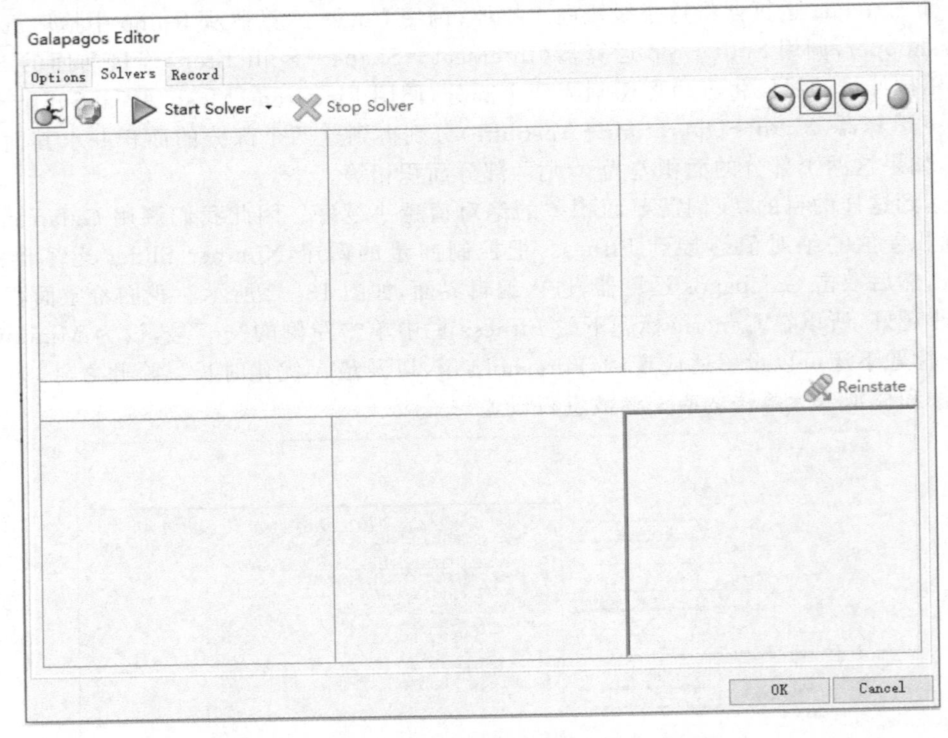

图 13－3　Galapagos 编辑窗口(Solvers 标签)

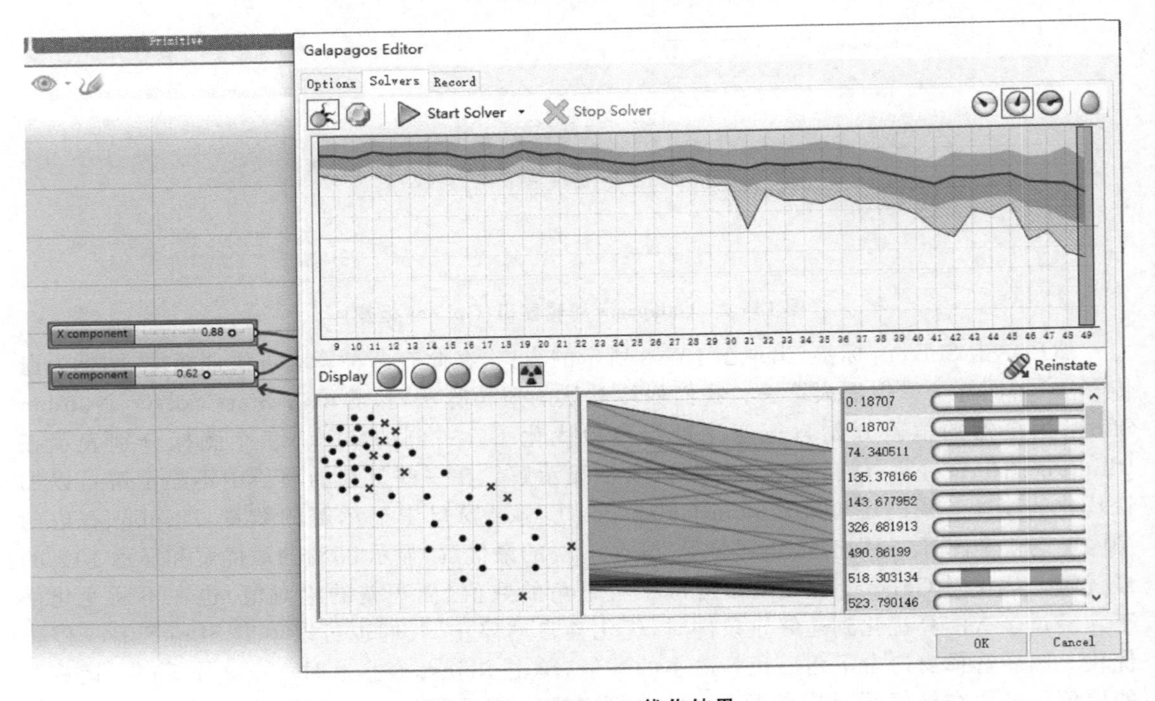

图 13－4　Galapagos 优化结果

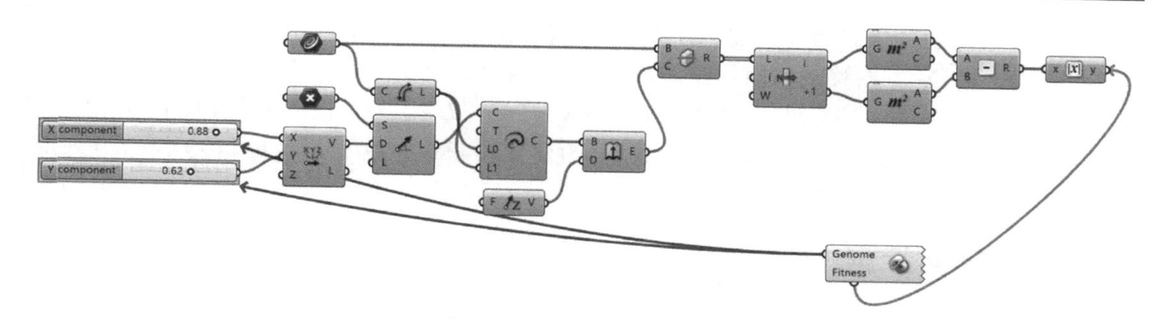

图 13－5　等面积问题算法

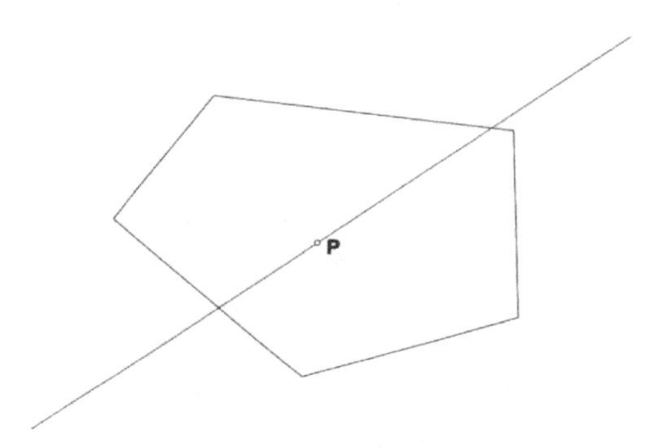

图 13－6　最终直线位置

13.3　案例 24——路线规划

13.3.1　建模思路

图 13－7 中有很多正方形和 AB 两点，如何规划一条路线，在与正方形不相交的情况下长度最短？

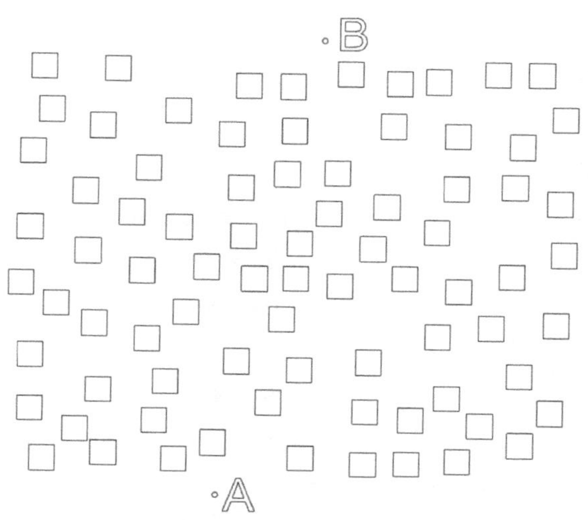

图 13－7　路线规划问题

解决上述问题的思路为先创建 AB 线段，再等分为 10 段，选取中间的 9 个等分点，然后把这 9 个等分点在 X 方向移动不同的距离，以新的点与 AB 点生成内插点曲线。要满足与正方形不相交的情况下曲线长度最短，我们可以用"$N*200+L$"作为适应度函数，其中 N 为曲线与正方形的交点数量，200 是一个较大的数，L 为曲线的长度。这个函数的值越小，所生成的曲线就是我们想要的优化路线。

13.3.2　具体步骤

1. 生成随机正方形

在 Rhino 中绘制矩形并拾取进 Grasshopper，调用 Populate 2D 运算器在矩形范围内生成 80 个随机点；调用 Rectangle 运算器以随机点为中心生成正方形，调用 Construct Domain 设置其边长区间为－0.75～0.75；

2. 创建线段

在 Rhino 中矩形外围相应位置绘制 A、B 两点并拾取进 Grasshopper，调用 Line 运算器创建线段；调用 Divide Curve 运算器将线段 10 等分；

3. 处理中间点

调用 List Item 和 Panel、Cull Index 运算器选取中间点，调用 Deconstruct 运算器得到 X 坐标；调用 Gene Pool 运算器（Params→Util→Gene Pool），右击 Gene Pool 运算器，再单击 Edit...，在编辑窗口中将基因数量设为 9，取值区间设为－15.00～15.00。其作用相当于 9 个 Number Slider 运算器；调用 Addition 运算器，将原中间点的 X 坐标加上 Gene Pool 运算器中的数值，再调用 Construct Point 运算器创建新的点；

4. 生成内插点曲线

调用 Insert Items 运算器将 AB 点插入新点的列表，然后调用 Interpolate 运算器生成内插点曲线；

步骤 1～步骤 4 算法如图 13－8 所示。

5. 求得交点

调用 Curve|Curve 运算器求内插点曲线与步骤 1 中生成正方形的交点，在输出端 P 右击选择 Flatten 拍平数据；

6. 构建适应度函数

调用 List Length 运算器连接 Curve|Curve 运算器的输出端 P 计算交点的数量 N，当没有交点时即交点为空时，数量为 0；调用 Length 运算器连接 Interpolate 运算器的输出端 C 求得曲线的长度 L，再调用 Multiplication 和 Addition 运算器构建适应度函数 $N*200+L$；

7. 优化计算

调用 Galapagos 运算器，把适应度函数值连接到 Fitness，把 Gene Pool 运算器连接到 Genome，然后双击 Galapagos 运算器，进入编辑界面。在 Fitness 栏设为 Minimize，然后单击 Solvers，接着单击 Start Solver，开始优化计算。

步骤 5～步骤 7 算法如图 13－9 所示。最终在经过 50 次迭代计算后，优化路线如图 13－10 所示，调用 Panel 运算器可以看到其长度约为 29.56。

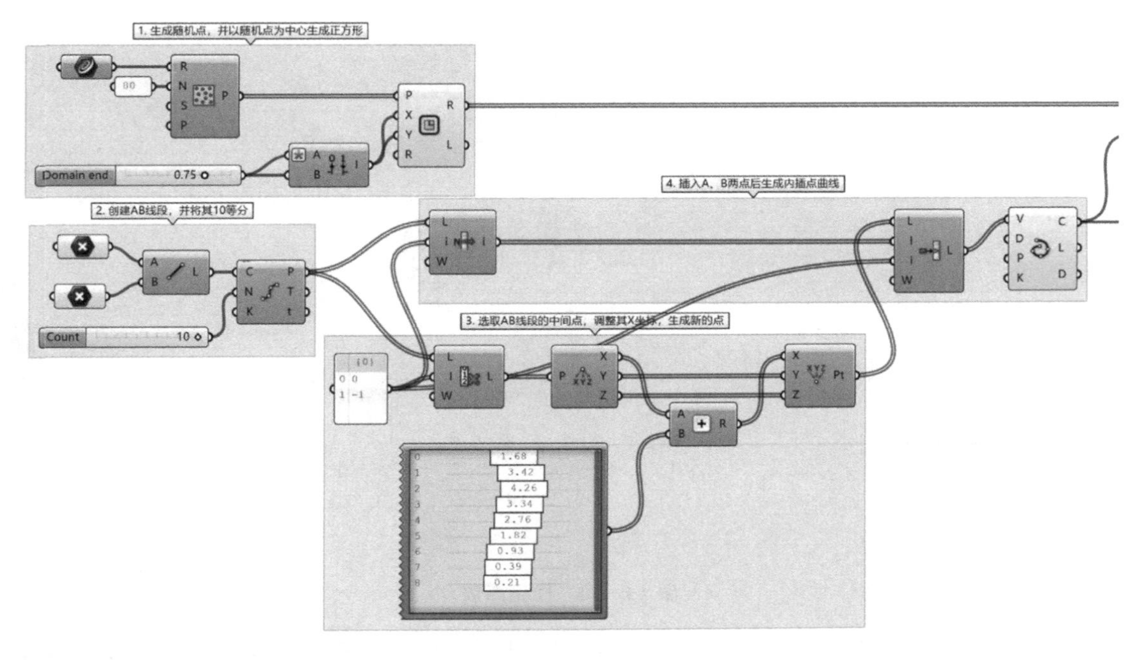

图 13－8 步骤 1～步骤 4 算法

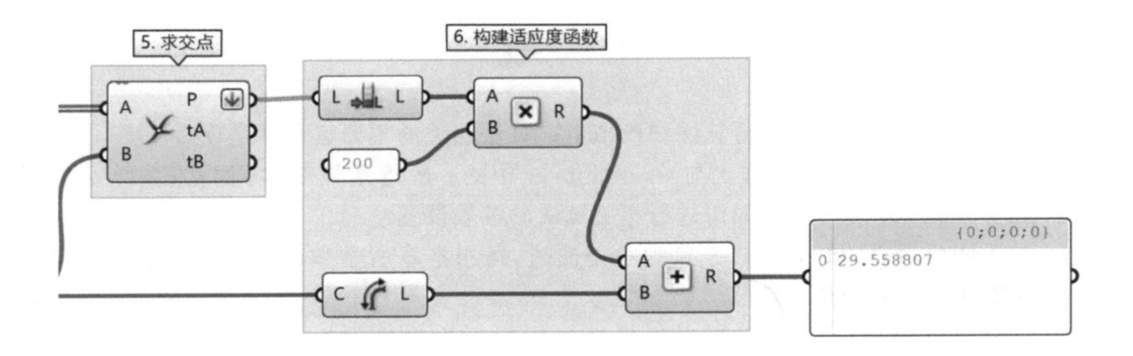

图 13－9 步骤 5～步骤 7 算法

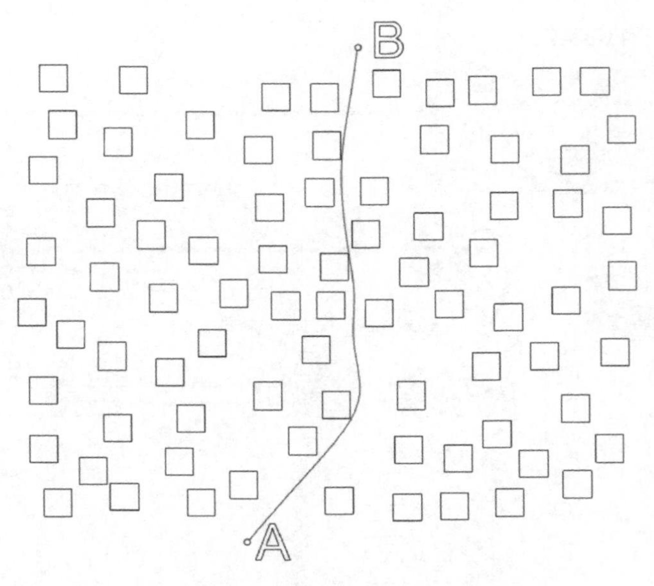

图 13－10　优化路线

从以上实际案例操作，我们可以看到通过调用 Galapagos 运算器模拟自然进化过程搜索最优解的遗传算法，这也是 Grasshopper 的特色功能之一。

习　题

1．在 Grasshopper 中与遗传算法和模拟退火算法相关的主要运算器是什么？

2．Galapagos 运算器在操作上与 Grasshopper 中的一般运算器有何不同？

3．在 Galapagos 运算器中如何进行相关算法的参数设置？

4．如下图所示，已知 A、B、C 三点和一条曲线，运用本章所学知识在曲线上求到 A、B、C 三点距离之和最小的点的位置。

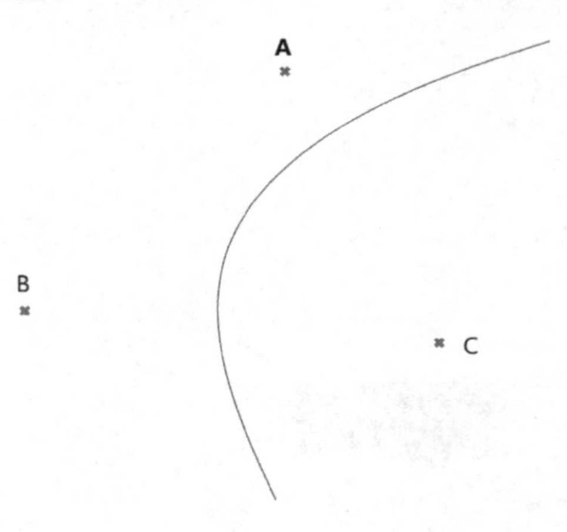

参考文献

[1] 白云生,高云河. GRASSHOPPER 参数化非线性设计[M]. 武汉:华中科技大学出版社,2018.

[2] 程罡. Grasshopper 参数化建模技术[M]. 北京:清华大学出版社,2017.

[3] 曾旭东,王大川,陈辉. RHINOCEROS & GRASSHOPPER 参数化建模[M]. 武汉:华中科技大学出版社,2011.

[4] 祁鹏远. Grasshopper 参数化设计教程[M]. 北京:中国建筑工业出版社,2017.

[5] 燕海南,杨艳,曹雅男,等. Grasshopper 参数化技术:从基础建模到数字设计[M]. 武汉:华中科技大学出版社,2022.

[6] 任远. Processing 创意编程[M]. 北京:清华大学出版社,2019.

[7] 王铁方. 计算机基因学:基于家族基因的网格信任模型[M]. 北京:知识产权出版社,2016.

[8] ISSA R. Essential Algorithms and Data Structures for Computational Design in Grasshopper[M/OL]. 2020[2022-09-15]. https://www.rhino3d.com/download/rhino/6.0/essential-algorithms.

[9] ISSA R. Essential Mathematics for Computational Design(4th Edition)[M/OL]. 2019[2022-11-22]. https://www.rhino3d.com/download/rhino/6/essentialmathematics.

[10] PAYN A, ISSA R. The Grasshopper Primer [M/OL]. 2nd ed. 2009[2022-11-22]. https://wenku.baidu.com/view/31575b339a89680203d8ce2f0066f5335b8167f3.html?_wkts_=1696809635684&bdQuery=The+Grasshopper+Primer&needWelcomeRecommand=1.